水稻"两高一优"生产新技术

金桂秀　李相奎　主编

中国农业科学技术出版社

图书在版编目（CIP）数据

水稻"两高一优"生产新技术／金桂秀，李相奎主编．—北京：中国农业科学技术出版社，2021.1

ISBN 978-7-5116-5115-0

Ⅰ.①水… Ⅱ.①金…②李… Ⅲ.①水稻栽培-高产栽培 Ⅳ.①S511

中国版本图书馆 CIP 数据核字（2021）第 018503 号

责任编辑	崔改泵
责任校对	贾海霞

出 版 者	中国农业科学技术出版社
	北京市中关村南大街 12 号　邮编：100081
电　　话	（010）82109194（出版中心）　（010）82109702（发行部）
	（010）82109709（读者服务部）
传　　真	（010）82109698
网　　址	http：//www.castp.cn
经 销 者	各地新华书店
印 刷 者	北京地大天成文化发展有限公司
开　　本	880 mm×1 230 mm　1/32
印　　张	11.5
字　　数	330 千字
版　　次	2021 年 1 月第 1 版　2021 年 1 月第 1 次印刷
定　　价	50.00 元

献给中华人民共和国成立 70 周年！

序

实施乡村振兴战略，是以习近平同志为核心的党中央顺应亿万农民对美好生活的向往，对"三农"工作作出的重大战略部署。打造乡村振兴齐鲁样板，是党中央赋予山东的光荣使命。临沂作为全国革命老区、传统农业大市，必须抓住机遇、高点定位、勇于担当、科学作为，全力争取在打造乡村振兴齐鲁样板中走在前列。

近年来，全市各级各部门自觉践行"两个维护"，大力弘扬沂蒙精神，立足本职，精准施策，优化服务，强力推进乡村振兴，做了大量富有成效的工作。其中，临沂市农业科学院围绕良种选育、种养技术研发、农产品精深加工、智慧农业推广及沂蒙特色资源保护与开发等领域，依托各类科技园区、优质农产品基地、骨干企业、农业科技平台，突破了多项关键技术，取得了一批原创性的重大科研成果和关键技术，实施了一批重点农业科技研发项目，为全市乡村产业振兴作出了积极贡献。

在庆祝中华人民共和国成立 70 周年之际，临沂市农业科学院又对 2000 年以来取得的科研成果进行认真遴选，并与国内外先进农业技术集成配套，编纂出版《乡村产业振兴提质增效丛书》。该丛书凝聚了临沂农科人的大量心血，内容丰富、图文并茂、实用性强，这对于指导和推动农业转型升级、加快实施乡村振兴战略必将发挥重要作用。

乡村振兴，科技先行。希望临沂市农业科学院在推进"农业科技展翅行动"中再接再厉、再创辉煌，集中突破一批核心技术、创新应用一批科技成果、集成推广一批运营模式，全面提升农业科技创新水平。希望全市广大农业科技工作者不忘初心、牢记使命，聚焦创新、聚力科研，扎根农村、情系农业、服务农民，进一步为乡村振兴插上科技的翅膀。希望全市人民学丛书、用丛书，增强技能本领，投身"三农"事业，着力打造生产美产业强、生态美环境优、生活美家园好的具有沂蒙特色的"富春山居图"。

（中共临沂市委副书记、市长）

2020 年 8 月

前　　言

　　水稻是世界上最重要的粮食作物之一，为保障世界粮食安全做出了重大贡献。据联合国经济和社会事务部估计，到 2050 年世界人口将超过 100 亿，因此，人类未来仍将面临严峻的粮食安全问题。20 世纪 60 年代以来，水稻单产和总产大幅增加，这主要得益于品种改良和栽培技术的发展。然而，长期通过大肥、大水、大量农药投入来提高水稻产量对环境造成了严重影响，如土壤酸化、水体富营养化、生物多样性降低等。这些新问题和新挑战的出现意味着水稻生产正面临着重大转型，需要在品种培育、栽培措施、病虫害防治创新等方面做出根本性改变。

　　水稻是我国的主要粮食作物，年播种面积 4.5 亿亩左右，面积和产量均居粮食作物首位。总体分为籼粳两型，在国民经济和人民生活中占有非常重要的地位。

　　自改革开放以来，我国水稻生产由传统生产向现代生产发展，实现了主栽水稻品种多次更新换代，产量水平也实现了由亩产 300~500 千克的跃升，亩产 800~900 千克甚至更高的区域性示范性高产和超高产田比比皆是，超级稻品种层出不穷。但是，在有些地区由于受农民种植管理水平与农业技术推广片面追求高产的影响，水稻生产中化学肥料施用和病虫草害化学防治占综合技术的比重越来越大，不合理施肥和乱用农药现象经常发生，局部区域因过量施用化学肥料和农作物病虫草害防治失当造成的产量损失达 30% 以上，因品质下降造成的直接经济损失甚至更大，更严重的是造成农业环境面源污染和稻米农药残留超标。因此，切实搞好水稻土壤养护、培肥、修复（包括秸秆还田、轮作、休耕、增施微生物肥料等)、农作物病虫草害高效低残留综合防治、水稻生产机械化和贯彻从田间到餐桌的全程质量控制等已经成为进一步发展我国水稻生产、提高产品质量、降低综合污染和保护农业生态环境的中心任务,也是今后我国水稻生产的必由之路。我们汲取百家之长,总结在长期实践中逐步探索出的不同生态区域水稻高产、优质、高效、生态、安全、绿色轻简等新技术,编写了《水稻"两高一优"生产新技术》一书,以供农业技术推广服务人员、农业生产资料经销人员和广大农民朋友参考。

在编写过程中,力求体现我国水稻生产技术的实用性、安全性和先进性,并对我国水稻生育特性、优良品种、常见病虫草害防治和高产、优质、绿色生态、轻简高效等国内外典型案例进行重点描述,便于读者学习。

由于时间紧,书中错误和疏漏之处在所难免,恳请专家、同仁和广大读者批评指正,以便再版时修订。

编　者

2020 年 6 月

目　　录

产业篇

技术篇

案例篇

产业篇

第一章　中国水稻科技与产业的发展

第一节　水稻科技产业发展的历史回顾

一、总体概况

中国是具有悠久农耕文明历史的国家。稻作文明是中国农耕文明最典型的代表。无论是1万年前江西万年仙人洞内的栽培稻植硅石标本，还是7 000年前浙江余姚河姆渡的碳化稻谷，都开启了有史以来可以考证的农业文明的先河。近百年来，在全国水稻科技工作者的共同努力下，中国水稻科技蓬勃发展、不断进步，特别是在丁颖、黄耀祥、袁隆平等一批杰出科学家的带领下，水稻矮化育种、杂种优势利用、超级稻研发和水稻功能基因组研究等一批突破性科技成果已经或正在加快水稻产业发展步伐，成果重大、贡献突出，令世人瞩目。

二、近代中国水稻科技产业的发展

中国近代水稻科技从无到有，取得了很多具有开创性意义的历史性成就。1919年，中国水稻育种开始起步，南京高等师范农科原颁周、周拾禄、金善宝等征集全国各地水稻良种进行品种比较试验，并于1924年培育出'改良江宁洋籼'与'改良东莞白'，成为中国用近代育种方法育成的第一代水稻良种。1925年东南大学农科大胜关农事试验场首先采用穗行纯系育种法选育水稻品种，

1928 年建立了昆山稻作试验场，进行籼、粳稻育种工作。1930 年，赵连芳等育成了一批优良品种在长江中下游地区推广，取得了单产提高 10% 的显著成效。此后，随着各省农事试验场、全国稻麦改进所、中央农业试验所相继创办，促进了水稻育种人才的培养、育种理论与技术的创新以及育种方法的改进，'中大帽子头''南特号''胜利籼''万利籼'等一批优良稻种的育成与推广，使水稻单产提高 375~750 千克/公顷。1933—1936 年，中央农业试验所先后从国内外征得 2 120 个水稻品种，从 1936 年起分别在 12 省 28 个合作试验场进行连续 3 年的"全国各地著名品种比较试验"，成为中国大规模水稻品种区域试验的开端，叶常丰和许传祯育成的'南特号'脱颖而出并迅速在湖南、江西推广，成为新中国成立以前推广面积最大的改良稻种。

三、"矮秆育种""杂种优势利用"和"超级稻研发"

国际水稻研究所的水稻育种先后经历了半矮秆化、提高病虫害抗性、改良稻米品质以及通过杂种优势和理想株型的利用进一步提高产量潜力 4 个阶段。而中国的水稻育种进程则先后通过半矮秆化、杂种优势的利用、亚种间杂种优势和理想株型结合（超级稻计划）不断提高水稻品种的产量潜力。在后基因组时代，科学家开始倡导通过分子设计育种聚合多种优良性状，以应对未来水稻生产面临的各种挑战。水稻生产面临以下问题：①病虫害发生逐年加重，大量施用农药；②过量施用化肥，土壤理化性质被破坏；③淡水资源短缺，稻田季节性干旱时有发生；④人口持续增长，粮食安全问题严峻。

水稻育种技术的突破推动了土壤肥料、植物保护、水利灌溉、耕作栽培等技术不断进步，反之，耕作栽培等学科的技术进步也促进了水稻育种学科发展。

四、"良田、良制、良种、良法"配套带动水稻产量不断提高，其中良种是内因，良田、良制、良法释放品种产量潜力

高产栽培一直是栽培技术发展的核心，重点是为品种改良做好配套，提高品种产量潜力。如在20世纪60年代以前，中国水稻品种仍以高秆农家品种为主，在栽培技术上主要是总结群众生产经验，发掘一批以"南陈（陈永康）北崔（崔竹松）"为代表的水稻丰产经验，概括提出"好种壮秧、小株密植、合理施肥、浅水勤灌"的技术模式。20世纪60年代针对矮秆品种株高变矮、耐肥抗倒性提高、增穗增产潜力提高的特点，提出了增密、增肥、增穗为主导的技术措施，大幅提高水稻产量。20世纪70年代，蒋彭炎等提出了"稀少平"高产栽培技术，主要内容是"大幅度降低秧田播种量，培育分蘖壮秧；大幅度降低本田用种量，减少抽秧本数；减少基面肥用量，增加中后期肥料比重；提早搁田，多次轻搁，干干湿湿灌溉，以水调气"。20世纪80年代，针对杂交稻分蘖力强、根系发达、叶面积大、生物量高及大穗优势，栽培技术上提出了"稀播育壮秧，稀植促大穗，大幅提高杂交稻群体生长量和产量"；根据超级稻高产形成规律，朱德峰等提出了"前期早发够穗苗、中期壮秆扩库容、后期保源促充实"的高产栽培关键技术；邹应斌针对超级稻特点，提出了"定目标产量、定群体指标、定技术规程"的"三定"栽培法，要以"因地定产、依产定苗、测苗定氮"高产栽培理论促进栽培技术创新发展。1958年，陈永康在全国水稻会议上提出了"三黄三黑"的水稻高产栽培理论，阐明水稻高产的形态生理规律，通过群体叶色有节奏的3次"黑""黄"变化，分别促进"发棵""长粗"和"长穗"，分别控制无效分蘖和基部节间伸长，促进营养向穗、籽粒转移，从而足穗、大穗、抗倒、粒饱而高产。1981年，凌启鸿等提出以水稻叶龄进程作为水稻生育进程诊断的统一指标的"水稻不同生育类型生育进

程的叶龄模式"的定量指标体系，建立了水稻不同品种类型生育进程的叶龄模式，确定播种量、基本苗以及肥水运筹等看苗诊断技术，使高产栽培研究由定性向定量并向模式化、指标化、规范化方向发展；各地根据实践结果，制作了当地的水稻高产栽培叶龄模式图和技术方案，使水稻生育和产量形成过程及技术应用做到确切定量。1991年，凌启鸿等在叶龄模式研究成果的基础上，提出了"水稻高产群体质量指标概念及优化控制初论"的理论，阐明了群体质量指标概念，在以合理基本苗获得适宜穗数前提下，通过前期大力控制无效分蘖，压缩高峰苗数，提高茎、蘖成穗率，进而在中期攻取大穗的栽培模式，以全面提高群体各项质量指标，建成后期高光效群体，实现产量的大幅度提高。21世纪以来，凌启鸿、张洪程等在群体质量栽培相关研究基础上，创立了以生育进程、群体动态指标、栽培技术措施"三定量"和作业次数、调控时期、投入数量"三适宜"为核心的水稻精确定量栽培技术。在北方稻区，旱育稀植技术的引进与发展，减轻了低温冷害影响，促进水稻高产稳产。"作物要高产，技术要简化是今后栽培技术的发展方向"。从20世纪90年代开始，水稻抛秧、免耕抛秧、人工直播、机插秧等轻简化栽培技术，稻鸭共育等保优栽培、清洁生产技术，以及水稻全程机械化生产技术全面发展，对促进水稻高产稳产、优质高效等发挥了重要作用。近年来，南方地区"籼改粳"、机收再生稻、机直播与机插秧、机械化制种、稻田综合种养、节肥节药技术、秸秆利用研究等不断深入。

五、转基因、分子设计育种等现代生物技术促进传统育种向生物技术育种转变，水稻功能基因组学研究国际领先、蓬勃发展

随着现代生物技术的高速发展，特别是作为作物基因研究的模式植物，水稻功能基因组研究日新月异、突飞猛进。1997年，中国水稻研究所黄大年等成功将抗除草剂基因转入水稻并应用于杂交稻制种生产,在世界上首次配制出转基因水稻,实现了物种之间遗传物质的转移,该成果1997年被两院院士评为中国十大科技进展。《国家中长期科学和技术发展规划纲要(2006—2020年)》确定了未来15年力争取得突破的"转基因生物新品种培育"等16个重大科技专项;2008年"转基因生物新品种培育"正式立项,设置水稻抗病、抗虫、品质等转基因课题,持续开展材料创制、品种选育等研究。2009年,张启发等育成的转抗虫基因水稻'华恢1号'和杂交种'Bt汕优63'获得了农业部颁发的安全认证,成为中国首张转基因水稻的安全证书。

今后,随着全基因组测序技术、基因编辑技术等研究的快速发展,将为创制水稻新资源和优异杂交稻亲本、发掘与利用有利性状基因、高效培育水稻新品种等奠定坚实基础。

第二节　当前中国水稻产业发展形势与任务

一、发展现状

生产稳定发展。1949年中国稻谷总产仅为4 864.5万吨,1978年增长到13 693.0万吨。改革开放以来,中国逐步改革统购统销体制,提高粮食收购价格,极大调动了农民生产积极性,稻谷产量不断迈上新台阶,1997年中国稻谷总产首次突破2亿吨大关,达到20 073.6万吨,比1978年增产6 380.6万吨,增幅高达46.6%。从1998年开始,中国实施第三次种植业结构调整,水稻面积锐减至2003年的2 650.8万公顷,减少了525.8万公顷,总产下降了4 008.1万吨。2004年以来,在中央一系列强农惠农富农政策支持下,水稻生产不断发展,2016年总产达到20 707.2万吨,并从2011年开始连续6年稳定在2亿吨以上水平,市场平稳过渡。改革开放以来中国稻谷市场曾出现几次阶段性波动,如1984年中国首次出现"卖粮难"问题后稻谷价格大幅降低,1993

年下半年至 1994 年上半年稻谷价格大幅上涨，2003 年下半年至 2004 年上半年稻谷价格持续上涨等，但总体以稳定上行为主。2003—2012 年，在最低收购价提高等因素推动下，早籼稻、晚籼稻和粳稻收购价格分别从 2003 年 1 月的每 50 千克 48.7 元、51.7 元和 57.3 元上涨至 2012 年 12 月的 131.5 元、137.2 元和 145.3 元，涨幅分别高达 170.1%、165.3% 和 153.7%。从 2013 年开始，受籼米进口增加、稻谷库存增加等影响，国内稻米市场持续低迷，2016—2017 年，早籼稻、晚籼稻和粳稻收购价格每 50 千克 130.7 元、137.3 元和 151.4 元，2018—2019 年生产的早籼稻、中晚籼稻和粳稻最低收购价格分别为每 50 千克 120 元、126 元和 130 元，比 2017 年分别下调 10 元、10 元和 20 元，要求各地农民合理种植，加强田间管理，促进稻谷稳产提质增效。2020 年 2 月 18 日国务院召开常务会议，部署不误农时切实抓好春季农业生产。其中重点提到了 2020 年稻谷最低报价，2020 年稻谷最低收购价保持稳定，视情况可适当提高，鼓励有条件地区恢复双季稻。

贸易量不断增加。长期以来，中国大米贸易以出口为主，进口量较少，1998 年出口大米 375 万吨，是有史以来大米出口最多的年份，但此后出口数量快速减少，2016 年降至 39.5 万吨，出口国家主要为日本、韩国和朝鲜，出口品种为优质粳米，占 99% 以上。中国大米进口主要用作品种调剂，以泰国香米为主。但 2012 年以来，随着国内大米价格水平显著高于国际市场，尤其是与越南、巴基斯坦等国家的大米价格相比差距更大，进口量持续增加。2012—2016 年，中国累计进口大米 1 410.5 万吨，其中 2016 年进口 356.2 万吨，连续两年超过 300 万吨，越南、巴基斯坦籼米占 65% 以上。

种子价格不断上涨。改革开放以来，中国水稻种业稳步发展，品种审定和推广数量持续增加，种业市场不断扩大。2016 年，通过国家和省级审定的水稻新品种 474 个，比 20 世纪 90 年代末增加两倍以上。2015 年推广面积 0.67 万公顷以上水稻品种 826 个，比

20 世纪 80 年代末增加 530 个；单品种年均推广面积 2.8 万公顷，减少了 2/3。与此同时，杂交稻种子价格快速上涨，2016 年杂交稻种子市场平均零售价格达到 53.70 元/千克，比 2009 年提高 26.3 元，涨幅 96.3%；0.67 万公顷以上杂交稻品种推广面积 1 206.7 万公顷，比最多的 2008 年减少 386.7 万公顷，占全国比重为 52.4%，比最高年份下降 13.4 个百分点。

二、存在问题

资源环境压力增大。水稻连年增产背后是资源环境压力越来越大。全国城镇用地每年需要 40 万~50 万公顷，且多数是优质耕地，据测算，近 20 年仅东南沿海 5 省就减少水田超过 140 万公顷；耕地复种率高、利用强度大，东北黑土层变薄，南方重金属污染严重。东北地下水超采严重，黑龙江"井灌稻"比例超过 70%。化肥、农药用量大，利用率低。

种植成本刚性增长。近年来中国稻谷生产成本不断增加。2015 年，中国稻谷平均总成本高达每公顷 18 031.5 元，比 2003 年增加 11 781 元，增长 1.9 倍。其中，人工成本、土地成本、机械作业成本分别达到 7 602 元、3 222 元和 2 635.5 元，分别是 2003 年的 2.3 倍、2.8 倍和 6.1 倍。成本增加、价格低迷、效益下降，影响农民水稻生产积极性。

突破性创新成果不足。中国自 20 世纪 90 年代以后没有出现突破性种质资源，对全球性稻种资源的研究缺乏系统性，野生稻有利基因利用缓慢。尽管中国功能基因组研究取得显著成就，但对已克隆基因的分子调控机制了解还不透彻，育种利用率低。此外，适宜机插、直播、再生稻等轻简化生产的品种和技术储备不足，适宜各环节生产需求的农机研发、农机农艺融合等全程机械化技术到位率不高。

结构性矛盾较为突出。东北稻谷占全国比重持续提高，南方销区缺口不断扩大，粮食流通、运输发展滞后，市场调控难度增大，产销区供需矛盾突出；政策性库存高，稻谷拍卖成交低迷、出库困难，国家库存不断增加。

消费结构升级。对口感佳、外观好的中高档优质稻米需求增加，与以普通稻为主的生产结构相矛盾；南方粳米消费增加，与以"南籼北粳"为主的生产结构相矛盾。

三、主要任务

推进稻米供给侧结构性改革，确保稻米供需平衡。统筹水稻生产、进出口和储备轮换，确保供需平衡，防范市场异常波动。稳定南方双季稻生产，巩固提升东北粳稻，因地制宜推进南方地区"籼改粳"，保障有效产能。促进中高档优质食用稻、加工专用稻、功能性营养稻生产和消费对接，确保大米品种和质量契合消费者需要。

加快水稻科技创新，引领水稻产业发展。加强水稻功能基因组研究，创制新的种质资源，提高育种利用率。培育适口性好、产量稳定的优质高产稻，适宜机械化、直播、再生等轻简生产方式的轻简稻，低镉等重金属积累的生态稻，适宜富营养化池塘种植的池塘稻，适宜海涂种植的耐盐碱稻等，充分发挥品种供给对水稻生产的引导作用。研发与集成推广省工省力、减肥减药、高产高效、绿色生态等生产技术。研发精深加工技术，提高稻谷综合利用水平。

转变水稻生产方式，促进水稻产业可持续发展。推进水稻生产目标由高产高效优质向高产高效优质生态安全的综合生产目标转变。提高肥水药利用效率，推进水稻全程机械化，建立防灾减灾生产技术体系。减少东北地区"井灌稻"面积，减少华北、西北缺水地区非生态性水稻生产，减少南方重金属污染区水稻生产，改善生态环境。

第三节 未来水稻产业发展前景和趋势

口粮的主体是大米，确保口粮绝对安全的关键是稻米供需平衡，包括区域、品种和品质结构。展望未来，随着国家宏观调控能力的不断提高，中国水稻生产、市场、消费和贸易将稳定发展，科技支撑能力将不断提升，绿色生态、可持续发展趋势将更加显著。

一、面积减少、单产提高、总产稳定

黑龙江、吉林等省"旱改水"潜力越来越小，江西、湖南、广西、广东等双季稻生产大省"双改单"仍将持续，福建、浙江、江苏等东南沿海发达地区水田面积继续减少，重金属污染治理、生态修复等也会带来部分水田休耕。从单产看，水稻科技进步以及南方地区"双改单""籼改粳"等有利于单产提高，但突破性新品种新技术缺乏，优质稻、直播稻发展趋势明显，部分抵消了单产升幅。因此，预计中国水稻面积略有减少，单产略有提高，而总产则保持稳定。

二、人均消费减少、人口刚性增加、消费总量稳定

随着肉蛋奶消费量持续增长，中国稻米人均消费量将逐步下滑，如日本人均大米消费量已由1961年的113千克降至目前的57千克左右，年均减少1.1千克；韩国人均大米消费量由1961年的99千克降至目前的77千克左右，年均减少0.4千克。据《中国统计年鉴》报道，近15年中国城镇居民、农村居民人均原粮消费量分别减少7%和33%。但是，中国人口基数大，"面改米"可能性大，尽管居民人均大米消费量将有所下降，但降幅不大；随着二胎放开，人口刚性增长还有利于增加大米消费。因此，中国稻谷消费量将较长时期保持稳定。

三、进出口量增加、生产成本提高、市场价格上涨

短期内，国际大米仍具价格优势，特别是随着国家"一带一路"倡议深入推进以及美国获准对中国出口大米，中国大米进口来源国增加，进口量继续增加。但受进口配额限制，中国大米进口将稳定在最高配额量水平。同时，为消化国内库存、增强国际大米市场话语权，大米出口国和出口量都将增加。短期内，受国家去库存压力、进口大米价格较低等因素影响，市场米价可能持续低迷；随着国家"去库存"结束、供求关系好转、稻米品质提高，特别是农业生产用工和土地价格继续上涨，稻米价格将逐步提高。

四、品种专用化、技术绿色化、产业生态化

综合应用分子生物学、基因组学等最新生物技术研究成果，开展水稻全基因组选择育种，实现以水稻产业发展需求为目标的定向、高效的"精确育种"，育成适用各类生态、生产条件，满足各类人群消费需求的专用水稻品种。提高品种肥料利用率，推广生态工程防治病虫害等绿色防控技术，促进节肥节药节水；推广全程机械化技术，促进省工省力节本。挖掘生态型的稻田养殖、养殖池塘种稻潜力，提高稻渔（虾蟹鸭）综合种养水平。提高稻谷精深加工和副产品综合利用水平，将稻谷"吃干榨尽"，提高产品附加值。发展水稻创意景观农业，提升生态服务价值。

第二章　水稻绿色高产栽培技术研究进展

第一节　水稻栽培技术发展历程

一、水稻是世界上最重要的粮食作物之一，为保障世界粮食安全做出了重大贡献

据联合国经济和社会事务部估计，到 2050 年世界人口将超过 100 亿，因此，人类未来仍将面临严峻的粮食安全问题。20 世纪 60 年代以来，水稻单产和总产大幅增加，这主要得益于品种改良和栽培技术的发展。然而，长期通过大肥、大水、大量农药投入来提高水稻产量对环境造成了严重影响，如土壤酸化、水体富营养化、生物多样性降低等。这些新问题和新挑战的出现意味着中国水稻生产正面临着重大转型，需要在品种培育策略和栽培措施创新等方面做出根本性改变。

二、中国水稻生产特点

生产特点：①稻区分布区域广、生态和生产条件差别大；②中国水稻生产复种指数高、季节矛盾大；③品种布局和栽培制度复杂，不可能形成大范围的、单一的水稻品种带；④由于人地矛盾突出，只能在主攻单产的同时兼顾提高劳动生产率和投入产出率。

尽管如此，中国稻作在如此复杂多样的自然、生产和栽培制度条件下，创造了极为丰富多样的水稻稳产高产栽培技术成果。凌启

鸿总结中国水稻栽培理论和技术体系的发展大体经过 3 个发展过程：①20 世纪 50—60 年代，通过对陈永康高产栽培经验的理论进行总结研究，初步形成了"水稻—环境—调控"三位一体的高产栽培理论体系框架；②20 世纪 70—80 年代水稻叶龄模式的建立；③20 世纪 80—90 年代水稻群体质量理论和技术体系的建立，使高产群体形成规律的诊断研究由定性向定量并向模式化、指标化发展，栽培技术向规范化发展。

20 世纪末到 21 世纪初，随着水稻生产中有机肥施用减少而化肥施用大量增加，农村劳动力大量转移和农业机械制造技术不断发展，水稻轻简化、机械化和高产高效栽培技术快速发展。直播栽培是将种子或浸种催芽的种子采用人力或机械、飞机等工具直接播于已平整的水田或旱地，并进行相应科学管理的种植方式。直播稻按播种动力可分为人工直播、机械直播及飞机直播 3 种，按稻田水分状况又可分为水直播、湿直播和旱直播。美国、澳大利亚和欧洲等国家的水稻生产于 20 世纪 70 年代以后几乎全部实行机械化直播。作为水稻主产区的亚洲，21 世纪初直播稻面积已达到 2 900 万公顷，约占亚洲水稻总面积的 21%，其中日本、韩国把机械化直播稻作为省力、低成本及集约化稻作的主要发展方向之一。2000 年以后我国直播稻面积迅速增加，安徽和浙江等省份直播稻面积占总播种面积的 30%左右，湖南直播稻面积比例达到 70%，宁夏直播稻面积比例达到 95%。然而，由于直播稻种植技术在生产中存在一定的风险，2005—2018 年农业农村部水稻主推技术没有一项与直播技术有关。水稻机插秧也是一种省工种植技术，毯苗和钵苗机插高产栽培技术的不断优化促进了水稻机插秧的快速推广。据中国统计年鉴数据统计，2016 年中国水稻机插秧比例为 31.9%，其中黑龙江省和江苏省的机插秧比例均远超其他省份。

第二节　绿色高产栽培的涵义

在生产实践中通过降低化肥和农药的投入、采用轻简化和机械化栽培措施减少劳动力投入、选用稳产优质的水稻品种以提高产品价格，最终实现利润最大化。作物栽培学家则在现有品种的基础上，积极探索绿色高产栽培技术。

2013 年，中国政府在中央农村工作会议上首次提到农业生产要"控肥、控药、控添加剂，严格管制乱用、滥用农业投入品"。2014 年，中央一号文件首次提及"绿色"一词，旨在"开展病虫害绿色防控和病死畜禽无害化处理"。2015 年，中央一号文件提出加快转变农业发展方式，深入推进粮食高产创建和绿色增产模式攻关。2015 年 2 月，农业农村部印发《到 2020 年化肥、农药使用量零增长行动方案》。该方案旨在解决中国农业生产中农药和化肥盲目施用、施用过量，从而造成生产成本增加和环境污染的问题。2016 年，中央一号文件首次提及"推进农业供给侧结构性改革"，并多次提到"绿色发展、绿色农业、绿色高产高效创建"等。2017 年，中央一号文件继续深入推进农业供给侧结构性改革和农业绿色发展，并于 2017 年 9 月，由中共中央办公厅和国务院办公厅印发了《关于创新体制机制推进农业绿色发展的意见》。该意见针对当前我国农业生产资源消耗的粗放经营方式没有根本改变、农业面源污染和生态退化的趋势尚未有效遏制的问题，提出创新体制机制，推进农业绿色发展。2018 年，中央一号文件提出深入推进农业绿色化、优质化、特色化、品牌化，以绿色发展引领乡村振兴。2019 年，中央一号文件提出稳定粮食产量。毫不放松抓好粮食生产，推动藏粮于地、藏粮于技。2020 年，中央一号文件提出稳定粮食生产，确保粮食安全始终是治国理政的头等大事。调整完善稻谷、小麦最低收购价政策，稳定农民基本收益。推进稻谷、小麦、玉米完全成本保险和收入保险试点。

这一系列政策文件的出台将促进水稻育种和栽培研究向绿色转型。未来中国水稻生产面临的严峻挑战是在减少资源投入和保障环境安全的前提下持续增加产量，而且这一目标需要在全球气候不断变化的背景下实现。其发展方向由以前单一的高产目标转变为高产、优质、高效、生态、安全。中国人多地少，随着经济建设的发展，人地矛盾日益尖锐，因此高产是我国水稻生产永恒的主题。随着人们生活水平不断提高，需求也由吃饱转变为吃好，这对稻米品质提出了新的要求。而高产优质的实现需要同时兼顾绿色发展，即高效、生态和安全。这一目标实现的前提是机械化和轻简化，在总产不降低甚至增加的前提下，降低劳动力投入和减轻劳动强度，不增加农资投入，稳定地保障水稻生产利润，通过提高复种指数或收获频次来降低甚至消除单季作物追求超高产的压力和风险。因此，未来水稻栽培需要因地制宜地通过模式创新和管理措施优化，解决高产与优质高效、用地与养地之间的矛盾，协调环境因素与高产、优质、安全之间的相互关系，从而实现"少打农药、少施化肥、节水抗旱、优质高产"的绿色目标。

第三节　绿色高产栽培模式

一、再生稻

再生稻是指头季收获后，利用稻茬上存活的休眠芽，采取一定的栽培管理措施使之萌发为再生蘖，进而抽穗、开花、结实，再收获一季水稻的种植模式。这种模式是温光资源种植一季水稻有余而两季不足地区的理想种植模式。再生稻一次播种、两次收获，头季产量与一季中稻相当，再生季产量可以达到头季50%以上，有利于增加总产和促进农民增收。

再生稻栽培技术先后于2009—2010年和2015—2018年被农业农村部列为主推栽培技术，其技术特征也随着时间的推移不断发生变化。2009—2010 年为"再生稻高产栽培技术",2015—2016 年为"再生稻综合栽培技术",而 2017—2018 年为"机收再生稻丰产增效栽培技术"。再生稻在福建高产地区再生季产量可以达到8.81 吨/公顷,两季合计可达 19.31 吨/公顷。头季人工收割条件下,湖北省再生季产量也可以大面积达到 6.62 吨/公顷,两季总产量超过 15.0 吨/公顷。

再生稻的另一大优势是其再生季灌浆期间温度适宜、施肥量少和基本不打农药,因此,再生季稻米蒸煮与食味品质优、安全品质高。

二、双季稻双直播

传统的双季稻生产劳动强度大,主要是因为每年两次育秧和两次移栽,这导致中国双季稻种植面积大幅降低。双季机械插秧可以解决劳动力投入的问题,但是仍然需要两次育秧,而且早稻机械插秧存在插秧过深、栽插密度较低的问题,双季晚稻存在秧苗秧龄难以控制的问题。因此,发展双季稻重在筛选和培育短生育期的双季稻品种,完善和创新以抛栽、免耕、直播为主导的轻简化双季稻生产技术体系,建立基于双季稻生产的作物多熟种植模式和中低产稻田培肥技术。

三、"双水双绿"模式

稻田种养结合是我国传统生态农业模式,始于 2 000 年前农民将剩余的鱼苗放在稻田暂养,而在东南亚一些国家,稻—鱼共生模式可以追溯到 6 000 年前。新中国成立以后,稻田种养面积迅速增加,并由原来传统、规模小、养殖单一的模式逐渐发展为规模化、专业化、机械化和养殖多样化的模式。"稻鸭共育生产技术"在 2008 年和 2009 年被列为农业部主推技术,而"稻田综合种养技术"自2016 年连续被列为主推技术。张启发院士在稻田综合种养技术的基础上提出了"双水双绿"理念,旨在要充分利用平原湖区稻田和水资源的优势实行稻田种养,使"绿色水稻"和"绿色水产"协同发展。近年来，湖北省率先开展了稻田养殖，出现了"稻—虾""稻—鱼""稻—鳖""稻—蟹""稻—鳅"等多种稻田种养模式，2016 年全国稻田综合种养面积为 60 万公顷，湖北省稻田综合种养面积达到 33.3 万公顷，尤其是稻—虾共作模式。研究表明，在稻田综合种养系统中水产动物占据 10% 左右的稻田空间（如沟、坑），但这些空间会使边行稻株产生边行效应，从而弥补产量损失，因而水稻产量并未显著降低。Ren 等对国际上近 20 年来发表的稻—鱼系统与水稻产量相关论文进行了荟萃分析（meta-analysis），发现与水稻单作系统比较，在不同情况下（如不同水产生物类型）稻—鱼系统对水稻产量产生显著的正效应。对稻—虾共作模式的研究表明，水稻产量比传统水稻种植模式增加 4.6%~14.0%。

稻田种养不仅提高了农业的经济效益，也为农业的绿色可持续发展提供了巨大的机遇和潜力。例如，在"虾—稻"互利共生体系中，稻秆腐烂促进水体浮游生物生长，既为虾提供食物，同时也有效地解决了秸秆还田矛盾；既有利于对稻秆的消化利用，还有助于杀灭残存害虫，减少次年虫源，降低虫害；虾的排泄物为稻提供有机肥料，从而制约了稻田农药化肥的大量施用。与水稻单作系统比较，稻—鱼系统在产量不降低的情况下，农药和化肥使用量分别降低 68% 和 24%。稻田综合种养系统还可以提高水稻对养分的利用效率，如在稻—鱼共作模式中，鱼排泄物中的氮有 75%~85% 以铵离子的形态存在，即鱼能够将环境中原本不易被水稻吸收利用的氮形式转变成易于被水稻吸收利用的有效氮形式。因此，"双水双绿"模式是一种绿色高产栽培模式，能够有效地实现资源节约、环境友好、生态平衡。

随着研究深入，全面优化稻田种养体系和模式，尤其注重培育适合"双水双绿"种养体系的专用优质和特色水稻品种与小龙虾新品种，建立适宜的病虫害绿色防控技术体系，加强市场和社会经济效益分析及相关政策研究，建立若干个"双水双绿"产业基地，开展新品种、新技术、新模式的研发、示范与推广，该项产业将进入乡村"产业振兴"新时代。

第三章　近年来中国稻谷播种面积、稻谷产量、消费量及大米出口量趋势分析

　　米饭是我们日常接触最多的食物，作为赖以生存的基本食物，大米是世界上三大谷物品种之一，也是世界上食用人口最多、种植历史最悠久的农作物产品，主要有籼米、粳米和糯米3种，主要分布在东亚、东南亚、南亚的季风区，东南亚的热带雨林区。目前我国是全球大米生产量最大的国家，其次为印度，其余大米产量较多的国家有印度尼西亚、孟加拉国、越南、泰国、菲律宾、美国、巴基斯坦等国。

　　2018年，各地在党中央、国务院的坚强领导下，认真贯彻中央1号文件精神，坚持稳中求进的工作总基调，按照"藏粮于地、藏粮于技"的发展思路，深入推进农业供给侧结构性改革，调减库存较多的稻谷和玉米种植，扩大大豆种植面积，因地制宜发展经济作物。据国家统计局数据显示，2014—2017年，我国稻谷播种面积保持在3 070万公顷左右（图3-1），2018年，我国稻谷播种面积大幅减少，为3 018.9万公顷，较2017年减少了50万公顷。

　　2018年，各地区积极推进农业供给侧结构性改革，从水稻播种面积来看，湖南、黑龙江、江西、安徽、湖北等地为我国水稻播种面积最大的省份。据国家统计局数据显示，2018年，我国湖南省水稻播种面积最大，占全国水稻播种总面积的13.28%，其次为黑龙江省，占比12.53%，江西省播种面积占比11.38%（图3-2）。

　　据调查数据显示，2014—2018年，我国稻谷产量波动不大（图

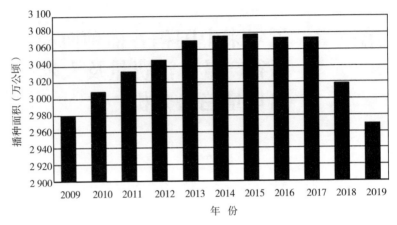

图 3-1 2009—2019 年中国稻谷播种面积

数据来源：公开资料整理

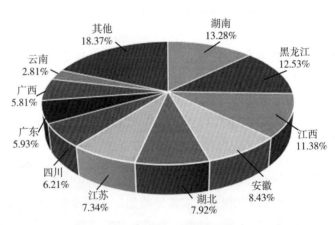

图 3-2 2018 年中国稻谷播种面积地区占比

数据来源：公开资料整理

3-3)，2018 年，我国稻谷产量达 2. 12 亿吨，较 2017 年有所减少。

2014—2018 年，我国大米消费量持续增长，据调查数据显示，

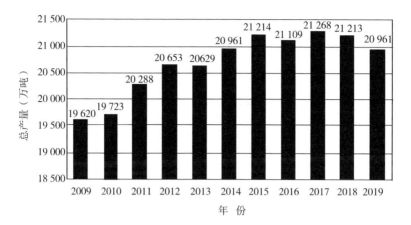

图3-3　2009—2019年中国稻谷产量

数据来源：公开资料整理

2018年，我国大米消费量达1.93亿吨（图3-4）。随着未来我国农业供给侧结构性改革的深入，我国大米消费量将持续提高，大米产量波动变化向供求平衡的方向发展。

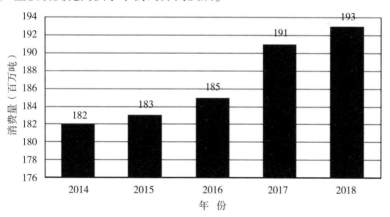

图3-4　2014—2018年中国大米消费量

数据来源：公开资料整理

2019 年 10 月我国大米出口量为 25.1 万吨,同比增长 34.2%,出口金额为 9 020 万美元,同比增长 1.7%,2019 年 11 月我国大米出口量为 13.1 万吨,同比下降 47.4%(图 3-5、图 3-6)。

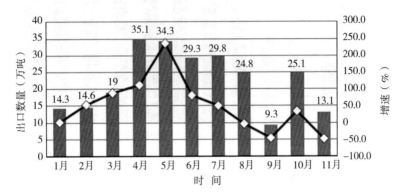

图 3-5 2019 年 1—11 月我国大米出口量增速
数据来源:公开资料整理

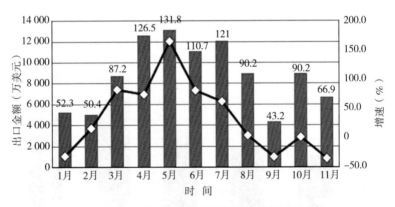

图 3-6 2019 年 1—11 月我国大米出口金额及增速
数据来源:公开资料整理

市场竞争方面,目前我国大米市场呈现着品牌同质化严重、知名大米品牌市场占有率较低等问题。例如非常有名的"五常大米"，每年产量约 65 万吨，市场占有率不到 1‰；但同时日本"越光"牌大米则占了国内的 1/3，远高于我国大米前 10 大品牌的市场占有率之和，由此可见，未来我国品牌大米有很大提升空间。

展望未来，随着生活水平的改善、居民收入的提升以及消费观念的改变，越来越多的人开始选择优质大米，使得我国优质大米需求快速增加，这也为我国品牌大米的发展带来了机遇。而随着抢占市场份额，各个企业和各个产地会不断推出各类中高端大米来"占领"国人的餐桌。不同企业和不同产地间新品种的不断开发以及竞争的日益加剧，将使后期各类品牌大米的竞争白热化。

中国稻米加工业的行业集中度会不断提升。部分低水平的稻米加工企业的关停给了龙头企业扩大市场份额的契机，使得行业集中度提升。小企业的生存空间越来越小。艾媒咨询分析师认为，行业集中度的上升会加快稻米加工业转型升级的步伐。

技术篇

第四章　水稻品种选择与利用

第一节　品种选用原则

一、严格按照国家优质稻谷标准，选用达标品种

发展稻米清洁生产，就是要实现提高稻米品质档次，提高市场竞争力，满足消费者对品质的要求。无公害和绿色 A 级稻米要达到国标三级以上，绿色 AA 级和有机稻米要达到国标二级以上。品种是实现优质稻米生产的基础，应严格按"优质稻谷"的质量标准，选用不同质量要求的优质品种。同时，可根据本地实际的品种资源与特点，选用适宜品种。在此基础上，采取相适宜的优质栽培技术措施，完全清洁生产，以达优质清洁目标。

二、较好的综合生产优势和产量潜力

具有一定的稳产、高产性，要求产量构成因素即穗、粒、重三者之间较为协调与统一，年度间能确保生育期的安全，实现优质高产稳产。

三、光能利用的适应性

水稻作为一种生物，在田间条件下应尽可能多地利用光能、生产更多的干物质而高产。具体表现在两个方面。

（1）具有最大限度地利用生长季节、利用光时的特性。双季稻北缘地区要求品种在栽培技术上具有能适时早播、提前栽植、延

长营养生长期的适应性。在品种适用上要选用抗寒性强、生育期较长的品种，延长光照利用时间。

（2）具有最大限度地利用单位土地面积上光量的特性。水稻在过度稀植的条件下，单株分蘖多、叶面积大，呈疏散型水平分布，以扩大受光面积。相应的非光合器官的贮存能力增强、植株变矮、茎秆粗壮、根多，呈水平分布，也为疏散型水平分布。

四、较强的适应性和抗逆性

在一定的环境条件下受自然、生物等因素的影响，常造成种种灾害。如长江中下游地区比较突出的有稻瘟病、纹枯病、稻曲病、白叶枯病、条纹叶枯病和稻飞虱、纵叶螟、螟虫等病虫害。因此，要注意选用抗性强的品种。

五、通过国家和省审定的品种

推荐在生产上大面积应用的品种必须是通过所在省或国家审定的品种。为加速优质品种的推广，对进入生产试验有苗头的新品系可小面积的中试、示范。

第二节　品种合理布局及原则

在选用优质稻品种的基础上，一定要做好品种的搭配与布局，尤其在多熟制条件下更要高度重视，力争季季优质高产、全年丰产高效。

从一个生态区的范围考虑，要坚持因地适种，在优质稻品种的定向方面，既不能过多又不能过于单一。特别是一个生产经营单位，如果品种过多，不利于栽培管理和稻米贮藏，影响优质稻米产业化，品种过于单一，则不利于抵御自然灾害和市场需求的调节。一般的生产经营规模不大的单位，可选用1~2个主栽品种，适当搭配1~2个辅助品种。主栽与辅助品种不宜超过2~3个。

　　水稻生产的实质是品种在自身的生长发育周期内利用区域的光温等资源（或能量）进行光合作用转化为稻米产品等物质（或能量）的过程，稻作温光资源状况是水稻生产的基础要素。由于不同生育类型品种对区域温光资源利用的程度存在显著的差别，例如早熟类型品种生长发育周期短，利用温光资源进行光合生产与物质积累的历时较短，其物质生产与产量潜力也较低，对于温光资源较充足地区而言，无疑会带来稻作温光资源的浪费，极不利于水稻增产。因此，在对安徽水稻不同类型品种安全生育与产量形成的温光生态特性研究的基础上，确定了以稻作区域一定的种植制度下温光资源的最大化高效利用为水稻品种布局的总体原则，并依据以下主要的具体原则实施安徽水稻品种的优化布局。

　　（1）在一定的种植制度条件下，水稻品种生育进程与温光季节的协调同步。水稻温光资源的利用不仅取决于区域温光资源的时空分布，更重要的还在于水稻对温光资源利用的生产力水平，而水稻生育进程（尤其是水稻产量物质形成期）与温光季节变化的高效同步正是提高水稻生产力水平的重要保证。

　　（2）水稻品种的安全生育成熟。由于水稻产量形成过程是在水稻前期营养生长的基础上进行的，其产量物质的形成与积累过程则是处于水稻生长发育后期（抽穗以后），因此能否获得安全生育成熟同时也制约水稻经济产量生产力水平的高低和稻米品质形成的优劣。换言之，水稻若不能安全成熟时，不仅导致水稻的严重减产或歉收，而且也将显著劣化稻米的品质。因此，水稻的安全生育成熟又是实施品种优化布局的先决性原则。

　　（3）水稻品种生育与产量形成温光生态特性的合理利用。不同类型品种在生育与产量形成温光生态特性的差异也直接影响到水稻的产量水平及其稳定性，因此，水稻品种布局只有在合理地利用品种本身的温光生态特性的基础上方能实现品种的高产稳产，从而达到优化布局之目的。

　　（4）在一定的种植制度与水稻栽培体制（方式）前提下，考察与分析水稻品种布局的合理性。

总之，生产上选用最适品种是一个很复杂的问题，涉及面广，要求高，应认真考虑，合理安排。要进行优质稻米生产首先要有优质稻米品种，可见，稻米品种选择的重要性。

第三节　水稻部分优良品种简介

一、国审品种

（一）东北单季稻种植区国审品种介绍

1. 品种名称：五优 17

审定编号：国审稻 2013042

选育单位：沈阳杰玉杂交粳稻科技开发有限责任公司

品种来源：五 A×C17

特征特性：粳型三系杂交水稻品种。全生育期平均 149.9 天，比对照吉玉粳长 4.6 天。株高 107.1 厘米，穗长 16.6 厘米，每亩（1 亩≈667 平方米，15 亩＝1 公顷，全书同）有效穗数 29.8 万穗，每穗总粒数 117.8 粒，结实率 89.0%，千粒重 24.7 克。抗性：稻瘟病综合抗性指数 3.2 级，穗颈瘟损失率最高级 5 级；中感稻瘟病。米质主要指标：整精米率 67.6%，垩白粒率 16.5%，垩白度 1.6%，胶稠度 84.8 毫米，直链淀粉含量 16.5%，达到国家《优质稻谷》标准 2 级。两年区域试验平均亩产 678.1 千克，比吉玉粳增产 11.7%。2012 年生产试验，平均亩产 642.6 千克，比吉玉粳增产 8.1%。

适宜地区：适宜在吉林省中熟稻区、辽宁省东北部、宁夏引黄灌区种植。

2. 铁粳 11

审定编号：国审稻 2014041

育种单位：辽宁省铁岭市农业科学院

品种来源：辽 294/9621

特征特性：粳型常规水稻品种。全生育期 159.7 天，比对照秋光晚熟 4.7 天。株高 100.9 厘米，穗长 16.6 厘米，穗粒数 139.8 粒，结实率 83%，千粒重 22.8 克。抗性：稻瘟病综合抗性指数 2.7，穗颈瘟损失率最高级 5 级。米质主要指标：整精米率 66.6%，垩白米率 9.5%，垩白度 0.6%，直链淀粉含量 16.6%，胶稠度 83 毫米，达到国家《优质稻谷》标准 1 级。两年区域试验平均亩产 673.2 千克，比对照秋光增产 3.1%；2013 年生产试验，平均亩产 664.7 千克，比对照秋光增产 10.1%。

适宜地区：适宜吉林晚熟稻区、辽宁北部、宁夏引黄灌区、内蒙古赤峰地区和南疆稻区种植。

3. 粳优 586

审定编号：国审稻 2015053

育种单位：辽宁省稻作研究所

品种来源：粳 139A×C586

特征特性：分蘖力较强；株型紧凑，茎秆粗壮，叶片直立；株高 110 厘米左右，穗长 18～20 厘米，每穗 130～150 粒，千粒重 26.8 克，植株活秆成熟不早衰；生育期 159 天；外观米质优良，抗病、抗倒伏能力强。两年区域试验平均亩产 631.84 千克，比对照津原 85 增产 5.43%。2014 年生产试验平均亩产 690.82 千克，较对照津原 85 增产 8.44%。

适宜地区：适宜在沈阳以南中晚熟稻区种植，可在河北、天津、北京等适宜稻区种植。

4. 品种名称：松辽 838

审定编号：国审稻 2016053

育种单位：吉林省公主岭市松辽农业科学研究所

品种来源：M26/秋田小町

特征特性：粳型常规水稻品种。全生育期平均 148.7 天，比对照吉玉粳晚熟 6.6 天。株高 103.6 厘米，穗长 17.7 厘米，每穗总粒数 129.8 粒，结实率 92%，千粒重 23.4 克。抗性：稻瘟病综合抗性指数两年分别为 0.7 和 0.9，穗颈瘟损失率最高级 3 级。米质：整精米率 73.4%，垩白粒率 14.3%，垩白度 2.1%，直链淀粉含量 15%，胶稠度 82 毫米，达到国家《优质稻谷》标准 2 级。两年区域试验平均亩产 599.75 千克，较对照吉玉粳增产 1.91%。2015 年生产试验平均亩产 672.14 千克，较对照吉玉粳增产 10.13%。

适宜地区：适宜在吉林省晚熟稻区、辽宁省东北部、宁夏引黄灌区以及内蒙古赤峰地区种植。

5. 中科 804

审定编号：国审稻 20170080

育种单位：中国科学院遗传与发育生物学研究所、中国农业科学院深圳农业基因组研究所、中国科学院北方粳稻分子育种联合研究中心

品种来源：吉粳 88/南方长粒粳

特征特性：粳型常规水稻品种。东北、西北晚熟稻区种植全生育期平均 150.1 天，比对照秋光早熟 3 天。株高 105.9 厘米，穗长 17.8 厘米，每亩有效穗数 30.6 万穗，每穗总粒数 117.6 粒，结实率 87.4%，千粒重 25 克。抗性：稻瘟病综合抗性指数两年分别为 1.3 和 1.7，穗颈瘟损失率最高级 3 级，中抗稻瘟。主要米质指标：整精米率 63.7%，垩白粒率 12.3%，垩白度 2.1%，直链淀粉含量 16.7%，胶稠度 65.3 毫米，达到国家标准《优质稻谷》3 级。两年区域试验平均亩产 710.44 千克，比对照秋光增产 8.4%。2016 年生产试验平均亩产 700.7 千克，较对照秋光增产 5.79%。

适宜地区：适宜在吉林省晚熟稻区、辽宁北部、宁夏引黄灌区、内蒙古赤峰地区、北疆沿天山稻区和南疆稻区种植。

6. 中科发 5 号

国审编号：国审稻 20180077

育种单位：中国科学院遗传与发育生物学研究所

品种来源：空育 131/南方长粒粳//吉粳 88

特征特性：粳型常规水稻品种。全生育期 150.1 天，比对照吉玉粳晚熟 4.8 天。株型紧凑，生长清秀，后期转色快，剑叶挺，秆青籽黄，分蘖能力较强，株高 102.8 厘米，穗长 17.8 厘米，每亩有效穗数 27.3 万穗，每穗总粒数 118.3 粒，结实率 79.9%，千粒重 26.9 克。抗性：稻瘟病综合抗性指数两年分别为 2.0、2.4，穗颈瘟损失率最高级 5 级，中感稻瘟病。米质主要指标：整精米率 70.1%，垩白粒率 6.0%，垩白度 1.8%，直链淀粉含量 16.1%，胶稠度 70 毫米，长宽比 3.0，达到农业行业《食用稻品种品质》标准二级。两年区域试验平均亩产 688.84 千克，比对照吉玉粳增产 9.32%；2017 年生产试验，平均亩产 653.68 千克，比对照吉玉粳增产 14.86%。

适宜地区：适宜在黑龙江省第一积温带上限、吉林省中熟稻区、辽宁省东北部、宁夏引黄灌区以及内蒙古赤峰地区的稻瘟病轻发区种植。

7. 吉洋 46

国审稻编号：20190039

品种名称：吉洋 46

申请者：梅河口吉洋种业有限责任公司、吉林省吉阳农业科学研究院

育种者：梅河口吉洋种业有限责任公司、吉林省吉阳农业科学研究院

品种来源：JY67/吉粳 88

特征特性：粳型常规水稻品种。在辽宁南部、新疆南部和京津冀地区种植，全生育期 149.7 天，比对照吉玉粳长 5.2 天。株高 108.4 厘米，穗长 18.7 厘米，每亩有效穗数 24.4 万穗，每穗总粒数 124.2 粒，结实率 86%，千粒重 25.2 克。抗性：稻瘟病综合抗性指数两年分别为 1.8 和 1.6，穗颈瘟损失率最高级 1 级，抗稻瘟病。米质主要指标：整精米率 73.5%，垩白粒率 14.7%，垩白度 5.0%，直链淀粉含量 14.0%，胶稠度 68 毫米，长宽比 1.8，达到

农业行业《食用稻品种品质》标准三级。

产量表现：2017年参加早粳晚熟组区域试验，平均亩产676.11千克，比对照吉玉粳增产9.83%；2018年续试，平均亩产611.37千克，比对照吉玉粳增产10.78%；两年区域试验平均亩产687.58千克，比对照吉玉粳增产10.26%；2018年生产试验，平均亩产599.78千克，比对照吉玉粳增产7.69%。

审定意见：该品种符合国家稻品种审定标准，通过审定。适宜在黑龙江省第一积温带上限、吉林省中熟稻区、辽宁省东北部、宁夏引黄灌区以及内蒙古赤峰地区种植。

（二）西北地区单季稻种植区国审品种介绍

粮粳10号

审定编号：国审稻2016051

育种单位：新疆九禾种业有限责任公司

品种来源：新稻6号/06-425//选珍

特征特性：粳型常规水稻品种。全生育期平均154.3天，比对照秋光晚熟0.1天。株高103.2厘米，每亩有效穗数32.2万穗，穗长15.4厘米，每穗总粒数109.6粒，结实率88.2%，千粒重24.1克。抗性两年区试综合表现：稻瘟病综合抗性指数分别为2.4和2.6，穗颈瘟损失率最高级5级。米质指标：整精米率67.6%，垩白粒率9%，垩白度3%，直链淀粉含量15%，胶稠度87.3毫米，达到国家《优质稻谷》标准2级。两年区域试验平均亩产697.91千克，比对照秋光增产3.17%。2015年生产试验平均亩产700.45千克，较对照秋光增产7.79%。

适宜地区：适宜在吉林省晚熟稻区、辽宁北部、宁夏引黄灌区、内蒙古赤峰地区、北疆沿天山稻区和南疆稻区种植。

（三）华北单季稻区国审品种介绍

1. 大粮202

审定编号：国审稻2010047

选育单位：山东省临沂市大粮种业有限公司

品种来源：临稻 10 号/焦选 D2

特征特性：全生育期平均 153.4 天，比对照 9 优 418 早熟 4.5 天。株高 97.7 厘米，穗长 16.9 厘米，每穗总粒数 138.5 粒，结实率 86.6%，千粒重 26.2 克。抗性：稻瘟病综合抗性指数 5，穗颈瘟损失率最高级 5 级，条纹叶枯病最高发病率 2%。米质主要指标：整精米率 66.1%，垩白粒率 34.5%，垩白度 3.1%，胶稠度 83.5 毫米，直链淀粉含量 17.1%。2007—2008 年两年区域试验平均亩产 641.3 千克，2009 年生产试验，平均亩产 580.8 千克。

适宜地区：适宜在河南沿黄、山东南部、江苏淮北、安徽沿淮及淮北地区种植。

2. 大粮 203

审定编号：国审稻 2010043

选育单位：山东省临沂市大粮种业有限公司

品种来源：临稻 10 号/焦选 D2

特征特性：全生育期平均 155.1 天，株高 103.8 厘米，穗长 16.8 厘米，每穗总粒数 145.3 粒，结实率 86.1%，千粒重 25.8 克。抗性：稻瘟病综合抗性指数 4，穗颈瘟损失率最高级 3 级，条纹叶枯病最高发病率 3.8%。米质主要指标：整精米率 67.2%，垩白粒率 37.5%，垩白度 3.2%，胶稠度 85 毫米，直链淀粉含量 16.4%。2008—2009 年两年区域试验平均亩产 646.6 千克，2009 年生产试验，平均亩产 588.8 千克。

适宜地区：适宜在河南沿黄、山东南部、江苏淮北、安徽沿淮及淮北地区种植。

3. 中作稻 2 号

审定编号：国审稻 2013037

育种单位：中国农业科学院作物科学研究所、江苏省连云港市农业科学院

品种来源：连粳 95-1/连 0111

特征特性：粳型常规水稻品种。全生育期平均 180.6 天，比对

照津原 45 长 4.7 天。株高 113.6 厘米，穗长 16.2 厘米，每亩有效穗数 24.7 万穗，每穗总粒数 133.1 粒，结实率 89%，千粒重 25.7 克。抗性：稻瘟病综合抗性指数 3.5，穗颈瘟损失率最高级 3 级；条纹叶枯病最高发病率 6%；中抗稻瘟病，抗条纹叶枯病。米质主要指标：整精米率 63.8%，垩白米率 39.5%，垩白度 2.8%，直链淀粉含量 18%，胶稠度 80 毫米。两年区域试验平均亩产 642.4 千克，比对照津原 45 增产 6.9%。2012 年生产试验，平均亩产 630.3 千克，比对照津原 45 增产 9.4%。

适宜地区：适宜在北京、天津、山东东营、河北东部及中北部一季春稻区种植。

4. 金穗 9 号

审定编号：国审稻 2013039

育种单位：河北省农林科学院滨海农业研究所

品种来源：（冀粳 14/津原 45）F_1/垦优 2000 为父本复交

特征特性：全生育期平均 177.2 天，比对照津原 45 晚熟 1.3 天，株高 121.6 厘米，穗长 17.4 厘米，每穗总粒数 122.9 粒，结实率 86.9%，千粒重 26.5 克。抗性：经国家区试抗病鉴定指定单位鉴定，稻瘟病综合抗性指数 3.5 级，穗颈瘟损失率最高级 3 级，中抗稻瘟。条纹叶枯病最高发病率 13%，表现为抗。米质：整精米率 70.4%，垩白米率 8.8%，垩白度 0.7%，直链淀粉 17.1%，胶稠度 80 毫米，达到国家《优质稻谷》标准 1 级。2010 年参加国家北方粳稻区试，平均产量 8 964 千克/公顷，较对照津原 45 增产 2.2%。两年区域试验平均产量 9 135 千克/公顷，比对照津原 45 增产 1.3%。2012 年国家水稻生产试验平均产量 9 134.6 千克/公顷，较对照津原 45 增产 5.67%。

适宜推广地区：适宜在山东东营、河北东部及中北部一季春稻区种植。

5. 金粳优 11 号

审定编号：国审稻 2013041

选育单位：天津市水稻研究所

品种来源：金粳 11A×津恢 1 号

特征特性：粳型三系杂交水稻品种。在辽宁南部、京津地区种植，全生育期平均 162.5 天，比对照津原 85 长 2.5 天。株高 119.6 厘米，穗长 19.9 厘米，每亩有效穗数 20.7 万穗，每穗总粒数 168.7 粒，结实率 78.5%，千粒重 24.2 克。抗性：稻瘟病综合抗性指数 3.5，穗颈瘟损失率最高级 3 级；条纹叶枯病最高发病率 6.2%；中抗稻瘟病，抗条纹叶枯病。米质主要指标：整精米率 63.7%，垩白粒率 33%，垩白度 4.5%，直链淀粉含量 15.7%，胶稠度 81 毫米。两年区域试验平均亩产 648.2 千克，比对照品种增产 9.1%。2012 年生产试验，平均亩产 664.9 千克，比对照津对照原 45 增产 11.9%。

适宜区域：适宜在辽宁省南部、北京市、天津市稻区种植。

6. 光灿 1 号

审定编号：20140038

育种单位：获嘉县友光农作物研究所

品种来源：豫粳 6 号//豫粳 7 号/黄金晴///东俊 5 号

特征特性：粳型常规水稻品种。全生育期 160.4 天，比对照徐稻 3 号晚熟 3.7 天。株高 99.6 厘米，穗长 14.8 厘米，穗粒数 134.8 粒，结实率 85.4%，千粒重 26.7 克。抗性：稻瘟病综合抗性指数 2.1，穗颈瘟损失率最高级 1 级，条纹叶枯病最高发病率 2.6%；抗稻瘟病，高抗条纹叶枯病。米质主要指标：整精米率 69.5%，垩白米率 42.8%，垩白度 4.4%，直链淀粉含量 16.9%，胶稠度 83.5 毫米。两年区域试验平均亩产 651.4 千克，比对照徐稻 3 号增产 6.1%；2013 年生产试验，平均亩产 630.6 千克，比对照徐稻 3 号增产 8.0%。

适宜地区：适宜河南沿黄、山东南部、江苏淮北、安徽沿淮及淮北地区种植

7. 金粳 818

审定编号：国审稻 2014046

育种单位：天津市水稻研究所

品种来源：津稻 9618/津稻 1007

特征特性：粳型常规水稻品种。全生育期 155.4 天，比对照徐稻 3 号短 1.5 天。株高 101.1 厘米，穗长 15.5 厘米，亩有效穗数 20.5 万穗，穗粒数 136.2 粒，结实率 87.4%，千粒重 23.5 克。抗性：稻瘟病综合抗性指数 4.1，穗颈瘟损失率最高级 3 级，条纹叶枯病最高发病率 6.9%；中抗稻瘟病，抗条纹叶枯病。米质主要指标：整精米率 68.4%，垩白粒率 19.8%，垩白度 1.9%，直链淀粉含量 17.8%，胶稠度 80 毫米，达到国家《优质稻谷》标准 2 级。两年区域试验平均亩产 595.3 千克，比对照徐稻 3 号增产 2.5%。2012 年生产试验，平均亩产 684.1 千克，比对照徐稻 3 号增产 3.6%。

适宜地区：适宜河南沿黄、山东南部、江苏淮北、安徽沿淮及淮北地区种植。

8. 津稻 179

审定编号：国审稻 2014039

育种单位：天津市农作物研究所、天津市国瑞谷物科技发展有限公司

品种来源：津稻 9618/R148

特征特性：粳型常规水稻品种。全生育期 175.4 天，与对照津原 45 相当。株高 114.9 厘米，穗长 21.3 厘米，穗粒数 139.5 粒，结实率 92.3%，千粒重 25.1 克。抗性：稻瘟病综合抗性指数 3.0，穗颈瘟损失率最高级 5 级，条纹叶枯病最高发病率 4.3%；中感稻瘟病，高抗条纹叶枯病。米质主要指标：整精米率 72.3%，垩白米率 11.3%，垩白度 0.9%，直链淀粉含量 16.7%，胶稠度 84.3 毫米，达到国家《优质稻谷》标准 2 级。两年区域试验平均亩产 660.0 千克，比对照津原 45 增产 6.3%；2013 年生产试验，平均亩产 638.4 千克，比对照津原 45 增产 8.8%。

适宜地区：适宜北京、天津、山东东营、河北冀东及中北部一季春稻区种植。

9. 新稻 25

审定编号：国审稻 2014045

育种单位：河南省新乡市农业科学院

品种来源：郑粳 9018/镇稻 88

特征特性：粳型常规水稻品种。全生育期 155.5 天，比对照徐稻 3 号短 1 天。株高 103.9 厘米，穗长 17.5 厘米，亩有效穗数 18.6 万穗，穗粒数 163.2 粒，结实率 85.6%，千粒重 23.5 克。抗性：稻瘟病综合抗性指数 4.9，穗颈瘟损失率最高级 3 级，条纹叶枯病最高发病率 2.7%，中抗稻瘟，高抗条纹叶枯病。米质主要指标：整精米率 69.5%，垩白粒率 20.8%，垩白度 1.6%，胶稠度 78 毫米，直链淀粉含量 18.2%，达到国家《优质稻谷》标准 3 级。两年区域试验平均亩产 614.0 千克，比对照徐稻 3 号增产 5.7%。2011 年生产试验，平均亩产 697.7 千克，比对照徐稻 3 号增产 5.7%。

适宜地区：适宜河南沿黄、山东南部、江苏淮北、安徽沿淮及淮北地区种植。

10. 徐稻 8 号

审定编号：国审稻 2014037

育种单位：江苏徐淮地区徐州农业科学研究所

品种来源：徐 21596/镇稻 99

特征特性：粳型常规水稻品种。全生育期 156.5 天，与对照徐稻 3 号相当。株高 103.1 厘米，穗长 16.4 厘米，穗粒数 137.1 粒，结实率 88.3%，千粒重 25.2 克。抗性：稻瘟病综合抗性指数 3.1，穗颈瘟损失率最高级 3 级，条纹叶枯病最高发病率 6.01%；中抗稻瘟病，抗条纹叶枯病。米质主要指标：整精米率 65.4%，垩白米率 33.3%，垩白度 2.4%，直链淀粉含量 16.0%，胶稠度 82.5 毫米。两年区域试验平均亩产 639.4 千克，比对照徐稻 3 号增产 5.1%；2013 年生产试验，平均亩产 597.1 千克，比对照徐稻 3 号增产 6.5%。

适宜地区：适宜河南沿黄、山东南部、江苏淮北、安徽沿淮及淮北地区种植。

11. 5 优 68

审定编号：国审稻 2015052

育种单位：天津市水稻研究所

品种来源：5A×R68

特征特性：粳型杂交水稻品种。全生育期 163 天，比对照津原 85 晚熟 4.4 天。株高 109.4 厘米，穗长 18.3 厘米，每穗总粒数 144.4 粒，结实率 79.3%，千粒重 26.1 克。抗性：稻瘟病综合抗性指数 3.8，穗颈瘟损失率最高级 5 级，中感稻瘟病。米质主要指标：整精米率 62.7%，垩白米率 26.5%，垩白度 3%，直链淀粉含量 15.5%，胶稠度 88 毫米，达到国家《优质稻谷》标准 3 级。两年区域试验平均亩产 660.8 千克，比对照津原 85 增产 10.26%。2014 年生产试验，平均亩产 659.8 千克，比对照津原 85 增产 3.57%。

适宜地区：适宜辽宁省南部、新疆南部、北京市、天津市稻区种植。

12. 京粳 1 号

审定编号：国审稻 2015047

育种单位：中国农业科学院作物科学研究所、河南金博士种业股份有限公司

品种来源：中系 8702/雨田 102

特征特性：粳型常规水稻品种。全生育期 154.5 天，比对照徐稻 3 号早熟 2.3 天。株高 98.5 厘米，穗长 16.3 厘米，每穗总粒数 149.4 粒，结实率 86.8%，千粒重 25.7 克。抗性：稻瘟病综合抗性指数 4.5，穗颈瘟损失率最高级 5 级，条纹叶枯病最高发病率 28.57%；中感稻瘟病，中感条纹叶枯病。米质主要指标：整精米率 66.5%，垩白米率 30.0%，垩白度 3.0%，直链淀粉含量 15.2%，胶稠度 87 毫米，达到国家《优质稻谷》标准 3 级。两年区域试验平均亩产 648.5 千克，比对照徐稻 3 号增产 2.84%。2014 年生产试验，平均亩产 621.9 千克，比对照徐稻 3 号增产 3.5%。

适宜地区：适宜河南沿黄及信阳、山东南部、江苏淮北、安徽

沿淮及淮北地区种植。

13. 精华 208

审定编号：国审稻 2015051

育种单位：郯城县种苗研究所

品种来源：豫粳 5 号/镇稻 88

特征特性：粳型常规水稻品种。全生育期 178.4 天，比对照津原 45 晚熟 3.3 天。株高 110.2 厘米，穗长 15.5 厘米，每穗总粒数 131.8 粒，结实率 88%，千粒重 25.3 克。抗性：稻瘟病综合抗性指数 3.9，穗颈瘟损失率最高级 3 级，条纹叶枯病最高发病率 19.35%；中抗稻瘟病，中感条纹叶枯病。米质主要指标：整精米率 66.8%，垩白米率 47.5%，垩白度 5%，直链淀粉含量 15.7%，胶稠度 80 毫米。两年区域试验平均亩产 680.4 千克，比对照津原 45 增产 9.63%。2014 年生产试验，平均亩产 719.3 千克，比对照津原 45 增产 13.42%。

适宜地区：适宜北京、天津、山东东营、河北冀东及中北部一季春稻区种植。

14. 连稻 99

审定编号：国审稻 2015045

育种单位：江苏省东海县守俊水稻研究所、江苏年年丰农业科技有限公司

品种来源：镇稻 99/中作 85H68//丙 00502

特征特性：粳型常规水稻品种。全生育期 160.1 天，比对照徐稻 3 号晚熟 3.3 天。株高 95.4 厘米，穗长 15.8 厘米，每穗总粒数 144.7 粒，结实率 87.5%，千粒重 25.4 克。抗性：稻瘟病综合抗性指数 3.7，穗颈瘟损失率最高级 5 级，条纹叶枯病最高发病率 9.38%；中感稻瘟病，中抗条纹叶枯病。米质主要指标：整精米率 71.5%，垩白米率 29%，垩白度 2.4%，直链淀粉含量 15%，胶稠度 72 毫米，达到国家《优质稻谷》标准 3 级。两年区域试验平均亩产 656.7 千克，比对照徐稻 3 号增产 4.15%。2014 年生产试验，

平均亩产 652.8 千克，比对照徐稻 3 号增产 8.64%。

适宜地区：适宜河南沿黄、山东南部、江苏淮北、安徽沿淮及淮北地区种植。

15. 隆粳 968

审定编号：国审稻 2015043

育种单位：江苏徐淮地区淮阴农业科学研究所、安徽隆平高科种业有限公司

品种来源：春江 100/8994//甬 18/淮稻 6 号

特征特性：粳型常规水稻品种。全生育期 155.3 天，比对照徐稻 3 号早熟 1.5 天。株高 100.4 厘米，穗长 17.9 厘米，每穗总粒数 154.9 粒，结实率 90.2%，千粒重 25.9 克。抗性：稻瘟病综合抗性指数 4.1，穗颈瘟损失率最高级 5 级，条纹叶枯病最高发病率 10.71%；中感稻瘟病，中抗条纹叶枯病。米质主要指标：整精米率 69.6%，垩白米率 30%，垩白度 2.7%，直链淀粉含量 15.4%，胶稠度 64 毫米，达到国家《优质稻谷》标准 3 级。两年区域试验平均亩产 672.8 千克，比对照徐稻 3 号增产 6.7%。2014 年生产试验，平均亩产 639.5 千克，比对照徐稻 3 号增产 6.43%。

适宜地区：适宜河南沿黄及信阳、山东南部、江苏淮北、安徽沿淮及淮北地区种植。

16. 宁粳 6 号

审定编号：国审稻 2015050

育种单位：南京农业大学农学院

品种来源：武运粳 21/镇稻 88//宁粳 3 号

特征特性：粳型常规水稻品种。全生育期 158.4 天，比对照徐稻 3 号晚熟 1.5 天。株高 102.5 厘米，穗长 16.6 厘米，每穗总粒数 155 粒，结实率 86.2%，千粒重 24.8 克。抗性：稻瘟病综合抗性指数 4.2，穗颈瘟损失率最高级 5 级，条纹叶枯病最高发病率 21.21%；中感稻瘟病，中感条纹叶枯病。米质主要指标：整精米率 70.3%，垩白米率 20%，垩白度 1.6%，直链淀粉含量 15%，胶

稠度 76 毫米，达到国家《优质稻谷》标准 2 级。两年区域试验平均亩产 648.8 千克，比对照徐稻 3 号增产 2.73%。2014 年生产试验，平均亩产 624.6 千克，比对照徐稻 3 号增产 6.47%。

适宜地区：适宜河南沿黄、山东南部、江苏淮北、安徽沿淮及淮北地区种植。

17. 徐稻 9 号

审定编号：国审稻 2015049

选育单位：江苏徐淮地区徐州农业科学研究所

品种来源：40073/扬 59

特征特性：粳型常规水稻品种。全生育期 155.9 天，比对照徐稻 3 号早熟 1 天。株高 96.7 厘米，穗长 16.4 厘米，每穗总粒数 140 粒，结实率 87.7%，千粒重 26 克。抗性：稻瘟病综合抗性指数 4.7，穗颈瘟损失率最高级 5 级，条纹叶枯病最高发病率 10.71%；中感稻瘟病，中抗条纹叶枯病。米质主要指标：整精米率 70.2%，垩白米率 24.5%，垩白度 2.1%，直链淀粉含量 15.7%，胶稠度 73 毫米，达到国家《优质稻谷》标准 3 级。两年区域试验平均亩产 667.9 千克，比对照徐稻 3 号增产 5.75%。2014 年生产试验，平均亩产 629.2 千克，比对照徐稻 3 号增产 7.25%。

适宜地区：适宜河南沿黄及信阳、山东南部、江苏淮北、安徽沿淮及淮北地区种植。

18. 玉稻 518

审定编号：国审稻 2015044

育种单位：河南师范大学生命科学学院、新乡市农业科学院

品种来源：新稻 03518 诱变

特征特性：粳型常规水稻品种。全生育期 155.4 天，比对照徐稻 3 号早熟 1.4 天。株高 102.9 厘米，穗长 16.9 厘米，每穗总粒数 143.7 粒，结实率 89.8%，千粒重 27.7 克。抗性：稻瘟病综合抗性指数 3.9，穗颈瘟损失率最高级 3 级，条纹叶枯病最高发病率 21.43%；中抗稻瘟病，中感条纹叶枯病。米质主要指标：整精米

率 62.1%，垩白米率 19.5%，垩白度 2.1%，直链淀粉含量 15.6%，胶稠度 82 毫米，达到国家《优质稻谷》标准 3 级。两年区域试验平均亩产 679.3 千克，比对照徐稻 3 号增产 7.73%。2014 年生产试验，平均亩产 629.2 千克，比对照徐稻 3 号增产 4.7%。

适宜地区：适宜河南沿黄及信阳、山东南部、江苏淮北、安徽沿淮及淮北地区种植。

19. 圣稻 18

审定编号：国审稻 2016048

育种单位：山东省水稻研究所

品种来源：圣稻 14/圣 06134

特征特性：粳型常规水稻品种。黄淮粳稻区种植全生育期平均 160.1 天，比对照徐稻 3 号晚熟 2 天。株高 95.9 厘米，穗长 17.3 厘米，每穗总粒数 156.4 粒，结实率 86.1%，千粒重 24.7 克。抗性：两年稻瘟病综合抗性指数分别为 2.1 和 2.6，穗颈瘟损失率最高级 1 级，条纹叶枯病抗性等级 3 级。米质主要指标：整精米率 66.5%，垩白粒率 24%，垩白度 1.8%，直链淀粉含量 16.2%，胶稠度 67 毫米，达到国家《优质稻谷》标准 3 级。两年区域试验平均亩产 635.72 千克，比对照徐稻 3 号增产 3.85%，增产点比例 75%。2015 年生产试验平均亩产 661.26 千克，较对照徐稻 3 号增产 5.7%，增产点比例 100%。

适宜地区：适宜在河南沿黄、山东南部、江苏淮北、安徽沿淮及淮北地区种植。

20. 精华 2 号

审定编号：国审稻 20170079

品种名称：精华 2 号

选育单位：郯城县种苗研究所、河北省农林科学院滨海农业研究所

品种来源：临稻 12 号/临稻 4 号

特征特性：粳型常规水稻品种。京津塘粳稻区种植，全生育期

平均 175.2 天，比对照津原 45 晚熟 0.4 天。株高 116.5 厘米，穗长 16.9 厘米，每亩有效穗数 25.4 万穗，每穗总粒数 141.4 粒，结实率 88.4%，千粒重 25.9 克。抗性：稻瘟病综合抗性指数两年分别为 4.1 和 3.3，穗颈瘟损失率最高级 3 级，条纹叶枯病最高级 5 级，中抗稻瘟，中感条纹叶枯病。主要米质指标：整精米率 65.2%，垩白粒率 24%，垩白度 4.4%，直链淀粉含量 16.6%，胶稠度 73 毫米，达到国家《优质稻谷》标准 3 级。

产量表现：2015 年参加国家京津塘粳稻组区域试验，平均亩产 705.98 千克，较对照津原 45 增产 10.91%；2016 年续试平均亩产 712.64 千克，较对照津原 45 增产 11.53%；两年区试平均亩产 709.31 千克，较对照津原 45 增产 11.22%。2016 年生产试验，平均亩产 688.2 千克，较对照津原 45 增产 12.13%。

审定意见：该品种符合国家稻品种审定标准，通过审定。

适宜地区：适宜在北京、天津、山东东营、河北冀东及中北部一季春稻区种植。

21. 连粳 16 号（原代号连粳 13228）

审定编号：国审稻 20170072

育种单位：江苏中江种业股份有限公司

品种来源：连粳 5 号/07 中粳预 16

特征特性：粳型常规水稻品种。全生育期平均 158.2 天，比对照徐稻 3 号晚熟 2.7 天。株高 98.9 厘米，穗长 17.6 厘米，每亩有效穗数 19.9 万穗，每穗总粒数 164.8 粒，结实率 87.9%，千粒重 25.7 克。抗性：稻瘟病综合抗性指数两年分别为 3.8 和 3.1，穗颈瘟损失率最高级 5 级，条纹叶枯病最高级 5 级，中感稻瘟和条纹叶枯病。主要米质指标：整精米率 64.1%，垩白粒率 13.3%，垩白度 2.4%，直链淀粉含量 15.9%，胶稠度 73 毫米，达到国家《优质稻谷》标准 2 级。两年区域试验平均亩产 678.28 千克，较徐稻 3 号增产 6.75%。2016 年生产试验平均亩产 671.92 千克，较徐稻 3 号增产 5.82%。

适宜地区：适宜在河南沿黄及信阳地区、山东南部、江苏淮北、安徽沿淮及淮北地区种植。

22. 皖垦粳 3 号

国审编号：国审稻 20170071

育种单位：安徽皖垦种业股份有限公司、江苏（武进）水稻研究所

品种来源：徐稻 3 号/武运粳 19

特征特性：粳型常规水稻品种。全生育期平均 156.9 天，比对照徐稻 3 号晚熟 1.4 天。株高 95.5 厘米，穗长 15.6 厘米，每亩有效穗数 20.5 万穗，每穗总粒数 160.7 粒，结实率 87.8%，千粒重 25.8 克。抗性：稻瘟病综合抗性指数两年分别为 4.0 和 3.7，穗颈瘟损失率最高级 3 级，条纹叶枯病最高级 5 级，中抗稻瘟，中感条纹叶枯病。主要米质指标：整精米率 68.6%，垩白粒率 29%，垩白度 5.9%，直链淀粉含量 15.6%，胶稠度 65 毫米。两年区域试验平均亩产 675.13 千克，较对照徐稻 3 号增产 6.26%。2016 年生产试验平均亩产 670.44 千克，较对照徐稻 3 号增产 5.59%。

适宜地区：适宜在河南沿黄及信阳地区、山东南部、江苏淮北、安徽沿淮及淮北地区种植。

23. 新科稻 31

审定编号：国审稻 20170074

选育单位：河南省新乡市农业科学院

品种来源：郑稻 18 号/新稻 18 号

特征特性：粳型常规水稻品种。全生育期平均 151.7 天，比对照徐稻 3 号早熟 3.3 天。株高 100.3 厘米，穗长 16.9 厘米，每亩有效穗数 20.7 万穗，每穗总粒数 147.4 粒，结实率 91%，千粒重 25.2 克。抗性：稻瘟病综合抗性指数两年分别为 3.3 和 3.7，穗颈瘟损失率最高级 3 级，条纹叶枯病抗性等级 5 级，中抗稻瘟，中感条纹叶枯病。主要米质指标：整精米率 67%，垩白粒率 14.7%，垩白度 3.2%，直链淀粉含量 16.3%，胶稠度 76 毫米，达到国家

《优质稻谷》标准 3 级。两年区域试验平均亩产 674.76 千克，较对照徐稻 3 号增产 7.15%。2016 年生产试验平均亩产 673.74 千克，较对照徐稻 3 号增产 4.8%。

适宜地区：适宜在河南沿黄及信阳地区、山东南部、江苏淮北、安徽沿淮及淮北地区种植。

24. 镇稻 21 号

审定编号：国审稻 20170077

选育单位：江苏丘陵地区镇江农业科学研究所、江苏丰源种业有限公司

品种来源：镇稻 99/大粮 203

特征特性：粳型常规水稻品种。全生育期平均 152.8 天，比对照徐稻 3 号早熟 2.4 天。镇稻 21 号分蘖力中等，成穗率高，株型紧凑，剑叶挺拔，受光姿态好，功能期长，生长清秀，后期灌浆快，熟相好。株高 97.9 厘米，穗长 15.7 厘米，每亩有效穗数 20.6 万穗，每穗总粒数 152 粒，结实率 91%，千粒重 25.4 克。抗性：稻瘟病综合指数两年分别为 4.5 和 3.4，穗颈瘟损失率最高级 5 级，条纹叶枯病最高级 5 级，中感稻瘟和条纹叶枯病。主要米质指标：整精米率 70.5%，垩白粒率 14.7%，垩白度 2.4%，直链淀粉含量 16.2%，胶稠度 77 毫米，达到国家《优质稻谷》标准 2 级。两年区试平均亩产 669.99 千克，比对照徐稻 3 号增产 5.81%。2016 年生产试验平均亩产 677.34 千克，较对照徐稻 3 号增产 6.08%。

适宜地区：适宜在河南沿黄及信阳地区、山东南部、江苏淮北、安徽沿淮及淮北地区种植。

25. 华粳 9 号

审稻编号：国审稻 20180054

育种单位：江苏省大华种业集团有限公司

品种来源：连粳 6 号/盐丰 47//盐丰 47

特征特性：粳型常规水稻品种。在黄淮粳稻区种植，全生育期 156 天，比对照徐稻 3 号早熟 2.5 天。株高 99.2 厘米，穗长 16.6

厘米，每亩有效穗数 20.4 万穗，每穗总粒数 157 粒，结实率 88.2%，千粒重 24.9 克。抗性：稻瘟病综合抗性指数两年均为 4.8，穗颈瘟损失率最高级 5 级，条纹叶枯病最高级 5 级，中感稻瘟病和条纹叶枯病。主要米质指标：整精米率 71%，垩白粒率 26%，垩白度 4.4%，直链淀粉含量 16.3%，胶稠度 60 毫米，碱消值 6.9，长宽比 2.1，达农业部颁《食用稻品种品质》标准三级。两年区域试验平均亩产 662.36 千克，比对照徐稻 3 号增产 7.39%；2017 年生产试验，平均亩产 667.42 千克，比对照徐稻 3 号增产 6.32%。

适宜地区：适宜在河南沿黄及信阳地区、山东南部、江苏淮北、安徽沿淮及淮北地区种植。

26. 津粳优 919

审定编号：国审稻 20180064

育种单位：天津市水稻研究所

品种来源：津 9A×津恢 19

特征特性：粳型杂交水稻品种。在辽宁南部、新疆南部和京津冀地区种植，全生育期 161.8 天，比对照津原 85 晚熟 3.7 天。株高 116 厘米，穗长 22.9 厘米，每亩有效穗数 20.4 万穗，每穗总粒数 172.3 粒，结实率 88.3%，千粒重 25.2 克。抗性：稻瘟病综合抗性指数两年分别为 2.9、4.9，穗颈瘟损失率最高级 5 级，中感稻瘟病。米质主要指标：整精米率 68.8%，垩白粒率 32.3%，垩白度 5.7%，直链淀粉含量 14.5%，胶稠度 77 毫米，长宽比 2.1。两年区域试验平均亩产 717.88 千克，比对照津原 85 增产 12.12%；2017 年生产试验，平均亩产 639.5 千克，比对照津原 85 增产 14.6%。

适宜地区：适宜在辽宁省南部稻区、河北省冀东、北京市、天津市、新疆南疆稻区的稻瘟病轻发区种植。

27. 津原 985

审定编号：国审稻 20180062

育种单位：天津市原种场

品种来源：津原 100/津原 89

特征特性：粳型常规水稻品种。在京津唐粳稻区种植，全生育期 170.7 天，比对照津原 45 早熟 3 天。株高 97.9 厘米，穗长 18.6 厘米，每亩有效穗数 17.9 万穗，每穗总粒数 159.6 粒，结实率 90.7%，千粒重 26.9 克。抗性：稻瘟病综合抗性指数两年分别为 3.2、2.9，穗颈瘟损失率最高级 5 级，条纹叶枯病最高级 5 级，中感稻瘟病和条纹叶枯病。米质主要指标：整精米率 69.5%，垩白粒率 23%，垩白度 4.7%，直链淀粉含量 15.9%，胶稠度 71 毫米，长宽比 1.9，达到农业行业《食用稻品种品质》标准三级。两年区域试验平均亩产 691.49 千克，比对照津原 45 增产 7.46%；2017 年生产试验，平均亩产 648.85 千克，比对照津原 45 增产 9.24%。

适宜地区：适宜在北京、天津、山东东营、河北冀东及中北部一季春稻稻瘟病轻发区种植。

28. 京粳 3 号

审定编号：国审稻 20180065

育种单位：中国农业科学院作物科学研究所

品种来源：垦稻 2016/扬粳 589

特征特性：粳型常规水稻品种。在辽宁南部、新疆南部和京津冀地区种植，全生育期 162 天，比对照津原 85 晚熟 3.9 天。株高 102.8 厘米，穗长 17.7 厘米，每亩有效穗数 24.4 万穗，每穗总粒数 141.6 粒，结实率 82.6%，千粒重 25.4 克。抗性：稻瘟病综合抗性指数两年分别为 2.9、3.2，穗颈瘟损失率最高级 5 级，中感稻瘟病。米质主要指标：整精米率 66.5%，垩白粒率 22.0%，垩白度 3.8%，直链淀粉含量 15.9%，胶稠度 78 毫米，长宽比 1.9，达到农业行业《食用稻品种品质》标准三级。两年区域试验平均亩产 669.93 千克，比对照津原 85 增产 4.63%；2017 年生产试验，平均亩产 579.65 千克，比对照津原 85 增产 3.87%。

适宜地区：适宜在辽宁省南部稻区、河北省冀东、北京市、天津市、新疆南疆稻区的稻瘟病轻发区种植。

29. 垦稻 808

审定编号：国审稻 20180056

育种单位：郯城县种苗研究所、河北省农林科学院滨海农业研究所

品种来源：090 坊 7/中作 0516

特征特性：粳型常规水稻品种。在黄淮粳稻区种植，全生育期 157.1 天，与对照徐稻 3 号相当。株高 99.7 厘米，穗长 17.2 厘米，每亩有效穗数 21.4 万穗，每穗总粒数 146.7 粒，结实率 90.3%，千粒重 25.1 克。抗性：稻瘟病综合抗性指数两年分别为 3.7、3.6，穗颈瘟损失率最高级 5 级，条纹叶枯病最高级 5 级，中感稻瘟病和条纹叶枯病，米质主要指标：整精米率 72.5%，垩白粒率 19.3%，垩白度 3.9%，直链淀粉含量 15.5%，胶稠度 77 毫米，长宽比 1.8%，达到部颁《食用稻品种品质》标准三级。两年区域试验平均亩产 659.13 千克，比对照徐稻 3 号增产 6.56%；2017 年生产试验，平均亩产 654.97 千克，比对照徐稻 3 号增产 7.43%。

适宜地区：适宜在河南沿黄及信阳地区、山东南部、江苏淮北、安徽沿淮及淮北地区种植。

30. 泗稻 16 号

国审编号：国审稻 20180057

育种单位：安徽源隆生态农业有限公司、江苏省农业科学院宿迁农业科学研究所

品种来源：江苏省农业科学院宿迁农业科学研究所以苏秀 867×09-5966 为杂交组合，采用系谱法选育而成，原品系号为泗稻 14-27。2018 年通过国家农作物品种审定委员会审定，审定编号为国审稻 20180057。

特征特性：属粳型常规水稻品种。在黄淮粳稻区种植，全生育期 156.2 天，与对照徐稻 3 号相当。株高 98.2 厘米，穗长 17.1 厘米，每亩有效穗数 19.5 万穗，每穗总粒数 167.3 粒，结实率 84.2%，千粒重 27.3 克。抗性：稻瘟病综合抗性指数两年分别为

4.3、3.9，穗颈瘟损失率最高级 5 级，条纹叶枯病最高级 5 级。中感稻瘟病和条纹叶枯病。米质主要指标：整精米率 70.7%，垩白粒率 25.7%，垩白度 4.0%，直链淀粉含量 16.4%。胶稠度 65 毫米，长宽比 1.8，达到农业行业《食用稻品种品质》标准三级。两年区域试验平均亩产 648.01 千克，比对照徐稻 3 号增产 5.38%；2007 年生产试验平均亩产 657.37 千克，比对照徐稻 3 号增产 7.06%。

适宜地区：适宜在河南沿黄及信阳地区、山东南部、江苏淮北、安徽沿淮及淮北地区的稻瘟病轻发区种植。

31. 徐稻 10 号

审定编号：国审稻 2018005

育种单位：江苏徐淮地区徐州农业科学研究所

品种来源：武 2704/91075

特征特性：粳型常规水稻品种。在黄淮粳稻区种植，全生育期 155.6 天，比对照徐稻 3 号早熟 1.1 天。株高 98.6 厘米，穗长 18.9 厘米，每亩有效穗数 21.0 万穗，每穗总粒数 140.8 粒，结实率 87.1%，千粒重 28.5 克。抗性：稻瘟病综合抗性指数两年分别为 3.7、5.0，穗颈瘟损失率最高级 3 级，条纹叶枯病最高级 5 级，中抗稻瘟病，中感条纹叶枯病。米质主要指标：整精米率 73.8%，垩白粒率 13.3%，垩白度 2.3%，直链淀粉含量 16.0%，胶稠度 67 毫米，长宽比 2.2，达到农业行业《食用稻品种品质》标准三级。两年区域试验平均亩产 655.93 千克，比对照徐稻 3 号增产 6.04%；2017 年生产试验，平均亩产 651.98 千克，比对照徐稻 3 号增产 6.94%。

适宜地区：适宜在河南沿黄及信阳地区、山东南部、江苏淮北、安徽沿淮及淮北地区的稻瘟病轻发区种植。

32. 裕粳 136

审定编号：国审稻 20180053

育种单位：原阳沿黄农作物研究所

品种来源：原稻 108/新稻 18

特征特性：粳型常规水稻品种。全生育期 156.2 天，比对照徐稻 3 号晚熟 1.2 天。株高 103.6 厘米，穗长 16.6 厘米，每亩有效穗数 21.2 万穗，每穗总粒数 146.2 粒，结实率 87.7%，千粒重 24.7 克。抗性：稻瘟病综合抗性指数两年分别为 4.6、4.8，穗颈瘟损失率最高级 5 级，条纹叶枯病最高级 5 级，中感稻瘟病和条纹叶枯病。米质主要指标：整精米率 67.9%，垩白粒率 12%，垩白度 2.4%，直链淀粉含量 16.8%，胶稠度 71 毫米，长宽比 1.8，达到国家《优质稻谷》标准 2 级。两年区域试验平均亩产 640.1 千克，比对照徐稻 3 号增产 1.65%；2017 年生产试验，平均亩产 642.7 千克，比对照徐稻 3 号增产 4.67%。

适宜地区：适宜在河南沿黄及信阳地区、山东南部、江苏淮北、安徽沿淮及淮北地区的稻瘟病轻发区种植。

33. 中禾优 1 号

审定编号：国审稻 20180121

育种单位：中国科学院遗传与发育生物学研究所、浙江省嘉兴市农业科学研究院、中国科学院合肥物质科学研究院

品种来源：嘉禾 212A×NP001

特征特性：粳型三系杂交水稻品种。黄淮粳稻区种植，全生育期 158.5 天，比对照徐稻 3 号晚熟 1.9 天。株高 120.8 厘米，穗长 23 厘米，每亩有效穗数 18.1 万穗，每穗总粒数 239.3 粒，结实率 78.9%，千粒重 24.7 克。抗性：稻瘟病综合抗性指数两年分别为 4.3、4.0，穗颈瘟损失率最高级 5 级，条纹叶枯病最高级 5 级，中感稻瘟病，中感条纹叶枯病，抗白叶枯病，米质主要指标：整精米率 68.5%，垩白粒率 17%，垩白度 2.1%，直链淀粉含量 15.3%，胶稠度 70 毫米，长宽比 2.7，达到国家《优质稻谷》标准 2 级。两年区域试验平均亩产 732.3 千克，比对照徐稻 3 号增产 18.1%；2017 年生产试验，平均亩产 753.6 千克，比对照徐稻 3 号增产 20.8%。

适宜地区：适宜在河南沿黄及信阳地区、山东南部、江苏淮

北、安徽沿淮及淮北地区稻瘟病轻发区种植。

34. 中粳 616

审定编号：国审稻 20180122

育种单位：中国种子集团有限公司

品种来源：淮稻 10 号/扬粳 805//秀水 123

特征特性：粳型常规水稻品种。黄淮粳稻区种植，全生育期147.9 天，比对照徐稻 3 号早熟 3.7 天。株高 101.8 厘米，穗长15.6 厘米，每亩有效穗数 21.3 万穗，每穗总粒数 143.0 粒，结实率 90.8%，千粒重 26.2 克。抗性：稻瘟病综合抗性指数两年分别为 3.3、3.3，穗颈瘟损失率最高级 3 级，条纹叶枯病最高级 5 级，中抗稻瘟病，中感条纹叶枯病，米质主要指标：整精米率 69.3%，垩白粒率 16%，垩白度 4.3%，直链淀粉含量 15.6%，胶稠度 71毫米，长宽比 1.8，达到农业行业《食用稻品种品质》标准三级，达到国家《优质稻谷》标准 3 级。两年区域试验平均亩产 667.31千克，比对照徐稻 3 号增产 4.11%；2017 年生产试验，平均亩产656.91 千克，比对照徐稻 3 号增产 6.61%。

适宜地区：适宜在河南沿黄及信阳地区、山东南部、江苏淮北、安徽沿淮及淮北地区种植。

35. 中科盐 1 号

审定编号：国审稻 20180059

育种单位：江苏沿海地区农业科学研究所、中国科学院遗传与发育生物学研究所

品种来源：盐稻 8 号/武运粳 8 号

特征特性：粳型常规水稻品种。在黄淮粳稻区种植，全生育期两年区试平均 158 天，比对照徐稻 3 号晚熟 1.3 天。主要农艺性状两年区试综合表现：株高 89.5 厘米，穗长 17.3 厘米，每亩有效穗数 21.9 万穗，每穗总粒数 137.2 粒，结实率 89.8%，千粒重 26.4克。抗性：稻瘟病综合抗性指数两年分别为 4.2、3.4，穗颈瘟损失率最高级 5 级，条纹叶枯病最高级 5 级；中感稻瘟病和条纹叶枯

病，米质主要指标：糙米率 84.9%，整精米率 72.7%，长宽比 1.7，垩白粒率 28.7%，垩白度 5.2%，透明度 1 级，直链淀粉含量 16%，胶稠度 61 毫米，碱消值 7.0。两年国家黄淮粳稻组区域试验平均亩产 655.9 千克，比对照徐稻 3 号增产 6.04%，增产点比例 100%。2017 年国家黄淮粳稻组生产试验，平均亩产 656.11 千克，比对照徐稻 3 号增产 7.62%，增产点比例 100%。

适宜地区：适宜在河南沿黄及信阳地区、山东南部、江苏淮北、安徽沿淮及淮北地区的稻瘟病轻发区种植。

36. 津粳 253

审定编号：国审稻 20190037

品种名称：津粳 253

申请者：天津市水稻研究所

育种者：天津市水稻研究所

品种来源：津稻 1007/津原 47

特征特性：粳型常规水稻品种。在京津唐粳稻区种植，全生育期 177.5 天，比对照津原 45 长 3 天。株高 103.3 厘米，穗长 15.1 厘米，每亩有效穗数 23.3 万穗，每穗总粒数 117.8 粒，结实率 93.9%，千粒重 26.7 克。抗性：稻瘟病综合抗性指数两年分别为 4.8、3.6，穗瘟损失率最高级 5 级，条纹叶枯病最高级 5 级；中感稻瘟病，中感条纹叶枯病。米质主要指标：整精米率 71.8%，垩白粒率 24%，垩白度 5%，直链淀粉含量 15.4%，胶稠度 67 毫米，长宽比 1.7，达到国家《优质稻谷》标准 3 级。

产量表现：2017 年参加京津唐粳稻组区域试验，平均亩产 715.93 千克，比对照津原 45 增产 10.48%；2018 年续试，平均亩产 651.73 千克，比对照津原 45 增产 10.66%；两年区域试验平均亩产 686.3 千克，比对照津原 45 增产 10.56%；2018 年生产试验，平均亩产 617.86 千克，比对照津原 45 增产 10.37%。

审定意见：该品种符合国家稻品种审定标准，通过审定。适宜在北京、天津、山东东营、河北冀东及中北部的稻瘟病轻发一季春稻区种植。

37. 皖垦津清

审定编号：国审稻20190165

品种名称：皖垦津清

申请者：安徽皖垦种业股份有限公司

育种者：安徽皖垦种业股份有限公司、天津市农作物研究所

品种来源：武运2330/香繁103

特征特性：粳型常规水稻品种。在黄淮粳稻区种植，全生育期143.8天，比对照徐稻3号早熟12天。株高90.1厘米，穗长16.8厘米，每亩有效穗数21.3万穗，每穗总粒数130.8粒，结实率89.9%，千粒重27.6克。抗性：稻瘟病综合抗性指数两年分别为4.4、4.75，穗颈瘟损失率最高级5级，条纹叶枯病最高级5级；中感稻瘟病，中感条纹叶枯病。米质主要指标：整精米率72.2%，垩白粒率26.0%，垩白度2.4%，直链淀粉含量17.3%，胶稠度79毫米，长宽比1.8，达到农业行业《食用稻品种品质》标准二级。

产量表现：2017年参加黄淮粳稻组水稻联合体区域试验，平均亩产641.4千克，比对照徐稻3号增产5.0%；2018年续试，平均亩产667.3千克，比对照徐稻3号增产8.8%；两年区域试验平均亩产654.3千克，比对照徐稻3号增产6.9%；2018年生产试验，平均亩产657.9千克，比对照徐稻3号增产6.0%。

审定意见：该品种符合国家稻品种审定标准，通过审定。适宜在河南沿黄及信阳地区、山东南部、江苏淮北、安徽沿淮及淮北稻瘟病轻发地区种植。

38. 新稻89

审定编号：国审稻20190161

品种名称：新稻89

申请者：河南省新乡市农业科学院

育种者：河南省新乡市农业科学院

品种来源：新稻18号/津稻1007

特征特性：粳型常规水稻品种。在北方黄淮粳稻区种植，全生育期154.6天，比对照徐稻3号短3.7天。株高110.3厘米，穗长17.1厘米，每亩有效穗数22.2万穗，每穗总粒数133.0粒，结实率89.9%，千粒重26.3克。抗性：稻瘟病综合抗性指数两年分别为4.8、4.6，穗颈瘟损失率最高级5级，条纹叶枯病最高级5级；中感稻瘟病，中感条纹叶枯病，中感白叶枯病。米质主要指标：整精米率67.7%，垩白粒率20%，垩白度3.9%，直链淀粉含量15.0%，胶稠度70毫米，长宽比1.8。

产量表现：2016年参加北方黄淮粳稻组水稻联合体区域试验，平均亩产675.6千克，比对照徐稻3号增产3.1%；2017年续试，平均亩产650.5千克，比对照徐稻3号增产5.2%；两年区域试验平均亩产663.1千克，比对照徐稻3号增产4.2%；2018年生产试验，平均亩产655.3千克，比对照徐稻3号增产5.4%。

审定意见：该品种符合国家稻品种审定标准，通过审定。适宜在河南沿黄及信阳地区、山东南部、江苏淮北、安徽沿淮及淮北稻瘟病轻发地区种植。

39. 泗稻18号

审定编号：国审稻20190162

品种名称：泗稻18号

育种者：江苏省农业科学院宿迁农业科学研究所

品种来源：连粳6号/泗稻785

特征特性：粳型常规水稻品种。在黄淮粳稻区种植，全生育期154.3天，比对照徐稻3号短0.4天。株高96.8厘米，穗长17.1厘米，每亩有效穗数20.5万穗，每穗总粒数157.8粒，结实率86.4%，千粒重26.0克。抗性：稻瘟病综合抗性指数两年分别为4.25、4.65，穗颈瘟损失率最高级5级，条纹叶枯病最高级5级；中感稻瘟病，中感条纹叶枯病。米质主要指标：整精米率72.6%，垩白粒率15%，垩白度3.0%，直链淀粉含量14.8%，胶稠度71毫米，长宽比1.8，达到农业行业《食用稻品种品质》标准二级。

产量表现：2016年参加黄淮粳稻组水稻联合体区域试验，平均亩产690.7千克，比对照徐稻3号增产4.7%；2017年续试，平均亩产677.8千克，比对照徐稻3号增产8.2%；两年区域试验平均亩产684.3千克，比对照徐稻3号增产6.4%；2018年生产试验，平均亩产660.2千克，比对照徐稻3号增产6.1%。

审定意见：该品种符合国家稻品种审定标准，通过审定。适宜在河南沿黄及信阳地区、山东南部、江苏淮北、安徽沿淮及淮北稻瘟病轻发区种植。

二、省审品种

（一）东北水稻品种

1. 黑龙江单季稻区水稻品种介绍

龙庆稻5号（香稻）、龙庆稻2号、龙盾106、龙盾103、龙粳47；龙庆稻3号（香稻）、龙粳31、龙粳46、龙粳43、龙粳39；绥稻3号（香稻）、绥粳19、牡丹江32、东农428；五优稻4号（香稻）、松粳22（香稻）、松粳19号（香稻）、龙稻16（香稻）、松粳16、龙洋1号。

2. 吉林水稻品种

龙洋16、龙稻18、通粳611、稻花香2号（五优稻4号）、方香7号等。

3. 辽宁省水稻品种

（1）铁粳17

审定编号：辽审稻20190002

品种名称：铁粳17

申请者：铁岭市农业科学院

育种者：铁岭市农业科学院

品种来源：开21/辽粳135

特征特性：粳型常规水稻品种。全生育期151天，比对照沈农315长3天。株高105.3厘米，穗长17.0厘米，每亩有效穗数

28.3 万穗,每穗总粒数 120.4 粒,结实率 87.1%,千粒重 24.2克。抗性:稻瘟病综合抗性指数两年分别为 2.3、1.0,穗颈瘟损失率最高级 1 级;抗稻瘟病。米质主要指标:糙米率 82.1%,整精米率 71.3%,垩白度 0.6%,透明度 1 级,碱消值 7.0 级,胶稠度84 毫米,直链淀粉含量 16.9%,米质优。

产量表现:2017 年参加辽宁省中早熟组区域试验,平均亩产580.2 千克,比对照沈农 315 增产 4.8%;2018 年续试,平均亩产569.9 千克,比沈农 315 增产 8.6%;两年区域试验平均亩产 575.1千克,比沈农 315 增产 6.6%。2018 年生产试验,平均亩产 562.5千克,比沈农 315 增产 6.8%。

审定意见:该品种符合辽宁省稻品种审定标准,通过审定。适宜在辽宁省东部及北部中早熟稻区种植。

(2)铁粳 20

审定编号:辽审稻 20190007

品种名称:铁粳 20

申请者:铁岭市农业科学院

育种者:铁岭市农业科学院

品种来源:辽星 8/松 02-218

特征特性:粳型常规水稻品种。全生育期 155 天,比对照沈稻6 号长 3 天。株高 103.4 厘米,穗长 16.5 厘米,每亩有效穗数28.3 万穗,每穗总粒数 135.0 粒,结实率 74.6%,千粒重 24.7克。抗性:稻瘟病综合抗性指数两年分别为 1.0、1.0,穗颈瘟损失率最高级 1 级;抗稻瘟病。米质主要指标:糙米率 82.8%,整精米率 67.3%,垩白度 4.0%,透明度 2 级,碱消值 7.0 级,胶稠度80 毫米,直链淀粉含量 16.7%,米质较优。

产量表现:2017 年参加辽宁省中熟组区域试验,平均亩产657.0 千克,比对照沈稻 6 号增产 8.8%;2018 年续试,平均亩产678.9 千克,比对照沈稻 6 号增产 13.5%;两年区域试验平均亩产667.9 千克,比对照沈稻 6 号增产 11.1%。2018 年生产试验,平均亩产 673.5 千克，比对照沈稻 6 号增产 13.2%。

审定意见：该品种符合辽宁省稻品种审定标准，通过审定。适宜在沈阳以北中熟稻区种植。

（二）西北地区单季稻水稻品种

1. 宁夏单季稻区水稻品种

（1）宁粳 50

审定编号：宁审稻 2015003

选育单位：宁夏农林科学院农作物研究所和宁夏科泰种业有限公司

品种来源：宁粳 24 号/宁粳 28 号//20HW433 杂交后系选而成

特征特性：全生育期 148 天，较吉粳 105 晚熟 2 天，属中早熟品种；幼苗绿色，株型紧凑，株高 96 厘米，主茎 14 片叶，穗型半直立；2012—2013 年病圃接种鉴定：中抗叶瘟、穗茎瘟。亩收获 29 万穗，穗长 18.1 厘米，每穗实粒数 110 粒，结实率 85%~93%，籽粒、颖尖秆黄色，籽粒偏长、长宽比 2.4，千粒重 25.5 克。2014 年农业部食品质量监督检验测试中心（武汉）测定：稻谷出糙率 84.3%，精米率 76.0%，整精米率 71.8%，垩白粒率 11%，垩白度 2.0，粒长 5.7 毫米，长宽比 2.4，碱消值 7.0，胶稠度 70 毫米，直链淀粉 15.9%，透明度 2 级，达到国标优质稻谷 2 级。两年区域试验平均亩产 810.5 千克，平均增产 3.8%。2014 年生产试验平均亩产 713.7 千克，较对照富源 4 号增产 7.3%。品种苗期耐低温，返青快，长势强，分蘖力中等。

适种地区：适宜宁夏稻区直播或插秧种植。

（2）宁粳 52

审定编号：宁审稻 20160002

育种单位：宁夏农林科学院农作物研究所和宁夏科泰种业有限公司

品种来源：00HW401//98JW44/宁粳 19 号 F$_1$ 杂交后定向选育而成

特征特性：全生育期 150 天，与对照宁粳 41 号同期，属中晚熟品种。该品种苗期耐寒性强，长势繁茂，幼苗叶片直立，叶黄绿色，株型紧凑，株高 100.2 厘米，主茎 14 片叶，半散穗型；亩收获 35 万穗，穗长 16.1 厘米，着粒中密，每穗总粒数 100 粒，每穗实粒数 90 粒，结实率 90.0%，籽粒阔卵形，颖尖、颖壳秆黄色，无芒，千粒重 25.0 克。2012—2014 年抗病性接种鉴定：中抗叶瘟、穗茎瘟。2014 年农业部食品质量监督检验测试中心（武汉）测定：糙米率 81.8%，精米率 73.5%，整精米率 64.8%，粒长 4.9 毫米，粒型（长宽比）1.7，垩白米率 22%，垩白度 3.3%，透明度 1 级，碱消值 7.0 级，胶稠度 60 毫米，直链淀粉 18.8%，达国标优质稻谷 3 级。两年区域试验平均亩产 830.3 千克，较对照宁粳 41 号增产 1.9%。2014 年生产试验平均亩产 685.8 千克，较对照宁粳 41 号增产 1.5%。

适宜地区：适宜宁夏稻区保墒旱直播和插秧种植。

其他品种：宁粳 27 号、宁粳 28 号、宁粳 43 号、宁粳 45 号。

2. 新疆水稻品种

秋田小町、伊粳 12 号、新稻 11 号、新稻 17 号、新稻 19 号、新稻 21 号、新稻 27 号、新稻 28 号、新稻 36 号、新稻 42 号、新稻 43 号、新稻 44 号、新稻 45 号、新稻 46 号、新稻 47 号、新稻 50 号等品种。

（三）京津冀单季稻区水稻品种介绍

（1）滨糯 1 号

审定编号：冀审稻 20190002

品种名称：滨糯 1 号

申请者：河北省农林科学院滨海农业研究所

育种者：河北省农林科学院滨海农业研究所、唐山市水稻工程技术研究中心

品种来源：冀糯 1 号/冀糯 2 号//垦糯 3 号

特征特性：常规早熟糯稻品种。全生育期 166 天左右，株高

108.9 厘米左右，穗数 20.1 万穗/亩，平均穗长 19.2 厘米，每穗粒数 124.0 粒左右，结实率 90.0%，千粒重 31.2 克。抗倒伏性强。主要抗性指标：天津市植物保护研究所抗病性鉴定结果，2017 年，稻瘟病综合抗性指数 5，损失率最高级 5 级，抗条纹叶枯病；2018 年，稻瘟病综合抗性指数 6，损失率最高级 7 级，抗条纹叶枯病。主要米质指标：2017 年农业部食品质量监督检验测试中心（武汉）测定，出糙率 81.7%，整精米率 63.0%，直链淀粉含量 1.5%，胶稠度 100 毫米，达国标优质 3 级米标准。

产量表现：2017 年参加河北省水稻特种（优质）组区域试验，平均亩产 638.1 千克；2018 年同组区域试验，平均亩产 575.2 千克。2018 年生产试验，平均亩产 546.3 千克。

审定意见：该品种符合河北省稻作物审定标准，审定通过。适宜在河北省长城以南的唐山市、秦皇岛市、保定市作一季稻插秧栽培种植，注意防治稻瘟病、增加亩苗数、后期适当补施氮肥。

（2）金穗 15

审定编号：冀审稻 20190001

品种名称：金穗 15

申请者：河北省农林科学院滨海农业研究所

育种者：河北省农林科学院滨海农业研究所

品种来源：盐丰 47/垦育 20

特征特性：常规中早熟粳稻品种。全生育期 167 天左右，株高 111.5 厘米左右，穗数 23.1 万穗/亩，平均穗长 17.1 厘米，每穗粒数 115.1 粒左右，结实率 92.5%，千粒重 25.1 克。抗倒伏性强。主要抗性指标：天津市植物保护研究所抗病性鉴定结果，2017 年，稻瘟病综合抗性指数 4.3，损失率最高级 3 级，抗条纹叶枯病；2018 年，稻瘟病综合抗性指数 2.5，损失率最高级 1 级，抗条纹叶枯病。主要米质指标：2017 年农业部食品质量监督检验测试中心（武汉）测定，出糙率 82.1%，整精米率 66.0%，垩白粒率 16%，垩白度 4.2%，直链淀粉含量 15.0%，胶稠度 76 毫米，达国标优质 3 级米标准。

产量表现：2017 年参加河北省水稻普通组区域试验，平均亩产 669.9 千克；2018 年同组区域试验，平均亩产 621.8 千克。2018 年生产试验，平均亩产 560.1 千克。

审定意见：该品种符合河北省稻作物审定标准，审定通过。适宜在河北省长城以南的唐山市、秦皇岛市作一季稻插秧栽培种植，注意适当晚育晚插。

（3）垦香 850

审定编号：冀审稻 20190004

品种名称：垦香 850

选育单位：河北省农林科学院滨海农业研究所、郯城县种苗研究所

品种来源：香粳 9407/临稻 11 号

特征特性：常规晚熟香型粳稻品种。全生育期 177 天左右，株高 112.1 厘米左右，穗数 21.9 万穗/亩，平均穗长 18.3 厘米，每穗粒数 108.3 粒左右，结实率 92.6%，千粒重 28.5 克。抗倒伏性强。主要抗性指标：天津市植物保护研究所抗病性鉴定结果，2017 年，稻瘟病综合抗性指数 4.8，损失率最高级 3 级，抗条纹叶枯病；2018 年，稻瘟病综合抗性指数 4.3，损失率最高级 3 级，抗条纹叶枯病。主要米质指标：2017 年农业部食品质量监督检验测试中心（武汉）测定，出糙率 82.5%，整精米率 66.8%，垩白粒率 7%，垩白度 2.0%，直链淀粉含量 15.0%，胶稠度 72 毫米，达国标优质 2 级米标准。

产量表现：2017 年参加河北省水稻特种（优质）组区域试验，平均亩产 644.3 千克；2018 年同组区域试验，平均亩产 624.5 千克。2018 年生产试验，平均亩产 574.3 千克。

审定意见：该品种符合河北省稻作物审定标准，审定通过。适宜在河北省长城以南的唐山市、秦皇岛市、保定市作一季稻插秧栽培种植，注意适时早育早插。

（四）山东单季稻区水稻品种介绍

（1）临稻10号

审定编号：鲁农审字［2002］015号

育种单位：临沂市水稻研究所

品种来源：临89-27-1/日本晴

特征特性：全生育期157天，株高约95厘米，分蘖力较强，株型紧凑。亩有效穗平均22.8万穗，每穗实粒数平均107粒，千粒重平均24.8克。稻瘟病轻度或中度发生，纹枯病轻度发生，抗倒性好。整精米率（65.2%）、长宽比（1.7）、碱消值（7.0级）、胶稠度（77毫米）、直链淀粉含量（16.5%）、蛋白质含量（11.9）六项指标达部颁优质米一级标准；糙米率（82.9%）、精米率（73.9%）、垩白度（1.8%）三项指标达部颁优质米二级标准。两年平均亩产597.9千克，比对照品种圣稻301增产17.8%。2001年参加全省水稻生产试验，平均亩产587.9千克，比对照品种圣稻301增产24.2%。

适宜地区：鲁南（济宁滨湖稻区和临沂库灌稻区）推广利用。

（2）临稻11

审定编号：鲁种审2004014号

亲本来源：镇稻88变异株系统选育

选育单位：沂南县水稻研究所

特征特性：全生育期152天，株高约100厘米。直穗型品种，穗长约16厘米。分蘖力较强，株型较好。亩有效穗21.8万穗，成穗率76.9%，千粒重26.5克，成熟落黄较好。中抗苗瘟，抗穗颈瘟，中抗白叶枯病。田间表现抗条纹叶枯病，稻瘟病中等发生，纹枯病轻。一般亩产650千克。

适宜地区：鲁南（济宁滨湖稻区和临沂库灌稻区）推广利用。

（3）临稻12号

审定编号：鲁农审2006038号

育种单位：临沂市水稻研究所

品种来源：^{60}Co γ 射线 4 万伦琴辐射处理豫粳 6 号选育而成

特征特性：全生育期 155 天（比对照豫粳 6 号早熟 2 天）。株高 102 厘米，株型紧凑，叶色淡绿，直穗型，穗长 16 厘米。分蘖力强，亩有效穗 24.9 万穗，成穗率 75%，每穗实粒数 91 粒，空秕率 20.8%，千粒重 24.5 克。糙米率 83.9%，精米率 76.8%，整精米率 73.8%，粒长 5.2 毫米，长宽比 1.9，垩白粒率 34%，垩白度 4.9%，透明度 2 级，碱消值 7.0 级，胶稠度 65 毫米，直链淀粉含量 18.2%，蛋白质 10.2%，米质符合三等食用粳稻品种品质要求。中感苗瘟、穗颈瘟，白叶枯病苗期感病、成株期中抗。2003—2004 年两年区域试验中，平均亩产 503.1 千克，比对照豫粳 6 号增产 8.1%；2005 年生产试验平均亩产 508.5 千克，比对照豫粳 6 号增产 2.60%。

适宜地区：在鲁南、鲁西南地区作为麦茬稻推广种植。

（4）临稻 13 号

审定编号：鲁农审 2008026 号

育种单位：临沂市水稻研究所

品种来源：89-27-1/盘锦 1 号

特征特性：全生育期 149 天，比对照香粳 9407 早熟 1 天。亩有效穗 24.6 万穗，株高 87.6 厘米，穗长 13.7 厘米，每穗总粒数 101.9 粒，结实率 88.5%，千粒重 27.8 克。糙米率 84.4%，精米率 75.1%，整精米率 73.3%，垩白粒率 30%，垩白度 3.2%，直链淀粉含量 16.0%，胶稠度 76 毫米，米质符合三等食用粳稻标准。中感苗瘟，中抗穗颈瘟，中感白叶枯病。2005—2006 年两年区域试验中平均亩产 558.9 千克，比对照香粳 9407 增产 15.7%；2007 年生产试验平均亩产 585.8 千克，比对照香粳 9407 增产 13.1%。

适宜地区：在临沂库灌稻区、沿黄稻区推广利用。

（5）临稻 15 号

审定编号：鲁农审 2008025 号

育种单位：临沂市水稻研究所

品种来源：临稻 10 号/临稻 4 号

特征特性：全生育期 156 天，比对照豫粳 6 号早熟 2 天。亩有效穗 23.2 万穗，株高 98.6 厘米，穗长 15.0 厘米，每穗总粒数 129.0 粒，结实率 84.0%，千粒重 25.6 克。糙米率 86.7%，精米率 77.9%，整精米率 76.1%，垩白粒率 11%，垩白度 0.8%，直链淀粉含量 17.0%，胶稠度 84 毫米，米质符合二等食用粳稻标准。中感苗瘟、穗颈瘟，白叶枯病苗期感病、成株期中感。田间调查条纹叶枯病最重点病穴率 8.3%，病株率 1.9%。2005—2006 年两年区域试验平均亩产 589.9 千克，比对照豫粳 6 号增产 10.6%；2007 年生产试验平均亩产 589.4 千克，比对照临稻 10 号增产 2.7%。

适宜地区：在鲁南、鲁西南地区作为麦茬稻推广利用。

（6）临稻 16

审定编号：鲁农审 2009028 号

育种单位：沂南县水稻研究所

品种来源：临稻 11 号/淮稻 6 号

特征特性：全生育期 150 天，亩有效穗 25.0 万穗，株高 101.5 厘米，穗长 14.0 厘米，每穗总粒数 102 粒，结实率 96.1%，千粒重 27.8 克。米质符合二等食用粳稻标准。感穗颈瘟，抗白叶枯病。田间调查条纹叶枯病轻。产量表现：一般亩产 650 千克。

特点优点：高出米率、稳产、早熟相结合的品种。稻谷商品性好。

（7）临稻 17

审定编号：鲁农审 2009031 号

育种单位：沂南县水稻研究所

品种来源：临稻 11 号//中粳 315/临稻 4 号

特征特性：全生育期 144 天。亩有效穗 27.9 万穗，株高 95.5 厘米，穗长 14.2 厘米，每穗总粒数 100 粒，结实率 87.4%，千粒重 26 克。米质符合一等食用粳稻标准。中抗穗颈瘟和白叶枯病。田间调查条纹叶枯病轻。一般亩产 600 千克。

（8）临稻 18

审定编号：鲁农审 2010021 号

育种单位：沂南县水稻研究所

品种来源：京稻 23/临稻 10 号

特征特性：全生育期 145 天，株型松紧适中。中感稻瘟病。亩有效穗 23.5 万穗，株高 97 厘米，穗长 15.7 厘米，每穗实粒数 110 粒，结实率 86.8%，千粒重 25 克。垩白粒率 12%，垩白度 1.7%，米质达国标优质 2 级。一般亩产 600 千克。

（9）临稻 19 号

审定编号：鲁农审 2012023 号

育种单位：山东省临沂市农业科学院

品种来源：中部 67/镇稻 99

特征特性：全生育期 148 天，株型紧凑，剑叶中长直立；穗长中等、较直立，籽粒椭圆形。亩有效穗数 26.1 万穗，株高 94.0 厘米，穗长 16.0 厘米，每穗实粒数 108.1 粒，结实率 85.5%，千粒重 25.0 克。2009 年糙率 82.8%，整精米率 70.6%，垩白粒率 26%，垩白度 2.8%，直链淀粉含量 15.5%，胶稠度 67 毫米，米质达国标优质 3 级。中感稻瘟病。2009—2010 年两年区域试验平均亩产 546.5 千克，比对照津原 45 增产 13.7%；2011 年生产试验平均亩产 545.6 千克，比对照津原 45 增产 11.7%。

适宜地区：在鲁北沿黄稻区及临沂、日照稻区作为中早熟品种植利用。

（10）临稻 20

审定编号：鲁农审 2013020 号

育种单位：沂南县水稻研究所

品种来源：盐丰 47/临稻 10 号

特征特性：全生育期 145 天，株型松紧适中，穗型弯，谷粒椭圆形。亩有效穗 24.5 万穗，成穗率 84.4%；株高 91.1 厘米，穗长 18.4 厘米，每穗实粒数 109.2 粒，结实率 85.7%，千粒重 26.2

克。糙米率 84.4%，整精米率 73.5%，垩白粒率 24%，垩白度 4.2%，直链淀粉含量 15.1%，胶稠度 63 毫米，米质达国标优质 3 级。中感稻瘟病。2010—2011 年两年区域试验平均亩产 520.7 千克，比对照津原 45 增产 8.3%；2012 年生产试验平均亩产 536.8 千克，比对照盐丰 47 增产 10.6%。

适宜地区：在临沂库灌稻区、沿黄稻区种植利用。

（11）临稻 21 号

审定编号：鲁农审 2015024 号

育种单位：临沂市农业科学院

品种来源：临稻 10 号/镇稻 88

特征特性：全生育期 151.7 天，株型紧凑，穗棒状半直立，谷粒椭圆形。平均亩有效穗 24.0 万穗，成穗率 80.0%，株高 95.3 厘米，穗长 16.5 厘米，每穗实粒数 116.9 粒，结实率 87.8%，千粒重 26.2 克。糙米率 84.4%，整精米率 72.5%，垩白粒率 9%，垩白度 1.3%，直链淀粉含量 16.3%，胶稠度 76 毫米，米质达国标优质 2 级。中抗稻瘟病。2012—2013 年两年区域试验平均亩产 669.6 千克，比对照临稻 10 号增产 6.8%；2014 年生产试验平均亩产 659.7 千克，比对照临稻 10 号增产 7.1%。

适宜地区：在鲁南、鲁西南麦茬稻区及东营稻区种植利用。

（12）临稻 22 号

审定编号：鲁农审 2016038

育种单位：临沂市农业科学院

品种来源：临稻 6 号/镇稻 88//临稻 10 号

特征特性：全生育期 158 天，株型紧凑，穗棒状半直立，谷粒椭圆形。平均亩有效穗 24.9 万穗，成穗率 79.9%，株高 98.1 厘米，穗长 16.4 厘米，每穗实粒数 112.3 粒，结实率 83.2%，千粒重 27.0 克。糙米率 84.9%，整精米率 72.9%，垩白粒率 28%，垩白度 3.0%，直链淀粉含量 15.8%，胶稠度 76 毫米，米质达国标优质 3 级。中感稻瘟病，综合病级为 5 级。2013—2014 年两年区域试验平均亩产 662.7 千克，比对照临稻 10 号增产 7.5%；2015 年生产试验平均亩产 698.6 千克，比对照临稻 10 号增产 6.1%。

适宜地区：在鲁南、鲁西南麦茬稻区及东营稻区种植利用。

（13）临稻 23 号

审定编号：鲁审稻 20170043

育种单位：临沂市农业科学院

品种来源：临稻 10 号/盐粳 7 号

特征特性：全生育期 160 天，株型紧凑，谷粒椭圆形。平均亩有效穗 25.0 万穗，成穗率 76.0%，株高 92.9 厘米，穗长 15.7 厘米，每穗实粒数 113.4 粒，结实率 84.5%，千粒重 25.9 克。糙米率 84.8%，整精米率 71.8%，长宽比 1.8，垩白粒率 34.5%，垩白度 5.0%，胶稠度 67 毫米，直链淀粉含量 17.4%。中感稻瘟病。2014—2015 年两年区域试验平均亩产 683.6 千克。2016 年生产试验平均亩产 640.4 千克。

适宜范围：在鲁南、鲁西南麦茬稻区及东营稻区种植利用。

（14）临稻 24 号

审定编号：鲁审稻 20170044

育种单位：临沂市农业科学院

品种来源：临稻 10 号/镇稻 88

特征特性：全生育期 160 天，株型紧凑，叶片浓绿，穗棒状半直立，谷粒椭圆形。平均亩有效穗 25.3 万穗，成穗率 75.5%，株高 93.3 厘米，穗长 15.9 厘米，每穗实粒数 113.2 粒，结实率 83.8%，千粒重 25.8 克。糙米率 84.2%，整精米率 72.8%，长宽比 1.8，垩白粒率 26.0%，垩白度 4.7%，胶稠度 76 毫米，直链淀粉含量 17.2%。感稻瘟病。2014—2015 年两年区域试验平均亩产 684.2 千克，2016 年生产试验平均亩产 648.3 千克。

适宜范围：在鲁南、鲁西南麦茬稻区及东营稻区种植利用。

（15）阳光 200

审定编号：鲁农审字［2005］037 号

育种单位：郯城县种子公司

品种来源：由淮稻 6 号系统选育而成

特征特性：全生育期平均 154 天，株高 95 厘米，株型紧凑，分蘖力较强，亩有效穗 23.2 万穗，成穗率 75.2%，每穗实粒数 92.2 粒，空秕率 18.4%，千粒重 27.3 克。米粒较大，易落粒，落黄较好。糙米率 85.1%，精米率 77.1%，整精米率 72.0%，粒长 5.0 毫米，长宽比 1.7，垩白粒率 27%，垩白度 2.1%，透明度 1 级，碱消值 7.0 级，胶稠度 85 毫米，直链淀粉 17.2%，蛋白质 8.1%。测试的十二项指标有七项达到一级米标准，两项达到二级米标准，一项达到三级米标准。中抗稻瘟病，白叶枯病苗期抗病、成株期中抗。2003—2004 年两年区域试验平均亩产 575.6 千克，比对照豫粳 6 号增产 23.6%；2004 年生产试验平均亩产 602.35 千克，比对照豫粳 6 号增产 20.4%。

适宜地区：适宜在济宁、临沂稻区推广种植。

（16）阳光 600

审定编号：鲁农审 2012022 号

育种单位：郯城县种子公司

品种来源：镇稻 88/旭梦

特征特性：全生育期 156 天，株型紧凑，穗半直立，籽粒椭圆形。亩有效穗数 22.2 万穗，株高 96.1 厘米，穗长 16.6 厘米，每穗实粒数 117.5 粒，结实率 81.3%，千粒重 25.6 克。糙米率 84.4%，整精米率 75.6%，垩白粒率 12%，垩白度 1.7%，直链淀粉含量 17.5%，胶稠度 68 毫米，米质达国标优质 2 级。中感稻瘟病。2009—2010 年两年区域试验中平均亩产 661.7 千克，比对照临稻 10 号增产 6.5%；2011 年生产试验平均亩产 608.0 千克，比对照临稻 10 号增产 7.1%。

适宜地区：在鲁南、鲁西南麦茬稻区及东营春播稻区作为中晚熟品种种植利用。

（17）阳光 800

审定编号：鲁农审 2015024 号

育种单位：郯城县种子公司

品种来源：镇稻 88/黄金晴

特征特性：全生育期 156.7 天，株型紧凑，穗半直立、谷粒椭圆形，平均亩有效穗 21.4 万穗，成穗率 82.5%，株高 97.8 厘米，穗长 18.0 厘米，穗实粒数 123.3 粒，千粒重 26.6 克。糙米率 85.6%，整精米率 75.8%，垩白粒率 10%，垩白度 1.0%，直链淀粉含量 17.5%，胶稠度 74 毫米，米质达国标优质 1 级。中感稻瘟病。2012—2013 年两年区域试验平均亩产 669.3 千克，比对照临稻 10 号增产 7.4%；2014 年生产试验平均亩产 670.6 千克，比对照临稻 10 号增产 8.9%。

适宜地区：鲁南、鲁西南麦茬稻区及东营稻区种植利用。

（18）香粳 9407

审定编号：鲁农审字〔2002〕016 号

育种单位：山东省农业科学院水稻研究所

品种来源：香粳 1 号/82-1244

特征特性：全生育期 149 天。株高约 105 厘米，分蘖力中等。亩有效穗平均 18.5 万穗；每穗实粒数平均 105.2 粒。千粒重平均 28.9 克。具浓郁香味。稻瘟病轻，纹枯病中等。糙米率 84.6%、精米率 77.0%、粒长 5.0 毫米、整精米率 73.5%、长宽比 1.8、碱消值 7.0 级、胶稠度 79 毫米、直链淀粉含量 15.5%、蛋白质含量 11.6%，九项指标达部颁优质米一级标准；垩白度 1.4%、透明度 2 级，二项指标达部颁优质米二级标准。1999—2000 年两年区域试验平均亩产 567.3 千克，比对照品种圣稻 301 增产 11.8%。2001 年参加全省水稻生产试验，平均亩产 521.4 千克，比对照品种圣稻 301 增产 10.2%。

适宜地区：可在山东省适宜地区推广利用。

（19）圣稻 13

审定编号：鲁农审 2006037 号

育种单位：山东省水稻研究所

品种来源：1050/T022

特征特性：全生育期 156 天，株高 94 厘米，株型紧凑，分蘖力中等，半直穗型，穗长 16 厘米。亩有效穗 20.3 万穗，成穗率 74.1%，每穗实粒数 124 粒，空秕率 16.8%，千粒重 24.3 克。糙米率 84.0%，精米率 76.1%，整精米率 74.2%，粒长 4.9 毫米，长宽比 1.8，垩白粒率 23%，垩白度 2.2%，透明度 2 级，碱消值 7.0 级，胶稠度 61 毫米，直链淀粉含量 16.3%，蛋白质 10.3%，米质符合二等食用粳稻品种品质要求。中抗苗瘟、高抗穗颈瘟，苗期高感白叶枯病、成株期中感白叶枯病。2004—2005 年两年区域试验平均亩产 578.2 千克，比对照豫粳 6 号增产 2.7%；2005 年生产试验平均亩产 558.6 千克，比对照豫粳 6 号增产 12.71%。

适宜地区：在鲁南、鲁西南地区作为麦茬稻推广种植。

（20）圣稻 14

审定编号：鲁农审 2007024 号

育种单位：山东省水稻研究所、中国农业科学院作物科学研究所

品种来源：武优 34/T022

特征特性：全生育期 148 天，亩有效穗 24.9 万穗，株高 85.8 厘米，穗长 14.1 厘米，每穗实粒数 95.2 粒，结实率 92.0%，千粒重 25.6 克。糙米率 84.7%，精米率 76.3%，整精米率 75.0%，垩白粒率 2.0%，垩白度 0.2%，直链淀粉含量 16.0%，胶稠度 78 毫米，米质符合一等食用粳稻标准。中抗稻瘟病，苗期中抗白叶枯病、成株期中感白叶枯病。2005—2006 年两年区域试验平均亩产 554.2 千克，比对照香粳 9407 增产 14.7%；在 2006 年生产试验中，亩产 508.0 千克，比对照香粳 9407 增产 14.4%。

适宜地区：宜在山东沿黄稻区、临沂库灌稻区作为中早熟品种

推广利用。

（21）圣稻 15

审定编号：鲁农审 2008023 号

育种单位：山东省水稻研究所

品种来源：镇稻 88/圣稻 301

特征特性：全生育期 157 天，亩有效穗 26.8 万穗，株高 101.6 厘米，穗长 15.6 厘米，每穗总粒数 134.6 粒，结实率 81.9%，千粒重 26.6 克。糙米率 87.1%，精米率 78.1%，整精米率 76.7%，垩白粒率 16%，垩白度 1.5%，直链淀粉含量 15.7%，胶稠度 79 毫米，米质符合二等食用粳稻标准。中抗苗瘟、穗颈瘟，白叶枯病苗期中抗、成株期中感。田间调查条纹叶枯病最重点病穴率 4.1%，病株率 0.7%。2005—2006 年两年区域试验平均亩产 605.9 千克，比对照豫粳 6 号增产 13.5%；2007 年生产试验平均亩产 607.0 千克，比对照临稻 10 号增产 5.8%。

适宜地区：在鲁南、鲁西南地区作为麦茬稻推广利用。

（22）圣武糯 0146

审定编号：鲁农审 2008024 号

育种单位：山东省水稻研究所从江苏武进稻麦育种场引进

品种来源：95-16//南丛/盐粳 6

特征特性：全生育期 154 天，亩有效穗 20.8 万穗，株高 93.7 厘米，穗长 16 厘米，每穗总粒数 133.0 粒，结实率 87.7%，千粒重 27.6 克。糙米率 86.6%，精米率 77.1%，整精米率 74.1%，阴糯率 2%，米质符合二等食用粳糯稻标准。中感苗瘟、穗颈瘟，白叶枯病苗期感病、成株期中感。田间调查条纹叶枯病最重点病穴率 35%，病株率 11%。2005—2006 年两年区域试验平均亩产 623.8 千克，比对照豫粳 6 号增产 16.9%；2007 年生产试验平均亩产 591.8 千克，比对照临稻 10 号增产 3.1%。

适宜地区：在鲁南、鲁西南地区作为麦茬稻推广利用。注意防治条纹叶枯病。

（23）圣稻 16

审定编号：鲁农审 2009027 号

育种单位：山东省水稻研究所

品种来源：镇稻 88/圣稻 301

特征特性：全生育期 155 天，亩有效穗 23.6 万穗，株高 101.1 厘米，穗长 15.5 厘米，每穗总粒数 134 粒，结实率 84.8%，千粒重 26.4 克。糙米率 87.1%，精米率 78.8%，整精米率 77.1%，垩白粒率 13%，垩白度 1.5%，直链淀粉含量 16.8%，胶稠度 78 毫米，米质符合二等食用粳稻标准。中感穗颈瘟和白叶枯病。田间调查条纹叶枯病最高病穴率 4.1%，病株率 0.3%。区域试验中，2006 年平均亩产 621.5 千克，比对照豫粳 6 号增产 20.9%；2007 年平均亩产 653.9 千克，比对照临稻 10 号增产 2.9%；2008 年生产试验平均亩产 643.3 千克，比对照临稻 10 号增产 5.0%。

适宜地区：在鲁南、鲁西南地区作为麦茬稻推广利用。

（24）圣稻 17

审定编号：鲁农审 2011016 号

育种单位：山东省水稻研究所

品种来源：圣 5227/圣 930

特征特性：全生育期 156 天，株型紧凑，剑叶短、厚、直立；穗短、直立、谷粒椭圆形。亩有效穗 21.9 万穗，株高 99.8 厘米，穗长 15.6 厘米，每穗实粒数 109.7 粒，结实率 86.5%，千粒重 27.1 克。糙米率 84.5%，整精米率 75.2%，垩白粒率 24%，垩白度 3.7%，直链淀粉含量 19.0%，胶稠度 80 毫米，米质达国标优质 3 级。2008—2009 年两年区域试验平均亩产 671.3 千克，比对照临稻 10 号增产 4.3%；2010 年生产试验平均亩产 645.0 千克，比对照临稻 10 号增产 8.8%。

适宜地区：在鲁南、鲁西南麦茬稻区及东营稻区春播种植利用。

（25）圣稻 2572

审定编号：鲁农审 2011017 号

育种单位：山东省水稻研究所

品种来源：辐香 938/香粳 9407

特征特性：全生育期 145 天，株型紧凑，棒穗、半直立，谷粒椭圆形。亩有效穗 21.8 万穗，株高 91.9 厘米，穗长 16.0 厘米，每穗实粒数 111.6 粒，结实率 85.0%，千粒重 26.9 克，有香气。糙米率 82.7%，整精米率 70.2%，垩白粒率 2%，垩白度 0.2%，直链淀粉含量 15.9%，胶稠度 62 毫米，米质达国标优质 1 级。中感稻瘟病。区域试验中，2007 年平均亩产 592.3 千克，比对照香粳 9407 增产 17.9%，2008 年平均亩产 562.5 千克，比对照津原 45 增产 6.3%；2010 年生产试验结果平均亩产 509.1 千克，比对照津原 45 增产 9.8%。

适宜地区：在鲁南、鲁中麦茬稻区种植利用。

（26）圣稻 18

审定编号：鲁农审 2013018 号

育种单位：山东省水稻研究所、济宁瑞丰种业有限公司

品种来源：圣稻 14/圣 06134

特征特性：全生育期 161 天，株型紧凑，剑叶短、厚、直立；穗直立，谷粒椭圆形。亩有效穗 21.8 万穗，成穗率 80.0%；株高 97.3 厘米，穗长 15.8 厘米，每穗实粒数 126.0 粒，结实率 87.0%，千粒重 25.2 克。糙米率 84.5%，整精米率 76.1%，垩白粒率 16%，垩白度 2.8%，直链淀粉含量 16.7%，胶稠度 78 毫米，米质达国标优质 2 级。抗稻瘟病。2010—2011 年两年区域试验平均亩产 641.6 千克，比对照临稻 10 号增产 7.7%；2012 年生产试验平均亩产 680.6 千克，比对照临稻 10 号增产 5.9%。

适宜地区：在鲁南、鲁西南麦茬稻区及东营稻区种植利用。

（27）圣稻 19

审定编号：鲁农审 2013019 号

育种单位：山东省水稻研究所、济宁瑞丰种业有限公司

品种来源：圣稻 14/圣 06134

特征特性：全生育期 147 天，株型紧凑，剑叶长、宽中等，直立；穗直立，谷粒椭圆形。亩有效穗 25.6 万穗，成穗率 78.4%；株高 81.6 厘米，穗长 16.3 厘米，每穗实粒数 105.1 粒，结实率 85.3%，千粒重 24.7 克。糙米率 84.1%，整精米率 69.5%，垩白粒率 21%，垩白度 3.5%，直链淀粉含量 17.1%，胶稠度 72 毫米，米质达国标优质 3 级。中抗稻瘟病。2010—2011 年两年区域试验平均亩产 522.4 千克，比对照津原 45 增产 8.7%；2012 年生产试验平均亩产 542.7 千克，比对照盐丰 47 增产 11.8%。

适宜地区：在临沂库灌稻区、沿黄稻区种植利用。

（28）圣稻 22

审定编号：国审稻 2015048

选育单位：山东省水稻研究所

品种来源：圣稻 14/圣 06134

品种特性：全生育期 158.9 天，株高 95.6 厘米，直立穗型，穗长 17.3 厘米，每穗总粒数 156.1 粒，结实率 86.8%，千粒重 25.9 克。稻瘟病综合抗性指数 2.1，穗颈瘟损失率最高级 1 级，条纹叶枯病最高发病率 18.18%；抗稻瘟病，中感条纹叶枯病。米质主要指标：整精米率 71.5%，垩白米率 20.0%，垩白度 1.3%，直链淀粉含量 15.6%，胶稠度 76 毫米，达到国家《优质稻谷》标准 2 级。两年区域试验平均亩产 647.9 千克，比对照徐稻 3 号增产 2.75%。2014 年生产试验，平均亩产 643.3 千克，比对照徐稻 3 号增产 7.06%。

适宜地区：鲁南、鲁西南麦茬稻区及东营稻区种植利用。

（29）南粳 505

审定编号：鲁审稻 20170045

育种者：江苏省农业科学院粮食作物研究所、山东省水稻研究所

品种来源：武粳 15/宁 5055

品种特性：全生育期 157 天，株型紧凑，叶色浓绿，谷粒椭圆形。平均亩有效穗 22.7 万穗，成穗率 75.7%，株高 94.8 厘米，穗长 15.8 厘米，每穗实粒数 115.4 粒，结实率 85.9%，千粒重 28.4克，属半糯类型，食味品质较好。糙米率 83.2%，整精米率 69.3%，长宽比 1.7，垩白粒率 43.5%，垩白度 9.3%，胶稠度 77毫米，直链淀粉含量 10.3%。感稻瘟病。2014—2015 年两年区域试验平均亩产 697.7 千克，2016 年生产试验平均亩产 656.4 千克。

适宜范围：在鲁南、鲁西南麦茬稻区及东营稻区种植利用，适合订单生产。

（30）圣稻 23

审定编号：鲁审稻 20180002

选育单位：山东省水稻研究所、山东省农业科学院生物技术研究中心

品种来源：圣稻 18/阳光 600

品种特性：生育期 159 天，株型紧凑，穗棒状半直立，谷粒椭圆形。平均亩有效穗 23.8 万穗，成穗率 74.3%，株高 97.7 厘米，穗长 16.3 厘米，每穗实粒数 117.9 粒，结实率 86.7%，千粒重 27.1 克。糙米率 84.6%，整精米率 74.6%，长宽比 1.8，垩白粒率 13.0%，垩白度 2.7%，胶稠度 79.5 毫米。中感稻瘟病。两年平均亩产 693.9 千克，比对照临稻 10 号增产 5.9%。2017 年生产试验平均亩产 643.4 千克，比对照临稻 10 号增产 4.4%。

适宜范围：鲁南、鲁西南麦茬稻区及东营稻区种植利用。

（31）圣稻 24

审定编号：鲁审稻 20180003

选育单位：山东省水稻研究所、山东省农业科学院生物技术研究中心

品种来源：圣稻 13/圣稻 15//圣稻 301/镇稻 88

品种特性：全生育期 159 天，株型紧凑，穗半直立、谷粒椭圆

形。平均亩有效穗 24.1 万穗，成穗率 76.7%，株高 103.3 厘米，穗长 16.2 厘米，每穗实粒数 110.7 粒，结实率 87.2%，千粒重 27.0 克。糙米率 84.7%，整精米率 72.5%，长宽比 1.8，垩白粒率 24.5%，垩白度 3.0%，胶稠度 82.0 毫米，直链淀粉含量 18.3%。中感稻瘟病。两年平均亩产 692.5 千克，比对照临稻 10 号增产 6.2%。2017 年生产试验平均亩产 648.9 千克，比对照临稻 10 号增产 5.2%。

适宜范围：鲁南、鲁西南麦茬稻区及东营稻区种植利用。

（32）圣糯 1 号

审定编号：鲁审稻 20180004

选育单位：山东省水稻研究所、山东省农业科学院生物技术研究中心

品种来源：徐稻 3 号/广陵香糯

品种特性：全生育期 159 天，株型紧凑，穗半直，谷粒椭圆形。平均亩有效穗 25.7 万穗，成穗率 79.3%，株高 96.4 厘米，穗长 16.0 厘米，每穗实粒数 106.6 粒，结实率 89.2%，千粒重 27.8 克。糙米率 84.0%，整精米率 73.3%，长宽比 1.7，胶稠度 100 毫米，直链淀粉含量 1.7%。感稻瘟病。2015—2016 年两年区域试验平均亩产 708.6 千克，2017 年生产试验平均亩产 661.6 千克。

适宜范围：鲁南、鲁西南麦茬稻区及东营稻区种植利用。

（33）圣稻 25

审定编号：鲁审稻 20180006

选育单位：山东省水稻研究所、山东省农业科学院生物技术研究中心

品种来源：圣稻 14/圣 06134

品种特性：全生育期 148 天，株型紧凑，穗直立、谷粒椭圆形。平均亩有效穗 22.3 万穗，成穗率 77.3%，株高 98.3 厘米，穗长 15.7 厘米，每穗实粒数 120.6 粒，结实率 91.5%，千粒重 27.7 克。稻谷出糙率 85.2%，整精米率 71.2%，长宽比 1.9，垩白粒率 24.5%，垩白度 2.0%，胶稠度 81.0 毫米，直链淀粉含量 15.9%。

抗病性接种鉴定：感稻瘟病。两年平均亩产 625.1 千克，比对照圣稻 14 增产 9.7%。2017 年生产试验平均亩产 604.8 千克，比对照临稻 10 号增产 6.7%。

适宜范围：鲁南、沿黄库灌稻区及东营稻区种植利用。

（34）圣稻 26

审定编号：鲁审稻 20190001

品种名称：圣稻 26

育种者：山东省水稻研究所、山东省农业科学院生物技术研究中心

品种来源：常规品种，系圣稻 22 与洪粳 2012 杂交选育

特征特性：属中晚熟粳稻品种。株型紧凑，叶色绿色，剑叶较长、上冲，穗半直立，谷粒椭圆形。区域试验结果：全生育期 158 天，比对照临稻 10 号晚熟 1 天；平均亩有效穗 21.3 万穗，成穗率 72.5%，株高 103.8 厘米，穗长 17.1 厘米，每穗实粒数 133.4 粒，结实率 85.7%，千粒重 25.4 克。2016 年、2017 年经农业部稻米及制品质量监督检验测试中心（杭州）测试：稻谷出糙率 83.7%、整精米率 72.7%、长宽比 1.8、垩白粒率 24.0%、垩白度 2.9%、胶稠度 67.0 毫米、直链淀粉含量 15.7%；2017 年经天津市植物保护研究所抗病性接种鉴定：抗稻瘟病。

产量表现：2016—2017 年全省水稻品种中晚熟组区域试验中，两年平均亩产 690.0 千克，比对照临稻 10 号增产 8.8%；2018 年生产试验平均亩产 627.2 千克，比对照临稻 10 号增产 8.5%。

适宜区域：鲁南、鲁西南及沿黄稻区种植利用。

（35）圣稻 27

审定编号：鲁审稻 20190010

品种名称：圣稻 27

育种者：山东省水稻研究所、山东省农业科学院生物技术研究中心

品种来源：常规品种，系临稻 18 与圣稻 19 杂交选育

特征特性：属中早熟粳稻品种。株型紧凑，叶片绿色，剑叶较

长、上冲，穗半直立、无芒，谷粒椭圆形。区域试验结果：全生育期 143 天，比对照圣稻 14 早熟 7 天；平均亩有效穗 22.0 万穗，成穗率 81.1%，株高 99.4 厘米，穗长 17.4 厘米，每穗实粒数 127.4 粒，结实率 88.8%，千粒重 25.0 克。2016 年、2017 年经农业部稻米及制品质量监督检验测试中心（杭州）测试：稻谷出糙率 85.2%、整精米率 71.4%、长宽比 1.9、垩白粒率 6.5%、垩白度 0.9%、胶稠度 74.0 毫米、直链淀粉含量 15.9%；2017 年经天津市植物保护研究所抗病性接种鉴定：中抗稻瘟病。

产量表现：2016—2017 年全省水稻品种机插秧组区域试验中，两年平均亩产 649.4 千克，比对照圣稻 14 增产 13.7%；2018 年生产试验平均亩产 600.1 千克，比对照润农 11 增产 4.9%。

适宜区域：鲁南、鲁西南稻区机插秧品种种植利用。

（36）圣稻 28

审定编号：鲁审稻 20190007

品种名称：圣稻 28

育种者：山东省水稻研究所、山东省农业科学院生物技术研究中心

品种来源：常规品种，系圣稻 14 与圣 06134（1050/圣稻 301）杂交选育

特征特性：属中早熟粳稻品种。株型紧凑，叶片绿色，穗直立、无芒，谷粒椭圆形。区域试验结果：全生育期 147 天，比对照圣稻 14 早熟 2 天；平均亩有效穗 23.2 万穗，成穗率 76.1%，株高 95.8 厘米，穗长 15.6 厘米，每穗实粒数 115.3 粒，结实率 92.7%，千粒重 27.5 克。2016 年、2017 年经农业部稻米及制品质量监督检验测试中心（杭州）测试：稻谷出糙率 84.7%、整精米率 65.6%、长宽比 2.0、垩白粒率 21.0%、垩白度 4.2%、胶稠度 78.5 毫米、直链淀粉含量 16.0%；2017 年经天津市植物保护研究所抗病性接种鉴定：感稻瘟病。

产量表现：2016—2017 年全省水稻品种中早熟组区域试验中，

两年平均亩产 603.5 千克,比对照圣稻 14 增产 8.5%;2018 年生产试验平均亩产 540.7 千克,比对照圣稻 14 增产 16.3%。

适宜区域:鲁南、沿黄稻区种植利用。

(37)圣香糯 1 号

审定编号:鲁审稻 20196011

品种名称:圣香糯 1 号

育种者:山东省水稻研究所、山东省农业科学院生物技术研究中心

品种来源:常规品种,系镇稻 88 与广陵香糯杂交选育

特征特性:属中晚熟糯稻品种。株型紧凑,叶片绿色,半弯曲穗型,谷粒椭圆形。试验结果:全生育期 162.2 天,比对照临稻 10 晚熟 1.2 天;平均亩有效穗 22.5 万穗,成穗率 77.9%,株高 89.6 厘米,穗长 15.5 厘米,每穗实粒数 104.5,结实率 85.9%,千粒重 25.0 克。2017 年、2018 年经农业部食品质量监督检验测试中心(武汉)测试:稻谷出糙率 84.5%,整精米率 67.5%,长宽比 1.65,阴糯米率 0.25%,直链淀粉含量 1.4%,胶稠度 100 毫米,碱消值 7.0,透明度 1 级。2018 年经天津市植物保护研究所抗病性接种鉴定:感稻瘟病。

产量表现:2017 年特殊用途水稻品种自主试验,平均亩产 623.7 千克,比对照圣稻 2572 增产 10.4%;2018 年特殊用途水稻品种自主试验,平均亩产 599.2 千克,比对照临稻 10 增产 8.0%;2018 年特殊用途水稻品种自主生产试验,平均亩产 609.1 千克,比对照临稻 10 增产 5.9%。

适宜区域:鲁南、沿黄稻区种植利用。

(38)润农早粳 1 号

审定编号:鲁农审 2016039

育种单位:山东润农种业科技有限公司

品种来源:盐丰 47/9424

特征特性:全生育期 150 天,株型较紧凑,穗棒状半直立、无

芒，谷粒椭圆形。平均亩有效穗 21.5 万穗，成穗率 78.9%，株高 99.2 厘米，穗长 16.8 厘米，每穗实粒数 133.9 粒，结实率 89.0%，千粒重 27.7 克。稻谷出糙率 83.0%，整精米率 64.1%，垩白粒率 27%，垩白度 4.5%，直链淀粉含量 16.1%，胶稠度 78 毫米，米质达国标优质 3 级。抗病性接种鉴定：中抗稻瘟病，综合病级为 3 级。两年平均亩产 599.8 千克，比对照盐丰 47 增产 9.3%；2015 年生产试验平均亩产 662.7 千克，比对照圣稻 14 增产 7.2%。

适宜地区：在临沂库灌稻区、沿黄稻区种植利用。

（39）润农 4 号

审定编号：鲁农审 2016037

育种单位：山东润农种业科技有限公司、江苏徐淮地区淮阴农业科学研究所

品种来源：徐稻 3 号/淮稻 7 号//淮 276

特征特性：全生育期 158 天，株型紧凑，穗棒状半直立、谷粒椭圆形。平均亩有效穗 24.4 万穗，成穗率 76.7%，株高 99.0 厘米，穗长 16.0 厘米，每穗实粒数 112.0 粒，结实率 86.9%，千粒重 26.9 克。稻谷出糙率 83.6%，整精米率 71.8%，垩白粒率 24%，垩白度 3.2%，直链淀粉含量 16.3%，胶稠度 70 毫米，米质达国标优质 3 级。中感稻瘟病。两年平均亩产 647.0 千克，比对照临稻 10 号增产 5.6%；2015 年生产试验平均亩产 684.1 千克，比对照临稻 10 号增产 3.9%。

适宜地区：在鲁南、鲁西南麦茬稻区及东营稻区种植利用。

（40）润农 11

审定编号：鲁审稻 20170046

育种单位：山东润农种业科技有限公司

品种来源：圣稻 13/津 90-3

特征特性：全生育期 140 天，株型紧凑，穗直立、谷粒椭圆形。平均亩有效穗 22.0 万穗，成穗率 77.0%，株高 90.3 厘米，穗长 15.2 厘米，每穗实粒数 125.8 粒，结实率 89.4%，千粒重 27.5 克。稻谷

出糙率 85.9%，整精米率 74.5%，长宽比 1.7，垩白粒率 27.0%，垩白度 3.2%，胶稠度 74 毫米，直链淀粉含量 16.5%。抗病性接种鉴定：中感稻瘟病。两年平均亩产 697.7 千克，比对照圣稻 14 增产 23.2%；2016 年生产试验平均亩产 607.7 千克，比对照圣稻 14 增产 10.7%。

适宜地区：在鲁南、鲁西南麦茬稻区作为适宜机械插秧品种种植利用。

（41）润农 303

审定编号：鲁审稻 20190003

品种名称：润农 303

育种者：山东润农种业科技有限公司、临沂市金秋大粮农业科技有限公司

品种来源：常规品种，系垦稻 2015 与镇稻 88 杂交选育

特征特性：属中晚熟粳稻品种。株型紧凑，叶片绿色，穗半直立，谷粒椭圆形。区域试验结果：全生育期 158 天，比对照临稻 10 号早熟 1 天；平均亩有效穗 20.7 万穗，成穗率 72.9%，株高 103.4 厘米，穗长 17.5 厘米，每穗实粒数 135.9 粒，结实率 83.0%，千粒重 24.6 克。2016 年、2017 年经农业部稻米及制品质量监督检验测试中心（杭州）测试：稻谷出糙率 82.3%、整精米率 71.4%、长宽比 1.8、垩白粒率 21.0%、垩白度 2.1%、胶稠度 73.0 毫米、直链淀粉含量 15.4%；2017 年经天津市植物保护研究所抗病性接种鉴定：抗稻瘟病。

产量表现：2016—2017 年山东省水稻品种中晚熟组区域试验中，两年平均亩产 682.8 千克，比对照临稻 10 号增产 6.5%；2018 年生产试验平均亩产 625.1 千克，比对照临稻 10 号增产 8.1%。

适宜区域：鲁南、鲁西南及沿黄稻区种植利用。

（42）津原 45

审定编号：鲁农审 2008027 号

育种单位：山东滨州黑马种业有限公司从天津市原种场引进

品种来源：系"月之光"变异株系统选育

特征特性：全生育期150天，亩有效穗22.0万穗，株高106.5厘米，穗长19.9厘米，每穗总粒数126.3粒，结实率85.0%，千粒重26.6克。糙米率84.2%，整精米率75.6%，垩白粒率8%，垩白度2.0%，直链淀粉含量17.1%，胶稠度64毫米，米质达国标优质二级。抗苗瘟，中感叶瘟，中抗穗颈瘟。2002年引种试验平均亩产502.1千克，比对照京引119增产21.5%；2007年引种试验平均亩产583.0千克，比对照香粳9407增产12.5%。

适宜地区：在临沂库灌稻区、沿黄稻区推广利用。

（43）盐丰47

审定编号：鲁农审2009030号

育种单位：辽宁省盐碱地利用研究所

品种来源：AB005s//丰锦/辽粳5号

特征特性：全生育期143天，亩有效穗25.3万穗，株高89.2厘米，穗长15.3厘米，每穗总粒数104粒，结实率88.3%，千粒重26.2克。稻谷出糙率83.4%，精米率75.1%，整精米率73.6%，垩白粒率3%，垩白度0.5%，直链淀粉含量15.3%，胶稠度68毫米，米质符合一等食用粳稻标准。中抗穗颈瘟和白叶枯病。两年区试平均亩产558.2千克，比对照香粳9407增产14.2%；2008年生产试验平均亩产543.8千克，比对照津原45增产8.8%。

适宜地区：在临沂库灌稻区、沿黄稻区推广利用。

（44）大粮306

审定编号：鲁审稻20190002

品种名称：大粮306

育种者：临沂市金秋大粮农业科技有限公司

品种来源：常规品种，系圣稻974（圣稻14/圣06134）变异株选育

特征特性：属中晚熟粳稻品种。株型紧凑，叶片绿色，穗棒状直立，谷粒椭圆形。区域试验结果：全生育期159天，生育期与对

照临稻 10 号相当；平均亩有效穗 22.7 万穗，成穗率 75.4%，株高 95.8 厘米，穗长 15.9 厘米，每穗实粒数 125.7 粒，结实率 88.0%，千粒重 25.3 克。2016 年、2017 年经农业部稻米及制品质量监督检验测试中心（杭州）测试：稻谷出糙率 84.6%、整精米率 72.3%、长宽比 1.7、垩白粒率 8.0%、垩白度 0.9%、胶稠度 77.0 毫米、直链淀粉含量 16.1%；2017 年经天津市植物保护研究所抗病性接种鉴定：抗稻瘟病。

产量表现：2016—2017 年山东省水稻品种中晚熟组区域试验中，两年平均亩产 677.7 千克，比对照临稻 10 号增产 6.8%；2018 年生产试验平均亩产 639.3 千克，比对照临稻 10 号增产 10.6%。

适宜区域：鲁南、鲁西南及沿黄稻区种植利用。

（45）济稻 4 号

审定编号：鲁审稻 2019000

品种名称：济稻 4 号

育种者：山东省农业科学院生物技术研究中心

品种来源：常规品种，系圣稻 15 与镇稻 88 杂交选育

特征特性：属中晚熟粳稻品种。株型紧凑，叶色浅绿，穗半直立，谷粒椭圆形。区域试验结果：全生育期 160 天，比对照临稻 10 号晚熟 1 天；平均亩有效穗 21.5 万穗，成穗率 79.0%，株高 104 厘米，穗长 15.7 厘米，每穗实粒数 122.0 粒，结实率 80.1%，千粒重 25.3 克。2016 年、2017 年经农业部稻米及制品质量监督检验测试中心（杭州）测试：稻谷出糙率 81.8%、整精米率 68.6%、长宽比 1.7、垩白粒率 9.5%、垩白度 1.2%、胶稠度 75.0 毫米、直链淀粉含量 16.3%；2017 年经天津市植物保护研究所抗病性接种鉴定：抗稻瘟病。

产量表现：2016—2017 年山东省水稻品种中晚熟组区域试验中，两年平均亩产 665.0 千克，比对照临稻 10 号增产 4.2%；2018 年生产试验平均亩产 639.2 千克，比对照临稻 10 号增产 10.6%。

适宜区域：鲁南、鲁西南及沿黄稻区种植利用。

（46）垦育88

审定编号：鲁审稻20190005

育种者：郯城县种苗研究所、郯城县精华种业有限公司

品种来源：常规品种，系 H301（镇稻88选系）与连嘉粳1号（秀水405选系）杂交选育

特征特性：属中晚熟粳稻品种。株型紧凑，叶色浅绿，剑叶短挺，穗半直立，谷粒椭圆形。区域试验结果：全生育期161天，比对照临稻10号晚熟2天；平均亩有效穗23.1万穗，成穗率78.5%，株高95.4厘米，穗长16.3厘米，每穗实粒数123.3粒，结实率83.6%，千粒重25.7克。2016年、2017年经农业部稻米及制品质量监督检验测试中心（杭州）测试：稻谷出糙率84.2%、整精米率72.6%、长宽比1.8、垩白粒率10.0%、垩白度1.7%、胶稠度73.5毫米、直链淀粉含量16.2%；2017年经天津市植物保护研究所抗病性接种鉴定：抗稻瘟病。

产量表现：2016—2017年山东省水稻品种中晚熟组区域试验中，两年平均亩产675.4千克，比对照临稻10号增产6.1%；2018年生产试验平均亩产625.4千克，比对照临稻10号增产8.2%。

适宜区域：鲁南、鲁西南及沿黄稻区种植利用。

（47）精华3号

审定编号：鲁审稻20190008

品种名称：精华3号

育种者：郯城县种苗研究所、郯城县精华种业有限公司

品种来源：常规品种，系盐丰47与镇稻99杂交选育

特征特性：属中早熟粳稻品种。株型紧凑，叶色浅绿，穗直立，谷粒椭圆形。区域试验结果：全生育期152天，比对照圣稻14晚熟3天；平均亩有效穗21.9万穗，成穗率71.8%，株高83.3厘米，穗长15.4厘米，每穗实粒数113.3粒，结实率84.5%，千粒重25.4克。2016、2017年经农业部稻米及制品质量监督检验测试中心（杭州）测试：稻谷出糙率82.2%、整精米率70.8%、长宽比1.9、垩白

粒率 19.0%、垩白度 2.8%、胶稠度 66.5 毫米、直链淀粉含量 16.0%；2017 年经天津市植物保护研究所抗病性接种鉴定：中抗稻瘟病。

产量表现：2016—2017 年山东省水稻品种中早熟组区域试验中，两年平均亩产 584.9 千克，比对照圣稻 14 增产 5.1%；2018 年生产试验平均亩产 556.1 千克，比对照圣稻 14 增产 19.6%。

适宜区域：鲁南、沿黄稻区种植利用。

（48）日稻 1 号

审定编号：鲁审稻 20190004

品种名称：日稻 1 号

育种者：山东天和种业有限公司

品种来源：常规品种，系连粳 1 号与临稻 10 号杂交选育

特征特性：属中晚熟粳稻品种。株型紧凑，叶色浓绿，穗棒状半直立，谷粒椭圆形。区域试验结果：全生育期 159 天，生育期与对照临稻 10 号相当；平均亩有效穗 23.6 万穗，成穗率 77.2%，株高 94.6 厘米，穗长 16.8 厘米，每穗实粒数 113.8 粒，结实率 85.7%，千粒重 26.4 克。2016 年、2017 年经农业部稻米及制品质量监督检验测试中心（杭州）测试：稻谷出糙率 85.4%、整精米率 72.7%、长宽比 1.9、垩白粒率 19.5%、垩白度 3.8%、胶稠度 79.0 毫米、直链淀粉含量 16.5%；2017 年经天津市植物保护研究所抗病性接种鉴定：中抗稻瘟病。

产量表现：2016—2017 年山东省水稻品种中晚熟组区域试验中，两年平均亩产 675.7 千克，比对照临稻 10 号增产 6.5%；2018 年生产试验平均亩产 622.5 千克，比对照临稻 10 号增产 7.7%。

适宜区域：鲁南、鲁西南及沿黄稻区种植利用。

（49）甬优 4949

审定编号：鲁审稻 20190009

品种名称：甬优 4949

申请者：宁波市种子有限公司

育种者：宁波市种子有限公司

品种来源：甬粳 49A×F9249（（K6141×K4806）F1×K4806）

特征特性：属中早熟粳稻品种。株型紧凑，叶片绿色，剑叶上冲，穗半直立，谷粒椭圆形。区域试验结果：全生育期 148 天，比对照圣稻 14 晚熟 1 天；平均亩有效穗 17.2 万穗，成穗率 72.6%，株高 105.4 厘米，穗长 22.8 厘米，每穗实粒数 197.6 粒，结实率 88.4%，千粒重 23.5 克。2017 年、2018 年经农业部稻米及制品质量监督检验测试中心（杭州）测试：稻谷出糙率 83.1%、整精米率 72.1%、长宽比 2.3、垩白粒率 9.0%、垩白度 1.6%、胶稠度 72.0 毫米、直链淀粉含量 15.0%；2017 年经天津市植物保护研究所抗病性接种鉴定：中抗稻瘟病。

产量表现：在 2017—2018 年山东省水稻品种中早熟组区域试验中，两年平均亩产 709.2 千克，比对照圣稻 14 增产 37.5%；2018 年生产试验平均亩产 609.6 千克，比对照圣稻 14 增产 31.1%。

适宜区域：鲁南、沿黄稻区种植利用。

（五）江苏麦茬稻区水稻品种介绍

（1）连粳 17 号

审定编号：苏审稻 20190006

品种名称：连粳 17 号

申请者：江苏金万禾农业科技有限公司

育种者：连云港市农业科学院

品种来源：连粳 7032/连粳 417

特征特性：属中熟中粳稻品种。株型紧凑，群体整齐度好，长势旺，叶色中绿，分蘖力强，成穗率高，后期熟相佳，抗倒性较强。区试平均结果：每亩有效穗 22.8 万穗，每穗实粒数 117.3 粒，结实率 89.8%，千粒重 26.2 克，株高 92.4 厘米，全生育期 143.2 天，比对照苏秀 867 早 2.1 天。病害鉴定：稻瘟病损失率 5 级、稻瘟病综合抗性指数 4.75，中感稻瘟病，中感白叶枯病，感纹枯病，中感条纹叶枯病。米质理化指标根据农业部食品质量监督检验测试中心（武汉）2016年检测：整精米率70.8%，垩白率29%，垩白度5.3%，胶稠度73毫米，直链淀粉含量15.6%。

产量表现：2016—2017年参加江苏省中熟中粳早熟组区试，两年平均亩产648.4千克，比对照苏秀867平均增产2.6%；2018年生产试验平均亩产669.2千克，比对照苏秀867增产5.7%。

审定意见：通过审定，适宜在江苏省淮北地区种植。

（2）连粳18号

审定编号：苏审稻20190005

品种名称：连粳18号

申请者：连云港市农业科学院

育种者：连云港市农业科学院

品种来源：（连粳5号/07中预16）F_1/连粳04-45

特征特性：属中熟中粳稻品种。株型紧凑，群体整齐度好，长势旺，叶色中绿，分蘖力强，成穗率高，丰产性好，后期熟相佳，抗倒性较强。省区试平均结果：每亩有效穗22.6万穗，每穗实粒数123.8粒，结实率90.0%，千粒重25.1克，株高100.6厘米，全生育期147.5天，比对照徐稻3号早0.4天。病害鉴定：稻瘟病损失率5级、稻瘟病综合抗性指数5.0，中感稻瘟病，中感白叶枯病，感纹枯病，中抗条纹叶枯病。米质理化指标根据农业部食品质量监督检验测试中心（武汉）2018年检测：整精米率61.2%，垩白率28%，垩白度6.7%，胶稠度70毫米，直链淀粉含量14.0%。

产量表现：2017—2018年参加江苏省中熟中粳区试，两年平均亩产662.8千克，比对照徐稻3号平均增产4.1%；2018年生产试验平均亩产684.0千克，比对照徐稻3号增产4.4%。

审定意见：通过审定，适宜在江苏省淮北地区种植。

（3）泗稻17号

审定编号：苏审稻20190011

品种名称：泗稻17号

育种者：江苏省农业科学院宿迁农业科学研究所

品种来源：08 预 1/盐稻 9977/04-3074//B 长粒，参试名称"泗稻 14-26"

特征特性：属迟熟中粳稻品种。幼苗矮壮，叶色中绿，分蘖力中等，株型紧凑，茎秆较粗壮，抗倒性强。群体整齐度好，穗层整齐，穗型较大，叶姿挺，谷粒饱满，后期转色好，秆青籽黄。省区试平均结果：每亩有效穗 20.9 万穗，每穗实粒数 122.1 粒，结实率 92.2%，千粒重 27.5 克，株高 95.0 厘米，全生育期 151.4 天，比对照淮稻 5 号早 1.8 天。病害鉴定：稻瘟病损失率 5 级、稻瘟病综合抗性指数 5，中感稻瘟病，中感白叶枯病，感纹枯病，中感条纹叶枯病。米质理化指标根据农业部食品质量监督检验测试中心（武汉）2018 年检测：整精米率 68.9%，垩白粒率 46%，垩白度 15.3%，胶稠度 70 毫米，直链淀粉含量 14.0%。

产量表现：2016—2017 年参加江苏省区试，两年平均亩产 660.0 千克，较对照淮稻 5 号增产 2.3%。2018 年生产试验平均亩产 687.9 千克，较对照淮稻 5 号增产 6.1%。

审定意见：通过审定，适宜在江苏省苏中及宁镇扬丘陵地区种植。

（六）河南水稻品种介绍

（1）信粳 64

审定编号：豫审稻 2015008

品种名称：信粳 64

申请者：信阳市农业科学院

育种者：鲁伟林、余新春、石守设、严德远、余明慧等

品种来源：豫粳 6 号/郑稻 18 号

特征特性：属粳型常规水稻品种，全生育期 159~164 天。叶色浓绿，叶片直挺，主茎叶片数 17 片；株高 103.7~111.3 厘米，株型紧凑，茎秆粗壮；穗长 18.1~20.3 厘米，亩有效穗 17.7 万~19.0 万穗，每穗总粒数 166.6~180.1 粒，结实率 81.7%~84.7%，千粒重 26.1~26.7 克。抗性鉴定：2012 年经江苏省农业科学院植

物保护研究所鉴定，对稻瘟病苗瘟各代表小种为抗病；穗颈瘟人工和田间诱发鉴定为感病；对白叶枯病菌 4 个代表菌株中浙 173 表现为中感，Ks-6-6、JS49-6 和 PX079 抗性表现为中抗；对纹枯病表现为高感。2013 年鉴定，对稻瘟病苗瘟 ZE3、ZF1、ZG1 小种表现为感病，其他小种表现为抗病；穗颈瘟人工和田间诱发鉴定表现为感病；对水稻白叶枯病 4 个代表菌株浙 173、Ks-6-6、JS49-6 和 PX079 表现为中抗；对纹枯病表现为中抗。品质分析：2012 年经农业部食品质量监督检验测试中心（武汉）检测：出糙率 84.4%、精米率 73.2%、整精米率 66.6%、粒长 4.9 毫米、长宽比 1.8、垩白粒率 30%、垩白度 2.7%、透明度 2 级、碱消值 7.0 级、胶稠度 63 毫米、直链淀粉 16.4%，米质达国家标准优质三级；2013 年检测，出糙率 84.4%、精米率 74.2%、整精米率 65.1%、粒长 5.0 毫米、长宽比 1.9、垩白粒率 22%、垩白度 2.2%、透明度 2 级、碱消值 6.0 级、胶稠度 70 毫米、直链淀粉 15.0%，米质达国家标准优质三级。

产量表现：2012 年河南省粳稻品种区域试验，9 点汇总，6 点增产，3 点减产，增产点率 66.7%，平均亩产稻谷 652.9 千克，比对照新丰 2 号增产 5.0%，增产显著；2013 年续试，11 点汇总，10 点增产，1 点减产，增产点率 90.9%，平均亩产稻谷 640.7 千克，比对照新丰 2 号增产 6.8%，增产极显著。2014 年河南省粳稻品种生产试验，9 点汇总，9 点增产，增产点率 100%，平均亩产稻谷 620.0 千克，比对照新丰 2 号增产 6.6%。

审定意见：该品种符合水稻品种审定标准，通过审定。适宜在河南沿黄及豫南籼改粳稻区种植。注意防治纹枯病。

（2）信粳糯 631

审定编号：豫审稻 2017001

品种名称：信粳糯 631

申请者：信阳市农业科学院

育种者：鲁伟林、余新春、严德远

品种来源：皖稻 68/信粳 64

特征特性：常规粳型糯稻品种，全生育期 150~158 天。株型较紧凑，株高 100.3~105.2 厘米，植株健壮，分蘖速度中等；叶色浓绿；穗长 17.4~17.7 厘米，亩有效穗 19.7 万~20.7 万穗，每穗总粒数 144.1~155.6 粒，实粒数 124.5~128.6 粒，结实率 80%~89.2%，千粒重 25.8~26.5 克。2014 年、2015 年经江苏省农业科学院植物保护研究所鉴定：对稻瘟病感（综合抗性指数 6.25）、纹枯病感（S）、白叶枯病中感（5 级）。2014 年、2015 年两年经农业部食品质量监督检验测试中心（武汉）检测：出糙米率 81.7%~85.4%、精米率（糯性）73.6%~76.2%、整精米率 51.2%~57.8%、直链淀粉 1.2%~1.9%、胶稠度 100 毫米、粒长 4.5~4.9 毫米、粒型长宽比 1.7、碱消值 6.0~6.9 级。

产量表现：2014 年参加豫南粳稻试验，8 点试验，8 点均增产，增产点率 100%，平均亩产 594.0 千克，较对照郑稻 18 号增产 15.5%，达极显著水平；2015 年续试，8 点试验，6 点增产 2 点减产，增产点率 75%，平均亩产 655.3 千克，较对照 9 优 418 增产 3.8%，增产不显著。2016 年生产试验，7 点试验，6 点增产，1 点减产，增产点率 85.7%，平均亩产 602.3 千克，较对照 9 优 418 增产 3.8%。

审定意见：该品种符合河南省水稻品种审定标准，通过审定。适宜在河南南部稻区种植。稻瘟病、纹枯病重发区慎用。

（3）信粳 1 号

审定编号：豫审稻 20190007

品种名称：信粳 1 号

申请者：信阳市农业科学院

育种者：信阳市农业科学院

品种来源：信粳 64/宁粳 3 号//宁粳 3 号

品种权号：CNA20151573.4

特征特性：属常规粳稻品种。全生育期 154 天，较对照 9 优

418晚熟9天;株高97.96厘米,亩有效穗18.72万穗,穗长15.62厘米,平均每穗总粒数174.94粒,实粒数151.72粒,千粒重25.38克。叶片绿色、挺直、剑叶较短,株型松散适中,繁茂,熟相好。2016年经江苏省植物保护研究所鉴定:稻瘟病综合抗性指数为5、中感稻瘟病(MS),对白叶枯病代表菌株浙173、KS-6-6和JS49-6抗性表现为5级、对PX079抗性表现为3级,抗纹枯病(R)。2017年抗病鉴定:稻瘟病综合抗性指数为3.25、中抗稻瘟病(MR),对白叶枯病代表菌株浙173抗性表现为7级,对KS-6-6和JS49-6、PX079抗性表现为5级,抗纹枯病(R)。2016年、2017年经农业部食品质量监督检验测试中心(武汉)检测:出糙率80.5%~83.3%、精米率70.7%~74.7%、整精米率67.2%~73%、粒长5.1~5.6毫米、粒型长宽比2.1:2.2、垩白粒率25%~32%、垩白度5.3%~5.4%、直链淀粉16.2%~16.9%、胶稠度62~70毫米、碱消值7级、透明度1级。

产量表现:2016年豫南稻区区域试验,8点试验,6点增产,2点减产,平均亩产626.6千克,较对照9优418增产3.2%,增产极显著;2017年续试,7点试验,5点增产,2点减产,平均亩产556.4千克,较对照9优418减产0.1%,不显著。2018年生产试验,5点试验,5点增产,平均亩产609.2千克,较对照9优418增产4.8%。

适宜区域:适宜在河南南部稻区及生态区相近的区域种植。

第五章 "三品一标"优质水稻生产技术

无公害农产品、绿色食品、有机农产品和农产品地理标志统称"三品一标"。"三品一标"是政府主导的安全优质农产品公共品牌，是当前和今后一个时期农产品生产消费的主导产品。纵观"三品一标"发展历程，虽有其各自产生的背景和发展基础，但都是农业发展进入新阶段的战略选择，是传统农业向现代农业转变的重要标志。发展"三品一标"不仅是践行绿色发展理念的有效途径，也是实现农业提质增效的重要举措，更是适应公众消费的必然要求和提升农产品质量安全水平的重要手段。

第一节 "三品"优质水稻的概念

一、无公害稻米、绿色食品稻米、有机食品稻米的涵义

（一）无公害稻米、绿色食品稻米、有机食品稻米的概念

1. 无公害稻米

无公害稻米是指在符合无公害质量标准的生态环境条件下，按规定的生产操作规程生产和加工，限量使用限定的化学合成物质，稻米产品质量及包装经检测、检查，符合特定标准，农药、重金属等有害物质控制在安全允许范围内，并经专门机构认定，许可使用无公害食品标志的稻米及其加工产品。

2. 绿色食品稻米

绿色食品稻米是指遵循可持续发展的原则，按照特定农业生产

方式生产，经专门机构认定，许可使用绿色食品商标标志的无污染的安全、优质、营养类稻米及其产品。绿色食品稻米根据其安全性和认证指标要求，可分为两个等级，即 AA 级和 A 级绿色食品稻米。目前，我国绿色食品是执行农业部批准的绿色食品稻米标准，其 A 级目标是要求达到"优质、安全、营养"，其 AA 级是与国际有机稻米接轨的。

（1）AA 级绿色食品稻米是指产地的环境质量符合 NY/T 391—2013《绿色食品 产地环境质量》要求，生产过程中不使用化学合成的肥料、农药、食品添加剂及其他有害于环境和身体健康的物质，按有机食品生产方式生产，产品质量符合绿色食品稻米产品标准；经专门机构认定，许可使用 AA 级绿色食品标志的稻米产品。

（2）A 级绿色食品稻米是指产地环境质量符合 NY/T 391—2013《绿色食品 产地环境质量》要求，生产过程中严格按照绿色生产资料使用准则和生产操作规程要求，限量使用限定的化学合成生产资料，产品质量符合绿色食品稻米产品标准；经专门机构认定，许可使用 A 级绿色食品标志的稻米产品。

A 级和 AA 级绿色食品大米的主要区别：一是 AA 级绿色食品稻米可等同于国际有机食品大米的基本要求。二是在 AA 级绿色食品稻米生产操作规程上禁止使用任何化学合成物质，而在 A 级绿色食品生产中允许限量使用限定的化学合成物质。三是 A 级绿色食品稻米包装上有绿底印白色标志，其防伪标签的底色为绿色；而 AA 级绿色食品包装上是白底印绿色标志，防伪标签的底色为蓝色。

3. 有机食品稻米

有机食品稻米指来自有机农业生产体系，根据有机农业生产要求和相应的标准生产加工的，并通过独立的有机食品认证机构认证的无污染、无残留、无毒、优质、富营养型稻米。有机食品大米在其生产和加工过程中绝对禁止使用农药、化肥、生长调节剂等人工合成物质，禁止使用转基因品种。因此，有机食品的生产要比绿色食品难得多，需建立全新的生产体系，采用相应的农业替代技术。其生产体系的特点是选用抗性强的作物品种，利用秸秆还田、施用绿肥和经无害化处理的动物粪便等措施培肥土壤保持养分循环，采取物理的和生物的措施防治病虫草害，采用合理的耕种措施，保护环境，防止水土流失，保持生产体系及周围环境的生物和基因多样性等。注重系统内营养物质的循环来保持和提高土壤肥力，因地制宜地依靠生态系统的管理来发展当地的自我支持系统，是以生态效益为优先发展目标的农业生产方式，反映了农业可持续发展的要求。

（二）无公害稻米、绿色食品稻米、有机食品稻米的关系

（1）无公害稻米、绿色食品稻米和有机食品稻米都强调第三方认证，都是经过质量认证的安全食品。

（2）无公害稻米是绿色食品稻米和有机食品稻米发展的基础，绿色食品稻米和有机食品稻米是在无公害稻米基础上的进一步提高。

（3）无公害稻米、绿色食品稻米、有机食品稻米都注重生产过程的管理，无公害稻米和绿色食品稻米侧重对影响产品质量因素的控制，有机食品稻米侧重对影响环境质量因素的控制。

（三）无公害稻米、绿色食品稻米、有机食品稻米的区别

1. 发展方向不同

有机食品稻米的开发是严格与国外有机稻米接轨的，有的是与国外相关机构合作的。绿色食品稻米最初的发展动机是立足于国内，适当兼顾国外市场需求。无公害稻米的发展动机是立足于"米袋子"工程，建立放心稻米生产基地，为消费者提供放心稻米产品，满足国内大部分市场需求，其贸易的主体市场目前主要是国内。绿色食品稻米和无公害稻米两者都没有充分考虑与国际接轨的问题，因而符合国际标准的 AA 级绿色稻米少，影响了稻米出口。经过多年的发展，中国的绿色食品稻米获得了国际社会的认可，但从标准上看，只有 AA 级绿色食品稻米才相当于国外的有机稻米。

尽管如此，中国的绿色食品稻米不能以有机稻米的名义出口，国外贸易商也不以有机稻米的价格接受，而是低于有机稻米的价格收购。

2. 标准规范不同

无公害食品稻米按无公害生产技术规程生产，全程进行安全生产条件约束和限制。绿色食品稻米按绿色食品生产技术规程生产，按许可使用的农资产品限时限量使用限定的化学合成物质。有机食品稻米按有机农业生产要求和标准进行生产，禁止使用化学合成物质及转基因物质。

3. 质量认证不同

无公害稻米由省级无公害农产品管理下认证部门审批；绿色食品稻米由中国农业部绿色食品发展中心审批；有机食品稻米由中国有机食品发展中心审批。

4. 产品标识不同

无公害稻米、绿色食品稻米、有机食品稻米分别使用无公害食品、绿色食品、有机食品各自不同的、具有特殊代表意义的、经国家注册的可在商品包装与商标同时使用的专用标志。

5. 市场准入不同

无公害稻米以国内大、中、小城市，城镇，集贸市场为主；绿色食品稻米以国外及国内大中城市为主；有机食品稻米以国外发达国家及国内城市和港澳特区为主。

二、优质稻米的全新概念

随着人民生活水平的不断提高，作为中国人民主食的大米需求量越来越多，特别是粮食市场放开以来，人们对大米的质量要求越来越高，一些平常难以看到的优质米或贡米已进入普通居民的家中，这是一个十分可喜的现象。但由于中国人口多，优质米的供需矛盾突出，在解决温饱问题的基础上，如何适应新的发展需要，尽快提高普通大米的质量，是摆在我们面前的重大任务。

（一）优质稻米的品质

优质稻米指具有良好的外观、蒸煮、食用品质，以及营养较高的商品大米。优质稻米品质主要包括以下 6 个方面。

1. 碾米品质

碾米品质是指稻谷在砻谷出糙、碾米出精等加工过程中所表现的特性，通常指的是稻米的出糙率、精米率及整精米率，而其中精米率是稻米品质中较重要的一个指标。精米率高，说明同样数量的稻谷能碾出较多的米，稻谷的经济价值高；整精米率的高低关系到大米的商品价值，碎米多商品价值低。一般稻谷的糙米率在 78%~80%（变幅 71%~85%），精米率 70% 左右。

2. 外观品质

稻米的外观品质是指糙米籽粒或精米籽粒的外表物理特性。具体是指稻米的大小、形状及外观色泽。稻米的大小主要相对稻米的千粒重而言，形状则指稻米的长度、宽度及长宽比。稻米的外观主要指稻米的垩白有无及胚乳的透明度，垩白包括心白、背白和腹白。

（1）稻米的大小和形状。世界各地的消费者对稻米的大小和形状的要求各不相同。美国、法国及欧洲的消费者喜欢长粒型稻米；在亚洲，印度喜欢长粒米，东南亚则喜欢中等或偏长粒型的米粒；而在温带地区却是短粒米较受欢迎。在中国长江以北喜爱吃短粒型的粳米，长江以南大部分地区喜欢长粒型的籼稻米。目前，在国际市场上，米粒为长粒型的大米更受欢迎。

（2）稻米的垩白大小。稻米的垩白大小是稻米的外观品质和稻米的商品价值中十分重要的经济性状，垩白是由于稻谷在灌浆成熟阶段中胚乳中淀粉和蛋白质积累较快，填塞疏松所造成的。垩白的大小用垩白率表示。垩白率是稻米的垩白面积占稻米总面积的比率，比率越大，垩白则大，在碾米时易产出较多的碎米，从而影响稻米的整精米率及商品价值。腹白的大小直接影响稻米胚乳的透明度，从而影响稻米的外观。腹白除品种本身的性状决定外，影响的主要环境因子是外界温度。灌浆期如果温度增加较快，稻米的腹白也会增加，温度降低则腹白越少，胚乳的透明度也较好。垩白度和胚乳的透明度属遗传性状，但环境也有一定的影响。育种工作者能在较早代中有目的地选择无垩白和半胚乳的稻米品种，能有效地改善大米的外观品质，这对提高稻米的商品价值起到十分重要的作用。

3. 蒸煮与食用品质

稻米的蒸煮和食用品质指稻米在蒸煮过程及食用时所表现的各种理化和感官特性，如吸水性、溶解性、延伸性、糊化性、膨胀性、柔软性及黏弹性等。蒸煮和食味品质是稻米品质的核心。通过直接品尝鉴定往往有不易定量化和受主观偏差较大影响，现多用测定稻米理化特性来表示。

稻米中含有90%的淀粉物质，而淀粉包括直链淀粉和支链淀粉两种，淀粉的比例不同直接影响稻米的蒸煮品质，直链淀粉黏性小，支链淀粉黏性大，稻米的蒸煮及食用品质主要从稻米的直链淀粉含量、糊化温度、胶稠度、米粒延伸度等几个方面来综合评定。

（1）直链淀粉含量。直链淀粉含量较高的大米，需水量较大，米粒的膨胀较好，即通常说的饭多。同时，由于支链淀粉含量相对较少，使蒸煮的米饭黏性减少，因而柔软性差，光泽少，米饭冷却后质地生硬。糯米中几乎不含有直链淀粉（含量在2%以下），因而在蒸煮时体积不发生膨胀，蒸煮的米饭有光泽且富极强的黏性。普通大米的直淀粉含量可分为三种类型，即高含量（25%以上）、中等含量（20%~25%）和低含量（10%~20%）。目前，国际和国内市场中等直链淀粉含量的大米普遍受到欢迎，主要是由于这类型的大米蒸煮的米饭滋润柔软，质地适中，米饭冷却后不回生。在泰国和老挝部分地区，人们喜爱吃糯米。在中国北方，以直链淀粉含量相对较低的粳稻为主食大米，而中国南方居民喜爱吃直链淀粉含量中等的大米，两广及海南等部分地区则是直链淀粉含量相对较高的大米更受欢迎。

（2）糊化温度。糊化温度是大米中淀粉的一种物理性状，是指淀粉粒在热水中吸收水分开始不可逆性膨胀时的温度。糊化温度低的稻米，蒸煮时所需的温度低；糊化温度高的所需蒸煮温度较高，吸水量较大且蒸煮时间长。中等糊化温度的大米介于两者之间，普遍受到消费者的喜爱。糊化温度受稻谷成熟时的环境因素影响较大。

（3）胶稠度。胶稠度是稻米淀粉胶体的一种流体特性，是稻米胚乳中直链淀粉含量以及直链淀粉和支链淀粉分子性质综合作用的反映。胶稠度是评价米饭柔软性的一个重要性状，是指米饭冷却后的黏稠度，可分为硬、中、软3种类型，并与稻米的直链淀粉含量有关。一般低直链淀粉含量和中等直链淀粉含量的品种具软的胶稠度，高直链淀粉含量的品种其胶稠度存在很大的差异，胶稠度软的品种蒸煮的米饭柔软、可口、冷却后不成团，不变硬，因而普遍受到消费者的喜爱。

4. 食味品质

包括气味、色泽、饭粒粒形、冷饭柔软和食味。优质稻米蒸煮后应有清香、饭粒完整、洁白有光泽、软而不黏、食味好、冷后不硬。

5. 贮藏加工品质

生产的稻谷或者大米除了直接供给消费者外，大部分需要贮藏起来，有的贮藏时间长达几年，短的也有几个月，因为贮藏条件的不同，稻米经过一段时间的贮藏后，胚乳中的一些化学成分发生变化，游离脂肪酸会增加，淀粉组成细胞膜发生硬化，米粒的组织结构随之发生变化，使稻米在外观及蒸煮食味等方面发生质变，即所谓陈化。稻米的贮藏品质优良，即在同一贮藏条件下，不容易发生"陈化"，也就是我们通常说的耐贮藏。稻米的贮藏品质与稻米本身的性质、化学成分、淀粉细胞结构、水分特性以及酶的活性有关。这些特性之间的差异，造成了稻米耐贮藏性能之间的差异。另外，稻谷收割时的打、晒、运等操作方法及机械对稻谷果皮的伤害也影响稻米的耐贮藏性能,当然,贮藏时环境的温度及湿度等都对稻米的贮藏有一定影响;此外,稻米有硬质和软质之分,硬质稻米比软质稻米更耐贮藏。

大米的加工品质主要是指稻谷中异品种的含量而影响稻米的品质。因为不同品种之间,其加工产生的精米率及整精米率都不同,而且在米粒大小、形状上也不一致,严重影响了稻米的外观品质,优质稻米必须是利用纯种生产出的稻谷加工而成。此外,还应尽量避免混杂,显然,稻米的加工品质不是水稻本身的性状决定,但这一品质往往被人们所忽视。

6. 营养与卫生品质

评价稻米的营养品质主要依靠稻米中蛋白质和必需氨基酸的含量及组成来衡量。大米中蛋白质的含量一般在 7% 左右,而米糠中蛋白质的含量高达 13%~14%。另外,米胚中含有多种维生素和优质蛋白、脂肪,因而它的营养价值较普通大米高。不同品种的大米,其氨基酸的组成及含量各不相同,但主要含有赖氨酸及苏氨酸,另外还有少量色氨酸、亮氨酸、异亮氨酸、苯丙氨酸、缬氨酸等人体必需氨基酸。

稻米的卫生品质主要是指稻米中有无残留有毒物质及其含量的高低,有无生霉变质等情况,必须符合国家食品卫生标准。

(二)优质稻谷质量指标

我国优质稻谷的质量指标执行国家 GB/T 17891—2017 质量标准(表 5-1),本标准适用于收购、储存、运输、加工、销售的优质商品稻谷。GB/T 17891—2017 与 GB/T 17891—1999 相比:增加了籼稻粒型分类,分长粒、中粒、短粒;取消了胶稠度、出糙率、垩白粒率、粒型长宽比指标;修改了质量要求中整精米率、垩白度、直链淀粉含量、异品种率、黄粒米含量。

表5-1 优质稻谷质量标准（GB/T 17891—2017）

类别	等级	整精米率（%）			垩白度（%）	食味品质（分）	不完善粒含量（%）	水分含量（%）	直链淀粉含量（干基）（%）	异品种粒率（%）	杂质含量（%）	谷外糙米含量（%）	黄粒米含量（%）	色泽气味
		长粒	中粒	短粒										
籼稻谷	1	≥56.0	≥58.0	≥60.0	≤2.0	≥90	≤2.0	≤13.5	14.0~24.0	≤3.0	≤1.0	≤2.0	≤1.0	正常
	2	≥50.0	≥52.0	≥54.0	≤5.0	≥80	≤3.0							
	3	≥44.0	≥46.0	≥48.0	≤8.0	≥70	≤5.0							
粳稻谷	1		≥67.0		≤2.0	≥90	≤2.0	≤14.5	14.0~20.0					
	2		≥61.0		≤4.0	≥80	≤3.0							
	3		≥55.0		≤6.0	≥70	≤5.0							

判定规则：整精米率、垩白度、食用品质均达到本标准规定的某等级指标且直链淀粉含量在标准规定的范围内，判定为该等级优质稻谷；其他指标按国家有关规定执行；定级指标中有一项达不到三级要求，或直链淀粉含量不在标准规定范围内的，不得判定为优质稻谷。

第二节　无公害优质水稻生产技术

一、无公害水稻生产标准

无公害水稻生产标准，本节引用的标准，包括无公害稻米产地环境要求（DB32/T 551—2003）、无公害稻米生产技术规程（DB32/T 552—2009）、无公害食品稻米加工技术规范（NY/T 5190—2002），优质米品质标准引用国家优质稻谷（GB/T 7891—2017）。如国家颁布新的标准和要求，请按新标准和要求执行。

（一）无公害水稻生产的产地环境质量要求

无公害水稻生产的产地应该选择在生态条件良好的地区，应远离工矿区和公路、铁路干线，避开工业和城市污染源的影响。

1. 环境质量要求

无公害稻米产地环境空气中各项污染物含量浓度值应符合表5-2的规定。

表5-2　环境空气中各项污染物的浓度限值

项目		浓度限值（标准状态）		
		日平均	1小时	季平均
总悬浮颗粒物（TSP）（毫克/立方米）	≤	0.3		
二氧化硫（SO_2）（毫克/立方米）	≤	0.15	0.50	
氮氧化物（NO_X）（毫克/立方米）	≤	0.10	0.15	
氟化物（F）（微克/立方米）	≤	7.0	20.0	
氟化物（F）［微克/（立方米·天）］（挂片法）	≤	1.8		

（续表）

项目	浓度限值（标准状态）		
	日平均	1 小时	季平均
铅（Pb）（毫克/立方米） ≤			1.50

注：1. 日平均指任何一日的平均浓度。2. 1 小时平均指任何一小时的平均浓度。3. 季平均指任何一季度的平均浓度。4. 连续采样三天，一日三次，晨、午和夕各一次。5. 氟化物采样可用动力采样或用石灰滤纸挂片法，分别按各自规定的浓度限值执行，石灰滤纸挂片法挂置 7 天。

2. 农田灌溉水质要求

无公害稻米产地农田灌溉水中各项污染物含量应符合表 5-3 的规定。

表 5-3　农田灌溉水中各项污染物的浓度限值

单位：毫克/升

项目	浓度限值
pH 值	5.5~8.5
总汞	0.001
镉	0.005
总砷	0.05
铅	0.1
铜	1.0
六价铬	0.1
氯化物	200
氰化物	0.5
氟化物	3.0
化学需氧量（COD_{cr}）	200

注：氯化物指标在沿海地区可根据地方水域背景特征做适当调整。

3. 土壤环境质量要求

无公害稻米产地不同土壤中的污染物含量应符合表 5-4 的规定。

表 5-4　土壤中各项污染物的含量限值

单位：毫克／千克

项目		指标		
		pH 值<6.5	pH 值 6.5~7.5	pH 值>7.5
总汞（以 Hg 计算）	≤	0.30	0.40	0.50
总砷（以 As 计算）	≤	30	25	20
铅（以 Pb 计算）	≤	50	100	150
镉（以 Cd 计算）	≤	0.30	0.30	0.50
总铬（以 Cr 计算）	≤	120	120	120
铜（以 Cu 计算）	≤	50	60	60
六六六	≤		0.50	
滴滴涕	≤		0.50	

（二）无公害水稻生产的肥料使用准则

（1）禁止使用未经国家或省级农业部门登记的化学或生物肥料。

（2）肥料使用总量（尤其是氮肥总量）必须控制土壤地下水硝酸盐含量在 40 毫克／升以下。

（3）必须按照平衡施肥技术，以优质有机肥为主。以生活垃圾、污泥、畜禽粪便等为主要有机肥料生产的商品有机肥或有机无机肥，每年每亩施用量不得超过 200 千克，其中主要重金属含量指标见表 5-5。

表 5-5　商品有机肥或有机无机肥中主要重金属含量指标

项目	指标（毫克／千克）
砷（以 As 计）	≤20
镉（以 Cd 计）	≤200

（续表）

项目	指标（毫克/千克）
铅（以 Pb 计）	≤100

4. 肥料施用结构中，有机肥所占比不得低于 1∶1（纯养分比较）

5. 允许施用的肥料种类

（1）有机肥：堆肥、沤肥、厩肥、沼气肥、绿肥、作物秸秆、泥肥、饼肥。

（2）无机肥料：矿物氮肥、矿物钾肥、矿物磷肥（磷矿粉）和石灰石；按农技部门指导的平衡施肥技术方案配制的氮肥、磷肥、钾肥以及其他符合要求的无机复混（合）肥。

（3）微生物肥料：根瘤菌肥料、固氮菌肥料、磷细菌肥料、硅酸盐细菌肥料、复合微生物肥料、光合细菌肥料。

（4）叶面肥料：以大量元素、微量元素、氨基酸、腐植酸、精制有机肥中一种为主配制成的叶面喷施的肥料。微量元素肥料为铜、铁、锰、锌、硼、钼等微量元素及有益元素为主配制的肥料。植物生长辅助肥料是用天然有机提取液或接种有益菌类的发酵液，添加一些腐植酸、藻酸、氨基酸、维生素、糖等配制的肥料。

（5）中量元素肥料：以钙、镁、硫、硅等中量元素肥料配制的肥料。

（6）复混（合）肥料：主要以氮、磷、钾中两种以上的肥料按科学配方配制而成的有机和无机复混（合）肥料。

（三）无公害水稻生产的农药使用准则

（1）提倡生物防治和使用生物生化农药防治。

（2）应使用高效、低毒、低残留农药。

（3）使用的农药应"三证"（农药登记证、农药生产批准证、执行标准号）齐全。

（4）每种有机合成农药在一种作物的生长期内避免重复使用。

应选用表 5-6、表 5-7、表 5-8 中列出的低毒农药或少量中等毒性农药，如需使用表中未列出的农药新品种，须报经省无公害农产品（食品）管理部门审批。

（5）严格禁止使用剧毒、高毒、高残留或者具有"三致"（致癌、致畸、致突变）的农药（表 5-9）。

表 5-6　无公害水稻生产中可限制使用的杀虫剂

农药名称	剂型	常用药量（每亩每次用药量）	施药方法	最后一次施药离收获的天数（安全间隔期）（天）
乐果	40%乳油	100~120 毫升	喷雾	10
敌百虫	90%固体	100 克	喷雾	7
喹硫磷	50%乳油	150 毫升	喷雾	14
杀虫双	25%水剂	250 克	喷雾	15
杀螟单	50%可溶性粉剂	75 克	喷雾	21
扑虱灵	25%可湿性粉剂	25 克	喷雾	14
杀虫单	3.6%颗粒剂	3 000 克	撒施	30
吡虫啉	10%可湿性粉剂	50 克	喷雾	14
三唑磷	20%乳油	100 毫升	喷雾	14
氯唑磷	3%颗粒剂	1 000 克	拌土撒施	14
杀螟硫磷	50%乳油	75~100 毫升	喷雾	20
马拉松	50%乳油	70~100 毫升	喷雾	15
仲丁威	50%乳油	80~120 毫升	喷雾	30
西维因	25%粉剂	200~250 克	喷雾	15
叶蝉散	25%粉剂	1 500 克	喷雾	40
速灭威	25%粉剂	200~300 克	喷雾	30

表 5-7　无公害水稻生产中可限制使用的杀菌剂及植物生长调节剂

农药名称	剂型	常用药量（每亩每次用药量及稀释注意事项）	施药方法	最后一次施药离收获的天数（安全间隔期）（天）
百菌清	75%可湿性粉剂	100 克	喷雾	10
甲基硫菌灵	50%悬浮剂	100 毫升	喷雾	30
	70%可湿性粉剂	100 克	喷雾	
稻瘟灵	40%乳油	70 克	喷雾	早稻14，晚稻28
多菌灵	50%可湿性粉剂	50 克	喷雾	30
三环唑	75%可湿性粉剂	20 克	喷雾	21
井冈霉素	50%水剂（水溶性粉剂）	100~150 毫升	喷雾	14
春雷霉素	2%液剂	75 毫升	喷雾	14
多效唑	15%可湿性粉剂	70 克（均匀兑水 100 千克）	喷雾	1 叶 1 心期

表 5-8　无公害水稻生产中可限制使用的除草剂

农药名称	剂型	常用药量（每亩每次用药量）	施药方法	最后一次施药离收获的天数（安全间隔期）（天）
丁草胺	60%乳油	85 毫升	喷雾毒土	水稻插秧前 2~3 天或插秧后 4~5 天
	5%颗粒剂	1 000 克		
快杀稗	50%可湿性粉剂	26~55 克	喷雾	插秧后 5~20 天
苄嘧磺隆（农得时）	10%可湿性粉剂	13~25 克	喷雾或毒土	插秧后 5~7 天施药，保水一周
异丙甲草胺（都尔）	72%乳油	100 毫升	土壤处理	播前或播后苗前土壤喷雾
甲草胺	48%乳油	150 毫升	土壤喷雾	播种后芽前喷施
抛秧净	25%悬浮剂	30~40 克	喷雾	抛秧后 7~10 天施药

（续表）

农药名称	剂型	常用药量（每亩每次用药量）	施药方法	最后一次施药离收获的天数（安全间隔期）（天）
丁苄	35%可湿性粉剂	80克	喷雾	秧田、直播田在秧苗立针期，抛秧田在抛后3~5天施药
威霸	6.9%浓乳剂	40~60毫升	喷雾	1叶1心期
乐草隆	15%可湿性粉剂	5克	撒施	插秧后3~5天
新代力	10%可湿性粉剂	5~6克	撒施	插秧后3~5天
乙草胺	50%乳油	10毫升	喷雾	插秧后3~5天

表5-9　无公害水稻生产中禁止使用的化学农药

农药种类	农药名称	禁用原因
有机氯杀虫剂	滴滴涕、六六六、林丹、甲氧滴滴涕、硫丹	高残留
有机氯杀螨剂	三氯杀螨醇	工业品中含有滴滴涕
有机磷杀虫剂	甲拌磷、乙拌磷、久效磷、对硫磷、甲基对硫磷、甲胺磷、甲基异柳磷、治螟磷、氧化乐果、磷胺、地虫硫磷、灭克磷（益收宝）、水胺内硫磷、氯唑磷、硫线磷、杀扑磷、特丁硫磷、克线丹、苯线磷、甲基环硫磷	剧毒、高毒
氨基甲酸酯杀虫剂	涕灭威、克百威（呋喃丹）、灭多威、丁硫克百威、丙硫克百威	高毒、剧毒或代谢物高毒
二甲基甲脒类杀虫杀螨剂	杀虫脒	慢性毒性、致癌
拟除虫菊酯类杀虫剂	所有拟除虫菊酯类杀虫剂	对水生生物毒性大
卤代烷类熏蒸杀虫剂	二溴乙烷、环氧乙烷、二溴氯丙烷、溴甲烷	致癌、致畸、高毒
有机砷杀菌剂	甲基砷酸锌（稻脚青）、甲基砷酸钙（稻宁）、甲基砷酸锌铁胺（田安）、福美甲砷、福美砷	高残毒

（续表）

农药种类	农药名称	禁用原因
有机汞杀菌剂	氯化乙基汞（西力生）、醋酸苯汞（赛力散）	剧毒、高残留
有机磷杀菌剂	稻瘟净、异稻瘟净	异臭
取代苯类杀虫杀菌剂	五氯硝基苯、稻瘟醇（五氯苯甲醇）、苯菌灵	致癌、高残留
二苯醚类除草剂	除草醚、草枯醚	慢性毒性
其他	乙基环硫磷、灭线磷、磷化铝、磷化锌、磷化钙、硫丹、有机合成的植物生长调节剂	药害、高毒

（四）无公害优质稻米安全指标

无公害稻米的安全指标见表5-10。

表5-10　无公害稻米安全指标

项目	指标	种类
磷化物（以 PO_3 计，毫克/千克）	≤0.05	稻谷
氰化物（以 HCN 计，毫克/千克）	≤5	稻谷
砷（以总 As 计，毫克/千克）	≤0.7	
汞（以 Hg 计，毫克/千克）	≤0.02	稻谷
氟（毫克/千克）	≤1.0	
铅（以 Pb 计，毫克/千克）	≤0.4	
铬（毫克/千克）	≤1.0	
镉（以 Cd 计，毫克/千克）	≤0.2	大米
铜（以 Cu 计，毫克/千克）	≤10	
亚硝酸盐（以 $NaNO_2$ 计，毫克/千克）	≤3	大米
溴氰菊酯（毫克/千克）	≤0.5	稻谷
氰戊菊酯（毫克/千克）	≤0.2	稻谷
呋喃丹（毫克/千克）	≤0.5	稻谷
对硫磷（毫克/千克）	≤0.1	稻谷
乐果（毫克/千克）	≤0.05	稻谷
甲拌磷（毫克/千克）	≤0.02	稻谷

(续表)

项目	指标	种类
甲胺磷（毫克/千克）	≤0.1	
苯并（a）芘（微克/千克）	≤5	
杀虫脒	不得检出	
黄曲霉毒素（B_1，微克/千克）	≤5	稻谷

（五）无公害优质稻米包装材料使用准则

无公害优质稻米产品所用的包装材料的卫生准则见表5-11。

表5-11　食品包装用聚乙烯成型品卫生标准

项目		指标
蒸发残渣（毫克/千克）	40%乙酸（60℃，2小时）	≤30
蒸发残渣（毫克/千克）	65%乙酸（20℃，2小时）	≤30
蒸发残渣（毫克/千克）	正乙烷（20℃，2小时）	≤60
高锰酸钾消耗量（毫克/升）	60℃，2小时	≤10
重金属（以Pb计）（毫克/升）	4%乙酸（60℃，2小时）	≤1
脱色试验		阴性
乙醇		阴性
冷餐油无色油腻		阴性
浸泡液		阴性

二、无公害稻米生产技术

（一）基地选择

无公害水稻生产基地必须选择在生态环境较好，不受工业废气、废水、废渣及农业、城镇生活、医院污水及废弃物污染，其灌溉水、空气以及土壤环境质量符合标准要求的生产区域。

（二）品种选择

选用适合本地种植，抗病和抗倒等综合抗性好，米质达到国家优质稻谷三级以上（含三级）标准。种子质量应符合GB 4404.1—

2008 的要求。

（三）调整播期

灌浆结实期的气候因子对米质影响最大。无公害优质稻米的生产，应在茬口、温光条件可能的范围内，因种调节好播种期，使灌浆结实期处于 21~26℃ 为宜，尽量避开灌浆结实期的高温或低温，以及台风暴雨、病虫等自然危害期。

（四）合理稀植

1. 直播稻

常规中粳稻播种量为每亩 3~4 千克，提倡采用生物种衣剂包衣的种子，以防地下害虫为害。注意播种质量，确保全苗。

2. 移栽稻

常规中粳稻行株距 30 厘米×11.7 厘米，或 25 厘米×13.3 厘米，每亩栽 2 万穴左右，每穴 3~4 苗，基本苗 6 万~8 万株。

（五）平衡施肥

无公害水稻优质栽培的肥料使用，必须遵循无公害水稻生产的肥料使用准则进行。在平衡施肥的基础上，增施有机肥和生物肥，提高无机氮肥利用率；增施磷、钾、硅以及微肥等，做到有机、无机结合，氮、磷、钾配合使用，提倡测土配方施肥。

（六）合理灌溉

灌溉水质要求应符合无公害农产品产地农田灌溉水质量指标。灌溉方法：薄水栽插，水层深度 1~2 厘米；寸水活棵，栽后建立 3~4 厘米水层，促进返青活棵；返青后浅水勤灌，灌水以 2~3 厘米为宜，待其落干后，再上新水；够苗后适时脱水搁田，采取轻次、多次搁的方法，以控制无效分蘖，促进根系下扎生长和壮秆健株；拔节至成熟期，浅湿交替灌溉，每次上 3 厘米左右的水层，让其自然落干到丰产沟底无水层时复水，周而复始；收获前 7 天左右断水。

（七）病虫草综合防治

防治水稻病虫草害，严格执行无公害水稻农药使用准则，禁止使用剧毒、高毒、高残留或具有"三致"（致畸、致癌、致突变）毒性的农药品种，限制使用高效、低毒农药品种；推广使用无污染生物、植物农药。贯彻"预防为主，综合防治"的植保方针，从稻田生态系统的稳定性出发，实施健身栽培，综合运用多种防治措施，将有害生物控制在经济允许值以下，并保证稻米中的农药残留量符合相关规定。

1. 农业防治

选用抗性强的品种，并定期轮换，保持品种抗性，减轻病虫害的发生；采用合理耕作制度、轮作换茬、健身栽培等农艺措施，减少有害生物的发生。

2. 生物防治

要注意保护和利用天敌，维护天敌种群多样性，通过田坎增种玉米、豆科等农作物，结合农事活动，为青蛙、蜘蛛、寄生蜂等天敌提供栖息和迁移条件，减少人为因素对天敌的伤害，充分发挥天敌的控害作用；优先推广使用生物农药，如井冈霉素、春雷霉素等；稻田养鸭，在水稻苗返青后至孕穗期，放养小鸭，可有效控制稻田前期杂草和水稻基部虫害；稻田养鱼，通过加高加厚田埂，防漏、防洪、防鱼逃失，以立夏至小满投放为宜，可有效抑制水稻基部虫害、杂草和纹枯病。

3. 物理防治

采用黑光灯、震频式杀虫灯、色光板等物理装置诱杀鳞翅目、同翅目害虫。

4. 药剂防治

加强田间调查，及时掌握病虫草害发生动态和发生趋势；严格按照无公害生产规定的水稻病虫害防治指标，在防治适期施药；采用一药多治或农药合理混用；有限制地使用具有三证的高效、低毒、低残留农药品种，控制施药量与安全间隔期；采用农药加载体（细土或细沙、肥料）撒施方法，防治水稻前期一代螟虫和杂草；对水稻叶面、穗部病虫实行针对性低容量喷雾。

（八）适时收获

当90%籽粒黄熟时，即可收割。实行无公害稻谷与普通稻谷分收、分晒。禁止在公路、沥青路面及粉尘污染严重的地方脱粒、晒谷。

三、加工、贮藏、运输、监控与检测

（一）稻米加工

无公害优质稻米加工时，应选择成熟、饱满的稻谷，选用先进的加工设备，采用精碾、抛光、色选等科学的加工工艺，合理调节加工精度，以便达到减少碎米，提高出米率的目的。

（二）贮藏

无公害稻谷和稻米要在避光、常温、干燥和有防潮设施的地方贮藏。贮藏设施应清洁、干燥、通风、无虫害和鼠害。严禁与有毒、有害、有腐蚀性、易发霉、发潮、有异味的物品混存。若进行仓库消毒、熏蒸处理，所用药剂应符合国家有关食品卫生安全的规定。

（三）运输

运输工具应清洁、干燥、有防雨设施。严禁与有毒、有害、有腐蚀性、有异味的物品混运。

四、监控与检测

要实现无公害稻米生产，必须对生产过程中所应用的投入品（种子、肥料、农药、灌溉水、包装材料等）进行全程质量安全监控；并经常地开展对产地的大气、农田灌溉水、土壤环境质量等各项指标及深度限值和稻米产品进行检测。

第三节　绿色食品稻米生产技术

一、绿色食品水稻生产标准

绿色食品水稻生产标准，本节引用农业部2013年颁布的绿色食品行业标准,包括《绿色食品产地环境质量》(NY/T 391—2013)、《绿色食品农药使用准则》(NY/T 393—2013)、《绿色食品肥料使用准则》(NY/T 394—2013)、《绿色食品稻米》(NY/T 419—2014)。若国家有新的标准颁布,请按新的标准和要求执行。

(一)产地环境要求

绿色食品稻米生产应选择生态环境良好、无污染的地区,远离工矿区和公路、铁路干线,避免污染源。应在绿色食品和常规生产区域之间设置有效的缓冲带或物理屏障,以防止绿色食品生产基地受到污染。建立生物栖息地,保护基因多样性、物种多样性和生态系统多样性,以维持生态平衡。应保证基地具有可持续生产能力,不对环境或周边其他生物产生污染。

1. 空气质量要求

绿色食品稻米产地空气质量应符合表 5-12 要求。

表 5-12　空气质量要求(标准状态)

项目	指标		检测方法
	日平均[a]	小时[b]	
总悬浮颗粒物(毫克/立方米)	≤0.3		GB/T 15432
二氧化硫(毫克/立方米)	≤0.15	≤0.50	HJ 482
二氧化氮(毫克/立方米)	≤0.08	≤0.20	HJ 479
氟化物(微克/立方米)	≤7	≤0.20	HJ 480

注:[a] 日平均是指任何 1 日的平均指标。[b] 小时是指任何 1 小时的指标。

2. 农田灌溉水质要求

绿色食品稻米产地农田灌溉水质应符合表 5-13 要求。

表 5-13　农田灌溉水中各项污染物的含量指标

项目	浓度限值	检测方法
pH 值	5.5~8.5	GB/T 6920

（续表）

项目	浓度限值	检测方法
总汞（毫克/升）	≤0.001	HJ 597
总镉（毫克/升）	≤0.005	GB/T 7475
总砷（毫克/升）	≤0.05	GB/T 7485
总铅（毫克/升）	≤0.1	GB/T 7475
六价铬（毫克/升）	≤0.1	GB/T 7467
氟化物（毫克/升）	≤2.0	GB/T 7484
化学需氧量（CODcr）（毫克/升）	≤60	GB 11914
石油类（毫克/升）	≤0.1	HJ 637
粪大肠菌群（个/升）	≤10000	SL 355

注：在沿海地区，氟化物指标允许根据地方水域背景特征适当调整。

3. 土壤质量要求

（1）土壤环境质量要求。绿色食品稻米产地土壤环境质量应符合表5-14的要求。

表5-14 土壤质量要求

项目	pH值<6.5	6.5<pH值<7.5	pH值>7.5	检测方法
总镉（毫克/千克）	≤0.30	≤0.30	≤0.40	GB/T 17141
总汞（毫克/千克）	≤0.30	≤0.40	≤0.40	GB/T 22105.1
总砷（毫克/千克）	≤20	≤20	≤15	GB/T 22105.2
总铅（毫克/千克）	≤50	≤50	≤50	GB/T 17141
总铬（毫克/千克）	≤120	≤120	≤120	HJ 491
总铜（毫克/千克）	≤50	≤60	≤60	GB/T 17138

（2）土壤肥力要求

绿色食品稻米产地土壤肥力按照表5-15划分。

表 5-15　土壤肥力分级

项目	一级	二级	三级	检测方法
有机质（克/千克）	>25	20~25	<20	NY/T 1121.6
全氮（克/千克）	>1.2	1.0~1.2	<1.0	NY/T 53
有效磷（微克/千克）	>15	10~15	<10	LY/T 1233
速效钾（微克/千克）	>100	50~100	<50	LY/T 1236
阳离子交换量 （厘摩尔正电荷/千克）	>20	15~20	<15	LY/T 1243

（二）农药使用准则

1. 有害生物防治原则

（1）以保持和优化农业生态系统为基础，建立有利于各类天敌繁衍和不利于病虫草害滋生的环境条件，提高生物多样性，维持农业生态系统的平衡。

（2）优先采用农业措施，如选用抗病虫品种、开展种子种苗检疫、培育壮苗、加强栽培管理、中耕除草、耕翻晒垡、清洁田园、轮作换茬、间作套种等。

（3）尽量利用物理和生物措施，如用灯光、色彩诱杀害虫，机械捕捉害虫，释放害虫天敌，机械或人工除草等。

（4）必要时，合理使用低风险农药。如没有足够有效的农业、物理和生物措施，在确保人员、产品和环境安全的前提下，按照绿色食品《农药选用》和《农药使用规范》的规定，配合使用低风险农药。

2. 农药选用

（1）所选用的农药应符合相关的法律法规，并获得国家农药登记许可。

（2）应选择对主要防治对象有效的低风险农药品种，提倡兼治和不同作用机理农药交替使用。

（3）农药剂型宜选用悬浮剂、微囊悬浮剂、水剂、水乳剂、微乳剂、颗粒剂、水分散粒剂和可溶性粒剂等环境友好型剂型。

（4）AA 级绿色食品生产应按照表 5-16 规定选用农药及其他植物保护产品。

（5）A 级绿色食品生产除应优先从表 5-16 中选用农药。在表 5-16 所列农药不能满足有害生物防治需要时，可适量使用表 5-17 新列的农药。

表 5-16　AA 级和 A 级绿色食品生产均允许使用的农药和其他植保产品名单

类别	组分名称	备注
I. 植物和动物来源	楝素（苦楝、印楝等提取物，如印楝素等）	杀虫
	天然除虫菊素（除虫菊科植物提取液）	杀虫
	苦参碱及氧化苦参碱（苦参等提取物）	杀虫
	蛇床子素（蛇床子提取物）	杀虫、杀菌
	小檗碱（黄连、黄柏等提取物）	杀菌
	大黄素甲醚（大黄、虎杖等提取物）	杀菌
	乙蒜素（大蒜提取物）	杀菌
	苦皮藤素（苦皮藤提取物）	杀虫
	藜芦碱（百合科藜芦属和喷嚏草属植物提取物）	杀虫
	桉油精（桉树叶提取物）	杀虫
	植物油（如薄荷油、松树油、香菜油、八角茴香油）	杀虫、杀螨、杀真菌、抑制发芽
	寡聚糖（甲壳素）	杀菌、植物生长调节
	天然诱集和杀线虫剂（如万寿菊、孔雀草、芥子油）	杀线虫
	天然酸（如食醋、木醋和竹醋等）	杀菌
	菇类蛋白多糖（菇类提取物）	杀菌
	水解蛋白质	引诱
	蜂蜡	保护嫁接和修剪伤口
	明胶	杀虫
	具有避虫作用的提取物（大蒜、薄荷、辣椒、花椒、薰衣草、柴胡、艾草的提取物）	驱避
	害虫天敌（如寄生蜂、瓢虫、草蛉等）	控制虫害

（续表）

类别	组分名称	备注
Ⅱ. 微生物来源	真菌及真菌提取物（白僵菌、轮枝菌、木霉菌、淡紫拟青霉、金角子绿僵菌、寡雄腐霉菌等）	杀虫、杀菌、杀线虫
	细菌及细菌提取物（苏云金芽孢杆菌、枯草芽孢杆菌、蜡质芽孢杆菌、地衣芽孢杆菌、多黏类芽孢杆菌、荧光假单胞杆菌、短稳杆菌等）	杀虫、杀菌
	病毒及病毒提取物（核型多角体病毒、质型多角体病毒、颗粒体病毒等）	杀虫
	多杀霉素、乙基多杀菌素	杀虫
	春雷霉素、多抗霉素、井冈霉素、（硫酸）链霉素、嘧啶核苷类抗菌素、宁南霉素、申嗪霉素和中生菌素	杀菌
	S-诱抗素	植物生长调节
Ⅲ. 生物化学产物	氨基寡糖素、低聚糖素、香菇多糖	防病
	几丁聚糖	防病、植物生长调节
	苄氨基嘌呤、超敏蛋白、赤霉酸、羟烯腺嘌呤、三十烷醇、乙烯利、吲哚丁酸、吲哚乙酸、芸薹素内酯	植物生长调节
Ⅳ. 矿物来源	石硫合剂	杀虫、杀菌、杀螨
	铜盐（如波尔多液、氢氧化铜等）	杀菌，每年铜使用量不超过6千克/公顷
	氢氧化钙（石灰水）	杀菌、杀虫
	硫黄	杀菌、杀螨、驱避
	高锰酸钾	杀菌，仅用于果树
	碳酸氢钾	杀菌
	矿物油	杀虫、杀螨、杀菌
	氯化钙	仅用于治疗缺钙症
	硅藻土	杀虫
	黏土（如斑脱土、珍珠岩、蛭石、沸石等）	杀虫
	硅酸盐（硅酸钠、石英）	驱避
	硫酸铁（3价铁离子）	杀软体动物

（续表）

类别	组分名称	备注
V. 其他	氢氧化钙	杀菌
	二氧化碳	杀虫，用于贮存设施
	过氧化物类和含氯类消毒剂（如过氧乙酸、二氧化氯、二氯异氰、尿酸钠、三氯异氰尿酸等）	杀菌，用于土壤和培养基质消毒
	乙醇	杀菌
	海盐和盐水	杀菌，仅用于种子（如稻谷等）处理
	软皂（钾盐皂）	杀虫
	乙烯	催熟等
	石英砂	杀菌、杀螨、驱避
	昆虫性外激素	引诱，仅用于诱捕器和散发皿内
	磷酸氢二铵	引诱，只限用于诱捕器中使用

注：1. 该清单每年都可能根据新评估的结果发布修改单；2. 国家新禁用的农药自动从该清单中删除。

表 5-17　A 级绿色食品生产允许使用的其他农药名单

类型	农药名称
杀虫剂	S-氧戊菊酯、吡丙醚、吡虫啉、吡蚜酮、丙溴磷、除虫脲、除虫脒、毒死蜱、氟虫脲、氟啶虫酰胺、氟铃脲、高效氯氰菊酯、甲氨基阿维菌素苯甲酸盐、甲氰菊酯、抗蚜威、联苯菊酯、螺虫乙酯，氯虫苯甲酰胺、氯氟氰菊酯、氯菊酯、氯氰菊酯、灭蝇胺、灭幼脲、噻虫啉、噻虫嗪、噻嗪酮、辛硫磷、茚虫威
杀螨剂	苯丁锡、喹螨醚、联苯肼酯、螺螨酯、噻螨酮、四螨嗪、乙螨唑、唑螨酯
杀软体动物剂	四聚乙醛

（续表）

类型	农药名称
杀菌剂	吡唑醚菌酯、丙环唑、代森联、代森锰锌、代森锌、啶酰菌胺、啶氧菌酯、多菌灵、噁霉灵、噁霜灵、粉唑醇、氟吡菌胺、氟啶胺、氟环唑、氟菌唑、腐霉利、咯菌腈、甲基立枯磷、甲基硫菌灵、甲霜灵、腈苯唑、腈菌唑、精甲霜灵、克菌丹、醚菌酯、嘧菌酯、嘧霉胺、氰霜唑、噻菌灵、三乙膦酸铝、三唑醇、三唑酮、双炔酰菌胺、霜霉威、霜脲氰、萎锈灵、戊唑醇、烯酰吗啉、异菌脲、抑霉唑
熏蒸剂	棉隆、威百亩
除草剂	2甲4氯、氨氯吡啶酸、丙炔氟草胺、草铵膦、草甘膦、敌草隆、噁草酮、二甲戊灵、二氯吡啶酸、二氯喹啉酸、氟唑磺隆、禾草丹、禾草敌、禾草灵、环嗪酮、磺草酮、甲草胺、精吡氟禾草灵、精喹禾灵、绿麦隆、氯氟吡氧乙酸（异辛酸）、氟氟吡氧乙酸异辛酯、麦畏、咪唑喹啉酸、灭草松、氰氟草酯、炔草酯、乳氟禾草灵、噻吩磺隆、双氟磺草胺、甜菜安、甜菜宁、西玛津、烯草酮、烯禾啶、硝磺草酮、野麦畏、乙草胺、乙氧氟草醚、异丙甲草胺、异丙隆、莠灭净、唑草酮、仲丁灵
植物生长调节剂	2，4-D（只允许作为植物生长调节剂使用）、矮壮素、多效唑、氯吡脲、萘乙酸、噻苯隆、烯效唑

注：1. 该清单每年都可能根据新的评估结果发布修改单；2. 国家新禁用的农药自动从该清单删除。

（三）绿色食品水稻肥料使用准则

1. 绿色食品水稻肥料使用原则

（1）持续发展原则。绿色食品水稻生产中所使用的肥料应对环境无不良影响，有利于保护生态环境，保持或提高土壤肥力及土壤生物活性。

（2）安全优质原则。绿色食品水稻生产中应使用安全、优质的肥料产品，生产安全、优质的绿色食品。肥料的使用应对水稻（营养、味道、品质和水稻抗性）不产生不良后果。

（3）化肥减控原则。在保障水稻营养有效供给的基础上减少化肥用量，兼顾元素之间的比例平衡，无机氮素用量不得高于当季水稻需求量的一半。

（4）有机为主原则。绿色食品水稻生产过程中肥料种类的选取应以农家肥料、有机肥料、微生物肥料为主，化学肥料为辅。

2. 绿色食品水稻生产可使用的肥料种类

（1）AA 级绿色食品水稻生产可使用的肥料种类

农家肥料：就地取材，主要由植物（或）动物残体、排泄物等富含有机物的物料制作而成的肥料。包括秸秆肥、绿肥、厩肥、沤肥、沼肥、饼肥等。

有机肥料：主要来源于植物（或）动物，经过发酵腐熟的含碳有机物料，其功能是改善土壤肥力、提供水稻营养、提高稻米品质。

微生物肥料：含有特定微生物活体的制品，应用于水稻生产，通过其中所含微生物的生命活动，增加水稻养分的供应量或促进水稻生长，提高产量，改善稻米品质及农业生态环境的肥料。

（2）A 级绿色食品水稻生产可使用的肥料种类

农家肥料：就地取材，主要由植物（或）动物残体、排泄物等富含有机物的物料制作而成的肥料。包括秸秆肥、绿肥、厩肥、堆肥、沤肥、饼肥等。

有机肥料：主要来源于植物（或）动物，经过发酵腐熟的含碳有机物料，其功能是改善土壤肥力、提供水稻营养、提高稻米品质。

微生物肥料：含有特定微生物活体的制品，应用于水稻生产，通过其中所含微生物的生命活动，增加水稻养分的供应量或促进水稻生长，提高产量，改善稻米品质及农业生态环境的肥料。

有机—无机复混肥料：含有一定量有机肥料的复混肥料。其中复混肥料是指氮、磷、钾 3 种养分中，至少有两种养分标明量的由化学方法和（或）掺混方法制成的肥料。

无机肥料：主要以无机盐形式存在，能直接为水稻提供矿质营养的肥料。

土壤调节剂：加入土壤中用于改善土壤的物理、化学和（或）生物性状的物料，功能包括改良土壤结构、降低土壤盐碱危害、调节土壤酸碱度、改善土壤水分状况、修复土壤污染等。

（四）绿色食品米质要求

1. 绿色食品稻米的感官

绿色食品稻米的感官应符合表5-18、表5-19的规定。

表5-18　大米、胚芽米、蒸谷米、红米的感官

项目	品种		检测方法
	籼	粳	
色泽、气味[a]	无异常色泽和气味		GB/T 5492
加工精度等[b]	–		GB/T 5502
不完善粒（%）	≤3.0		GB/T 5494
杂质最大限量　总量（%）	≤0.25		GB/T 5494
糠粉（%）	≤0.15		
矿物质（%）	≤0.02		
带壳稗粒（粒/千克）	≤3		
稻谷粒（粒/千克）	≤4		
碎米　总量（%）	≤15.0	≤7.5	GB/T 5503
其中小碎米（%）	≤1.0	≤0.5	
水分（%）	≤14.5	≤15.5	GB/T 5497
黄粒米[c]（%）	≤0.5		GB/T 5496
互混（%）	≤5.0		GB/T 5493

注：籼、粳亚种都有籼糯、粳糯之分，大米、胚芽米、蒸谷米、红米中的籼糯、粳糯米感官指标参照本表中籼、粳感官要求。

a. 蒸谷米的色泽、气味要求为色泽微黄略透明，具有蒸谷米特有的气味；

b. 胚芽米、红米的加工精度要求为 CB 1534 的规定的三等或三等以上；

c. 蒸谷米的黄粒米指标不做检测。

表 5-19　糙米、黑米的感官

项目	品种		检测方法
	籼	粳	
色泽、气味[a]	正常		GB/T 5492
杂质（%）	≤0.2		GB/T 5494
不完善粒（%）	≤5.0		
稻谷粒（粒/千克）	≤4		GB/T 5494
互混（%）	≤0.2		GB/T 5493

注：籼、粳亚种都有籼糯、粳糯之分，糙米、黑米中的籼糯、粳糯米感官指标参照本表中籼、粳感官要求。

2. 绿色食品稻米的理化指标

绿色食品稻米的理化指标应符合表 5-20 的规定。

表 5-20　理化指标

项目		大米	糯米	蒸谷米	红米	糙米	胚芽米	黑米	检测方法
水分（%）	籼		14.5				14		GB/T 5497
	粳		15.5				15		
直链淀粉含量干基（%）	籼	13.0~22.0	≤2.0			–			NY/T 83
	粳	13.0~22.0							
垩白度（%）		≤5			–				NY/T 83
黑色素色价				–				≥1	NY/T 832
留胚粒率（%）			–				≥75	–	NY/T 419

3. 污染物、农药残留限量

污染物、农药残留限量应符合食品安全国家标准及规定，同时应符合表 5-21 的规定。

表 5-21　污染物、农药残留限量　　单位：毫克/千克

序号	项目	指标	检测方法
1	无机砷	≤0.15	GB/T 5009.11
2	总汞	≤0.01	GB/T 5009.17
3	磷化物	≤0.01	GB/T 5009.36
4	乐果	≤0.01	GB/T 5009.20
5	敌敌畏	≤0.01	GB/T 5009.20
6	马拉硫磷	≤0.01	GB/T 5009.20
7	杀螟硫磷	≤0.01	GB/T 5009.20
8	三唑磷	≤0.01	GB/T 20770
9	克百威	≤0.01	GB/T 5009.104
10	甲胺磷	≤0.01	GB/T 5009.103
11	杀虫双	≤0.01	GB/T 5009.114
12	溴氰菊酯	≤0.01	GB/T 5009.110
13	水胺硫磷	≤0.01	GB/T 20770
14	稻瘟灵	≤0.01	GB/T 5009.115
15	三环唑	≤0.01	GB/T 5009.115
16	丁草胺	≤0.01	GB/T 20770

注：如食品安全国家标准及相关国家规定中上述项目和指标有调整，且严于本标准规定，则按最新的国家标准及相关规定执行。

二、绿色食品稻米生产技术

（一）基地选择

绿色食品水稻种植基地要求地势平整，水利配套，排灌方便，土地肥沃，耕层 15~20 厘米，土壤中性，环境条件符合 NY/T 391 的要求。

（二）品种选择

绿色食品水稻选用生育期适中，抗病虫害，分蘗性强，成穗数较多，综合性状好，高产优质的粳、糯、籼稻品种。稻谷品质符合 GB/T 17891 优质稻谷三级以上（含三级）标准，种子质量应符合

GB 4404.1—2008 的要求。

（三）种子处理

1. 晒种

播种前，选晴天晒种 1~2 天。晒种期间，每天翻动 3~4 次，注意不要在水泥晒场长时间暴晒。

2. 选种

用密度为 1.08~1.12 千克/升的泥浆水选种（用鲜鸡蛋测定，鸡蛋在泥浆水浮露出 1 角硬币大小即可），捞出秕谷，并用清水冲洗种子。也可用生石灰或允许使用的药剂如多菌灵浸种。

3. 催芽

当稻谷吸足水分（谷壳略呈半透明状，胚和胚乳隐约可见，指甲切断无断面干粉）即可捞出催芽。催芽标准：塑盘育秧和旱育秧，当催芽至"破胸露白时"，摊晾备播；普通湿润育秧和直播栽培的，当催芽至"芽长半粒谷，根长一粒谷"时，摊晾炼芽播种。

（四）育秧

1. 播期

适宜的播种期应根据当地的种植制度和播栽方式而定。中熟粳稻旱育秧一般在 5 月上中旬播种，机插水稻在 5 月中下旬播种。

2. 播种量

常规稻本田用种量每亩 2.5~3.0 千克，杂交稻本田用种量每亩 1.0~1.5 千克。机插秧每盘 100~120 克。

（五）移栽

采用宽行窄株栽插。移栽的密度，根据秧苗素质、品种分蘖特性与成穗特点等因素，按照基本苗计算公式计算栽插基本苗。

（六）肥水管理

1. 基肥

A 级绿色食品稻米生产的基肥以腐熟经无害化处理的有机肥为主，化肥为辅。翻耕前每亩本田施腐熟农家肥（绿肥、厩肥）

2 000 千克，或腐熟的饼肥（氮含量 5%）或商品有机肥。配施适量的化肥，每亩尿素 5.0 千克、过磷酸钙 10 千克、硫酸钾 5 千克。AA 级的全部用符合质量要求的有机肥，全年不准用化肥。翻地前每亩施入腐熟的符合要求的有机肥 2 000 千克，再加配生物有机肥 30 千克作基肥。

2. 追肥

A 级绿色稻米生产可适量追施符合标准的化学肥料。栽后 4~6 天，秧苗返青活棵时施促蘖肥，每亩施腐熟人畜粪肥 300~500 千克或沼液 600~1 200 千克，另加尿素 5~7 千克；拔节后当主茎幼穗长 1~1.5 厘米时施穗粒肥，每亩施腐熟人畜粪肥 300~400 千克或沼液 600~800 千克、硫酸钾 3~4 千克；如速效农家肥不足，应看苗补施尿素 3~5 千克、硫酸钾 3~4 千克。

AA 级绿色稻米生产全程不使用化学肥料。稻苗返青后，每亩追腐熟有机肥 500 千克和适量的生物菌肥均匀拌撒作分蘖肥；施肥时要加深水层，但以不淹没心叶为准，维持水层 3~7 天。看天看地看苗施用穗肥，在水稻出穗前的 15~22 天，每亩追施有机生物肥 5~7.5 千克，苗弱多施、苗壮少施，促出穗整齐一致和大穗。出穗后一般不追肥，但对个别色黄有明显脱肥田块，及时提早施用速效有机生物肥作粒肥。

3. 合理灌溉

灌溉水质应符合 NY/T 391 对灌溉水质的要求。采用"浅—搁—湿"的水分管理方式。即栽插田采取浅水（2~3 厘米水层）栽秧、活棵，薄水（1~2 厘米水层）、露田（无水层）间歇灌溉分蘖。当每亩总苗数达预定穗数苗的 80%~90% 时，应适时适度多次轻田，以控制高峰苗，提高成穗率。孕穗前期薄、露间歇灌溉，孕穗后期至抽穗开花期保持水层，灌浆阶段干湿交替，收割前 5~7 天落干。

（七）病虫草害防治

绿色水稻的病虫草害以农业防治、物理防治、生物防治为主，少量药剂防治为辅。

1. 农业措施

选用抗性强的品种，品种定期轮换，保持品种抗性；采用合理耕作制度、轮作换茬、种养（稻鸭、稻渔等）结合、健身栽培等农艺措施，减少有害生物的发生。

2. 生物防治

选择对天敌杀伤力小的中、低毒性化学农药，避开自然天敌对农药的敏感时期，创造适宜自然天敌繁殖的环境等措施，保护天敌，控制有害生物的发生。

3. 物理防治

采用黑光灯、频振式杀虫灯、色光板等物理装置诱杀磷翅目、同翅目害虫；应用防虫网覆盖防治秧田期灰飞虱。

4. 化学防治

适当放宽防治标准，在准确预测预报的基础上，适时利用中低毒性的生物源、矿物源及有机合成农药防治，有害生物不达到防治指标不打药。

A级绿色食品水稻生产病虫害防治可推荐用药：防治二化螟、三化螟、稻苞虫、稻纵卷叶螟等可选用 Bt781（苏云金杆菌）、毒死蜱；防治稻飞虱可选用毒死蜱、噻嗪酮、吡蚜酮；防治纹枯病可用井冈霉素；稻瘟病用宁南霉素；稻曲病用中生霉素。

绿色水稻的除草主要采用农业措施和人工拔除相结合的方法，一般不用化学除草剂，以保证水稻品质和不影响环境。如田间杂草过多，应遵循 NY/T 393—2013《绿色食品农药使用准则》，从 A 级绿色食品生产允许使用的除草剂中选择使用。

（八）收获、贮运

1. 收获

在米粒失水硬化、变成透明实状的完熟期时及时收获。收获机械、器具应保持洁净、无污染，存放于干燥、无虫鼠害和禽畜的场所。绿色食品稻谷与普通稻谷要分收、分晒、分藏；禁止在公路上及粉尘污染较重的地方脱粒、晒谷。

2. 运输

运输工具应清洁、干燥，有防雨设施。运输严禁与有毒、有害、有腐蚀性、有异味的物品混存。

3. 贮藏

在避光、常温、干燥且有防潮设施的地方贮藏。贮藏设施应清洁、干燥、通风、无虫害和鼠害。严禁与有毒、有害、有腐蚀性、发潮、有异味的物品混存。若进行仓库消毒、熏蒸处理，所用药剂应符合国家有关规定，并按具体说明使用，不得过量。

（九）档案记录

做好档案记录，并保存 3 年以上。

第四节　有机食品稻米生产技术

有机食品稻米生产标准，本节引用我国现行的相关国家标准和行业标准。包括环境空气质量标准（GB 3095—2012），农田灌溉水质标准（GB 5084—2005），有机产品　生产、加工、标识与管理体系要求（GB/T 19630—2019），有机肥料（NY 525—2012），生物有机肥（NY 884—2012），有机食品技术规范（HJ/T 180—2001），有机食品　水稻生产技术规程（NY/T 1733—2009）。若国家有新的标准和要求颁布，请按新的标准和要求执行。

一、有机食品水稻产地环境要求

（一）空气质量要求

有机食品水稻生产基地的空气质量应达到表 5-22、表 5-23 中二级标准和表 5-24 要求。

表 5-22　环境空气污染物基本项目浓度限值

序号	污染物项目	平均时间	浓度限值		单位
			一级	二级	
1	二氧化硫（SO_2）	年平均	20	60	微克/立方米
		24 小时平均	50	150	
		1 小时平均	150	500	
2	二氧化氮（NO_2）	年平均	40	40	
		24 小时平均	80	80	
		1 小时平均	200	200	
3	一氧化碳（CO）	24 小时平均	4	4	毫克/立方米
		1 小时平均	10	10	
4	臭氧（O_3）	日最大 8 小时平均	100	160	
		1 小时平均	160	200	
5	颗粒物（粒径小于等于 10 微米）	年平均	40	70	微克/立方米
		24 小时平均	50	150	
6	颗粒物（粒径小于等于 2.5 微米）	年平均	15	35	
		24 小时平均	35	35	

表 5-23　环境空气污染物其他项目浓度限值

单位：微克/立方米

序号	污染物项目	平均时间	浓度限值	
			一级	二级
1	总悬浮颗粒物（TSP）	年平均	80	200
		24 小时平均	120	300

(续表)

序号	污染物项目	平均时间	浓度限值	
			一级	二级
2	氮氧化物（NO_2）	年平均	50	50
		24 小时平均	100	100
3	铅（Pb）	年平均	0.5	0.5
		季平均	1	1
4	苯并（a）芘（BaP）	年平均	0.001	0.001
		24 小时平均	0.0025	0.0025

表 5-24　保护农作物的大气污染物浓度限值

污染物	生长季节平均浓度[1]	日平均浓度[2]	任何一次[3]
二氧化硫（毫克/立方米）	0.08	0.25	0.70
氟化物［微克/（平方分米·天）］	2.0	10.0	

注：[1]"生长季节平均浓度"为任何一个生长季的日平均浓度值不许超过的限值；

[2]"日平均浓度"为任何一日的日平均浓度不许超过的限值；

[3]"任何一次"为任何一次采样测定不许超过的限值。

（二）农田灌溉水质要求

有机食品水稻产地农田灌溉水质应符合表 5-25、表 5-26 要求。

表 5-25　农田灌溉用水水质基本控制项目标准值

序号	项目类别		作物种类		
			水作	旱作	蔬菜
1	五日生化需氧量（毫克/升）	≤	60	100	40[a]，15[b]
2	化学需氧量（毫克/升）	≤	150	200	100[a]，60[b]
3	悬浮物（毫克/升）	≤	80	100	60[a]，15[b]

（续表）

序号	项目类别		作物种类		
			水作	旱作	蔬菜
4	阴离子表面活性剂（毫克/升）	≤	5	8	5
5	水温（℃）	≤	35		
6	pH 值	≤	5.5~8.5		
7	全盐量（毫克/升）	≤	1 000[c]（非盐碱土地区），2 000[c]（盐碱土地区）		
8	氯化物（毫克/升）	≤	350		
9	硫化物（毫克/升）	≤	1		
10	总汞（毫克/升）	≤	0.001		
11	镉（毫克/升）	≤	0.01		
12	总砷（毫克/升）	≤	0.05	0.1	0.05
13	铬（六价）（毫克/升）	≤	0.1		
14	铅（毫克/升）	≤	0.2		
15	粪大肠菌群数（个/100毫升）	≤	4 000	4 000	2 000[a]，1 000[b]
16	蛔虫卵数（个/升）	≤	2		2[a]，1[b]

注：a. 加工、烹调及去皮蔬菜；

b. 生食类蔬菜、瓜类和草本水果；

c. 具有一定的水利灌排设施，能保证一定的排水和地下水径流条件的地区，或有一定淡水资源能满足冲洗土体中盐分的地区，农田灌溉水质全盐量指标可以适当放宽。

表 5-26　农田灌溉用水水质选择性控制项目标准值

序号	项目类别		作物种类		
			水作	旱作	蔬菜
1	铜（毫克/升）	≤	0.5	1	
2	锌（毫克/升）	≤	2		
3	硒（毫克/升）	≤	0.02		
4	氟化物（毫克/升）	≤	2（一般地区），3（高氟区）		

（续表）

序号	项目类别		作物种类		
			水作	旱作	蔬菜
5	氰化物（毫克/升）	≤		0.5	
6	石油类（毫克/升）	≤	5	10	1
7	挥发酚（毫克/升）	≤		1	
8	苯（毫克/升）	≤		2.5	
9	三氯乙醛（毫克/升）	≤	1	0.5	0.5
10	丙烯醛（毫克/升）	≤		0.5	
11	硼（毫克/升）	≤	1^a（对硼敏感作物），2^b（对硼耐受性较强的作物），3^c（对硼耐受性强的作物）		

注：a. 对硼敏感作物，如黄瓜、豆类、马铃薯、笋瓜、韭菜、洋葱、柑橘等；

b. 对硼耐受性较强的作物，如小麦、玉米、青椒、小白菜、葱等；

c. 对硼耐受性强的作物，如水稻、萝卜、油菜、甘蓝等。

（三）土壤环境质量标准

有机食品水稻生产基地选择时，土壤环境质量应符合表5-27中二级标准。

表5-27　土壤环境质量标准值　单位：毫克/千克

项目		一级	二级			三级
		自然背景	<6.5	6.5~7.5	>7.5	>6.5
镉≤		0.20	0.30	0.30	0.60	1.0
汞≤		0.15	0.30	0.50	1.0	1.5
砷≤	水田	15	30	25	20	30
	旱地	15	40	30	25	40
铜≤	水田	35	50	100	100	400
	旱地	–	150	200	200	400

（续表）

项目		一级	二级			三级
		自然背景	<6.5	6.5~7.5	>7.5	>6.5
铅≤		35	250	300	350	500
铬≤	水田	9.0	250	300	350	400
	旱地	9.0	150	200	250	300
锌≤		100	200	250	300	500
镍≤		40	40	50	60	200
六六六≤		0.5		0.5		1.0
滴滴涕≤		0.5		0.5		1.0

注：①重金属（铬主要是三价）和砷均按元素量计，适用于阳离子交换量>5厘摩尔电荷（+）／千克的土壤，若<55厘摩尔电荷（+）／千克，其标准值为表内数值的半数；

②六六六为四种异构体总量，滴滴涕为四种衍生物总量；

③水旱轮作地的土壤环境质量标准，砷采用水田值，铬采用旱地值。

二、有机食品水稻生产技术规程

（一）范围

本标准规定了有机食品——水稻生产技术的术语定义、种植要求、资料记录和有机认证。

本标准适用于有机食品——水稻的生产。

（二）规范性引用文件

下列文件中的条款通过本标准的引用而成为本标准的条款。凡是注日期的引用文件，其随后所有的修改单（不包括勘误的内容）或修订版均不适用于本标准。然而，鼓励根据本标准达成协议的各方研究是否可使用这些文件的最新版本。凡是不注日期的引用文件，其最新版本适用于本标准。

GB 3095 环境空气质量标准

GB 5084　农田灌溉水质标准

GB 9137　保护农田大气污染物最大允许浓度

GB 15618　土壤环境质量标准

GB/T 19630—2019　有机产品生产、加工、标识与管理体系要求

NY 525—2012　有机肥料

NY 884—2012　生物有机肥

（三）术语和定义

GB/T 19630—2019 中 3.2、3.4、3.5、3.6、3.7、3.10，NY 525—2012 中 3 和 NY 884—2012 中 3 及下列术语、定义适用于本标准。

1. 农家肥

农民就地取材、就地使用、不含集约化生产、无污染的由生物物质、动植物残体、排泄物、生物废物等积制腐熟而成的一类肥料。

2. 有机食品——水稻（有机稻）

按本规程生产的水稻。

3. 有机稻种

按本规程生产的水稻种子。

4. 商品有机肥

通过有机认证允许在市场上销售的有机肥。

5. 生物源农药

直接利用生物活体或生物代谢过程中产生的具有生物活性物质或从生物体提取的物质作为防治病虫草害的农药。

（四）种植要求

1. 产地要求

（1）产地选择。有机食品——水稻产地应具备土层深厚、有机质含量高，空气清新，大气质量达到 GB 3095 中二级标准和 GB 9137 要求；土壤达到 GB 15618 中二级标准；灌溉水质符合 GB

5084 要求。

（2）转换期确定。有机水稻生产田需要经过转换期。转换期一般不少于 24 个月。开荒或撂荒多年或长期按传统农业方式种植的水稻田，也要经过至少 12 个月的转换期才能进入有机水稻生产。转期期间应按有机生产方式管理。

（3）平行生产控制。如果有机水稻田周边存在平行生产，应在有机和常规生产区域间设置缓冲带或物理障碍，以防有机种植禁用物质漂移到有机稻田，保证有机生产田不受污染。平原稻区缓冲带应在 100 米以上；丘陵稻区上游不能种植非有机作物。

（4）转基因控制。有机水稻生产中，严禁使用任何转基因生物或其衍生物。

2. 栽培技术

（1）稻种选择

选用有机稻种。但在购买不到的情况下，应选用未经禁用物质处理过的稻种。

（2）育秧

减少播种量，培育壮秧。种子处理和秧田管理过程中，严禁使用有机栽培禁用物质。

（3）本田管理

①移栽。适时移栽。行株距以有利于水稻健康生长、提高群体抗病虫草害能力的密度为宜。

②施肥。除达到 GB/T 19630—2019 中 4.2.3 要求外，还应根据当地土壤特点制订土壤培肥计划。各种土壤培肥和改良物质要符合 GB/T 19630—2019 中附录 A 的要求。

有机肥的使用。有机肥施用应进行总量控制，避免后期贪青晚熟。

农家肥的使用。允许使用符合有机种植要求，并经充分发酵腐熟的堆肥、沤肥、厩肥、绿肥、饼肥、沼气肥、草木灰等农家肥。

商品有机肥的使用。必须使用通过有机认证，许可在市场上销售的商品有机肥。

③灌溉。水质符合 GB 5084 要求。采取开腰沟、围沟、干干湿湿、晒田等间歇灌溉措施。

④杂草防治

种养结合除草。采用稻田养鸭、养鱼、养蟹等方式进行除草肥田。

秸秆覆盖或米糠除草。秸秆覆盖材料要选用不带病菌的稻草。将稻草铡成 3 厘米左右，于插秧后 1 周均匀撒布于行间，以不露田面为宜；或将米糠均匀施入稻田，每公顷 350~450 千克为宜。

机械或人工除草。耙地前 1 周泡田，促进草籽萌芽。移栽后 15 天用中耕除草机或人工进行除草。生育后期人工拔除大草。

⑤病虫害防治。采取"农业防治为主，生物兼物理防治为辅"的防治措施，创造有利于各类天敌栖息繁衍而不利于病虫害滋生的生态环境。

农业防治。清除越冬虫源；采用品种轮换、培育壮苗、适时移栽、合理稀植、科学灌溉等措施防治病虫害。

生物防治。采用稻田养鸭、性诱剂捕杀成虫等措施进行防治。

物理防治。采用黑光灯、频振式杀虫灯等诱杀、捕杀害虫。

药剂防治。应符合 CB/T 19630—2019 中 4.2.4 要求。

3. 收获

适时收获。当存在平行生产时，有机稻和非有机稻应分开收割、晾晒、脱粒、运输和储藏。禁止在公路、沥青路面及粉尘污染的场合脱粒。

（五）资料记录

1. 产地地块图

地块图应清楚标明有机水稻生产田块的地理位置、田块号、边界、缓冲带以及排灌设施等。

2. 农事活动记录

农事活动记录应该真实反映整个生产过程，包括投入品的种类、数量、来源、使用原因、日期、效果以及出现的问题和处理结果等。

3. 收藏记录

记录收获时间、设备、方法、田块号、产量，同时编号批次。

4. 仓储记录

记录仓库号、出入库日期、数量、稻谷种类、批次以及对仓库的卫生清洁所使用的工具、方法等。

5. 稻谷检验报告

有机稻谷出售前要有国家指定部门出具的稻谷检验报告。

6. 销售记录

记录销售日期、产品名称、批号、销售量、销往地点以及销售发票号码。

7. 标签及批次号

包装上应标明产品的名称、产地、批次、生产日期、数量、内部检验员号等。

（六）有机认证

生产有机水稻除按上述要求操作外，还应到相关部门申请有机食品认证。在认证机构接受申请到正式发放有机食品认证证书之前，都不能作为有机产品销售。

第五节　中国稻米产品地理标志及其质量控制技术规范

一、中国稻米产品地理标志保护现状

（一）中国稻米产品地理标志登记情况

农产品地理标志是指标示农产品来源于特定地域，产品品质和相关特征主要取决于自然生态环境和历史人文因素，并以地域名称冠名的特有农产品标志。水稻（*Oryza sativa* L.）是中国第一大粮食作物，其种植面积约占粮食作物总种植面积的 30%，产量约占粮食总产量的 40%。对于水稻产业来说，一个地区特有的地理环境和自然资源条件必然决定这个地区所生产的水稻特有的质量与品位。中国地域跨度很大，地理气候格局复杂多样，历史文化悠久，从而使许多地区都出产具有本地特色的稻米，像宁夏大米、射阳大米和姜湖贡米等。稻米产品地理标志产品主要体现在中国各地具有特色的稻米产品上。截至 2019 年 9 月 4 日，农业农村部共审核批准了 117 个稻米产品地理标志，涉及 24 个省份，其中大米类地理标志 105 个，水稻类地理标志 12 个。以黑龙江和湖北两省居多，其中黑龙江省 17 个、湖北省 16 个（表 5-28）。

表 5-28　中国稻米产品地理标志统计

省份	种数	国家农产品地理标志
北京	1	京西稻
宁夏	1	宁夏大米
云南	1	广南八宝米
山西	1	晋祠大米
福建	1	河龙贡米
重庆	2	南川米、万州罗田大米
河北	2	柏各庄大米、丰南胭脂稻
吉林	3	新开河贡米、万昌大米、舒兰大米
内蒙古	3	扎兰屯大米、扎赉特大米、巴林大米
四川	3	宣汉桃花米、富顺再生稻、隆兴大米
陕西	3	汉中大米、洋县黑米、直罗贡米
广东	3	台山大米、龙门大米、客都稻米
河南	3	马宣寨大米、曹镇大米、唐河绿米
辽宁	4	庄河大米、桓仁京租大米、灯塔大米、新宾大米
江苏	5	泗洪大米、射阳大米、高墟大米、姜堰大米、东台大米
安徽	5	南陵大米、马店糯米、含山大米、白莲坡贡米、芜湖大米

（续表）

省份	种数	国家农产品地理标志
新疆	5	察布查尔大米、六十八团大米、米泉大米、新疆兵团七十三团大米、温宿大米
山东	6	明水香稻、黄河口大米、涛雒大米、姜湖贡米、东阿鱼山大米、鱼台大米
江西	7	弋阳大禾谷、井冈红米、奉新大米、高安大米、黎川黎米、宜春大米、麻姑米
湖南	8	紫鹊界贡米、城头山大米、乌山贡米、松柏大米、常德香米、江永香米、赫山兰溪大米、大通湖大米
贵州	8	息烽西山贡米、从江香禾糯、惠水黑糯米、瑶川贡米、凯里平良贡米、郭家湾贡米、安龙红谷、平坝大米
广西	9	象州红米、靖西大香糯、上思香糯、东兰墨米、环江香粳、龙胜红糯、凤山粳、侧岭米、钦州赤禾
湖北	16	平林镇大米、瓦仓大米、葫芦潭贡米、孝感糯米、承恩贡米、石马槽大米、东巩官米、洪湖再生稻米、监利大米、郧阳胭脂米、房县冷水红米、谢花桥大米、金桩堰贡米、孝感香米、钟祥长寿村大米、水竹园大米
黑龙江	17	阿城大米、嘉荫水稻、肇源大米、延寿大米、梧桐河大米、桦川大米、兴凯湖大米、他拉哈大米、东宁大米、五大连池大米、佳木斯大米、萝北大米、饶河大米、居仁大米、七台河大米、万宝镇大米、庆安大米

注：截至 2019 年 9 月 4 日。

（二）中国稻米产品地理标志保护的特点

（1）具有明确的保护范围。如"丰南胭脂稻"的保护范围为河北省唐山市丰南区王兰庄镇、丰南镇等 15 个乡镇；"明水香稻"的保护范围为山东省章丘市明水街道办事处的廉坡、砚池、湛汪、浅井、吕家五个行政村；"洋县黑米"被严格限制在陕西省洋县洋州镇等 13 个乡镇现辖行政区域。

（2）具有鲜明的地方特色和悠久的水稻种植历史。如"宁夏大米"在古代是贡米，公元 756 年，唐肃宗李亨登基灵武，将"宁夏大米"作为御用贡米。清朝康熙皇帝征战葛尔丹时期，曾对"宁夏大米"赞不绝口，凯旋回京仍念念不忘，于是钦定"宁夏大米"为朝廷贡米;"靖西大香糯"是中国十大珍米之一,宋代时靖西就开始种植香糯,在明朝永乐十年(1412年)成为贡品,已有800多年的历史。

(3)有着严格的技术指标体系。农业农村部对所批准的地理标志产品有明确的质量控制技术规范。对保护产品从种植地生态环境、品种、肥水管理、收获要求、原料收购、加工及加工工艺、产品质量、包装标识等都有严格的技术指标。

(4)已经显现良好的经济效益。以稻米产品地理标志作纽带,提高了农民进入市场的组织化程度,形成以稻米地理标志产品为核心,生产、加工、物流等一条龙的完整产业链,构建了"公司+地理标志+农户"的新型产业化模式。稻米产品地理标志促进了稻米产业的产业化、规模化发展,增加了农民的收入。

二、中国稻米产品质量控制技术规范(部分)

(一)宁夏大米质量控制技术规范(编号:AGI2008-09-00116)

本质量控制技术规范规定了经中华人民共和国农业部登记的宁夏大米的地域范围、自然生态环境、人文历史因素、特定生产方式、产品品质特色及质量安全规定、标志使用规定等要求。本规范文本经中华人民共和国农业部公告后即为国家强制性技术规范,各相关方必须遵照执行。

1. 地域范围

宁夏大米分布于宁夏中北部的宁夏平原(东经105°00′~106°08′,北纬37°04′~39°05′),海拔1 070~1 234米。南北长320千米,东西最窄处仅2~3千米,最宽处有40千米。生产面积6.67万公顷,年总生产量60万吨。

2. 自然生态环境和人文历史因素

(1)土壤地貌。宁夏平原沿黄河两岸,地势平坦,享黄河之利,旱涝无虞,是宁夏农业的精华之地。稻田土壤类型为灌淤土,土壤结构较好,有机质含量0.84%~1.30%,pH值为7.7~8.5,

呈微碱性。

（2）水文。宁夏稻区地处黄河河套灌区，黄河水过境年平均径流量300多亿立方米，自流水量达60亿~70亿立方米。水稻生产引黄河自流灌溉，水质良好，既可灌溉又可淤地肥田，极适合优质水稻生长。黄河水中携带的泥沙含氮量达0.03%，速效磷钾含量较高，给大米营养成分的聚集提供了无可替代的天然条件。

（3）气候。宁夏大米生产区域属温带大陆性气候，干燥少雨，光照充足，昼夜温差大，年均日照时数3 000小时以上，年平均气温8.5~9.2℃，水稻生长季节（4—9月）的月平均气温为17.8~18.5℃，无霜期160天左右。年降水量平均在200毫米左右。据农业气象专家高亮芝对全国光热资源分析指出：水稻的潜在生产力和现实生产力应新疆最高，宁夏次之。故宁夏引黄灌区是全国少有的水稻高产优质生产区。

（4）人文历史。宁夏引黄灌区是我国北方的一个古老稻区。宁夏平原灌区种稻始于公元6世纪后半叶，至今有1 400多年的历史。北周移江东之民于宁夏，带来水稻栽培技术。史籍中有明确记载的，是唐代贺兰山下营田中，已普遍种植水稻。《宋史》中即有"其地饶五谷，尤宜稻麦"的记载，足见千年前宁夏地区的水稻种植就已相当发达。目前，宁夏水稻的种植面积稳定在100万亩左右，宁夏大米品质上乘，具备市场竞争力。由于宁夏工业基础薄弱，现代工业的发展也极为有限，由工业造成的农田污染非常少，故宁夏稻区又是生产绿色食品的最佳选择地域。宁夏生产的大米有多家被认定为绿色食品。宁夏大米的产业化生产已具备很好的基础，产业化发展前景广阔。在"2018中国国际大米节"上，宁夏大米入选"2018中国十大大米区域公用品牌"，兴唐品牌宁夏大米获得"2018中国十大好吃米饭"第一名，连续两届蝉联"中国十大好吃米饭"荣誉。

3. 生产技术要求

（1）产地选择。宁夏水稻种植的产地环境质量应符合NY 5010

的规定。

（2）品种选择。选用丰产、优质、抗病、抗冷，经自治区品种审定委员会审定推广的水稻品种。要根据当地的育秧条件选用生育期适宜的 14~16 片叶的品种，保证在 8 月 8 日以前齐穗，9 月 25 日前成熟。

（3）生产过程管理

①施肥。秧床做好后床内进行平整、翻晒，于播前 3 天打碎土块、平整床面、施用化肥，每平方米秧田施磷酸二铵 75 克，硫酸铵 50 克，硫酸钾 50 克，硫酸锌 5~10 克；也可直接施用"中晨"牌育苗宝类的旱育秧专用床土调制剂。大田亩施肥总量在施用农家肥的基础上，纯氮 12~14 千克，五氧化二磷 6~8 千克，氧化钾 3~4 千克，土壤肥力高或农家肥使用多的以下限为准，肥力低或农家肥使用少的以上限为宜。

②施药。将选好的稻种用"浸种灵"或"使百克"4 000 倍液消毒 3~5 天。秧床水下渗后，每平方米用移栽灵混剂 1.0~1.5 毫升，兑水 3 千克喷洒，对盐碱较重的土壤可适当加量。秧床覆土后每平方米用 50%的杀草丹乳油 0.23 毫升兑水 100 倍喷雾，防除秧田杂草。在大田稗草 2 叶 1 心期，亩用 90%的禾大壮乳剂 150 毫升与 10%苄嘧磺隆（农得时）可湿性粉剂 30 克或 36%稻田王可湿性粉剂 40 克混合，拌过筛细潮土 20 千克，均匀撒在田中，保持 5 厘米左右水层 5~7 天，可有效防除田间稗草、三棱草、眼子菜等阔叶杂草。稻瘟病每亩用 40%的富士一号乳油或 40%稻瘟灵乳剂 100 毫升或 75%三环唑可湿性粉剂 20 克，兑水 40~60 千克，均匀喷雾。

（4）适时收获。稻谷含水量在 19%~22%收割为宜。要做到成熟一块收割一块。手工收割后适当晾晒，及时打捆上场用轴流式脱粒机脱粒，不可暴晒。尽量扩大联合机收割面积，减少稻谷损伤。

（5）生产记录要求。做好化肥、农药的使用记载；专人保管化肥、农药；定期对水稻基地进行农药残留抽检，对在抽检过程中，发现使用高毒、高残留农药以及农药残留超标的，不得上市销售，并予以曝光。

4. 产品品质特色及质量安全规定

（1）外在感官特征。宁夏大米表面光滑，晶莹剔透，细腻油亮，入口黏而不腻，滑润爽口，口感极佳，但宁夏稻谷整精米率偏低，垩白度较高，是影响宁夏大米品质的主要因素。随着近年宁夏发展大米产业，特别注重和强调了外观和加工品质，新育和引进品种整精米率有显著提高，垩白率有明显下降，透明度提高，米粒变长，胶稠度、直链淀粉含量、蛋白质含量均有所降低。

（2）内在品质指标。宁夏大米蛋白质含量高，富含多种维生素和微量元素，营养丰富，深受广大消费者的欢迎。

（3）安全要求。一是未达到无公害水稻产地环境技术条件的，不得作为水稻基地；二是在水稻生产中禁止使用高毒、高残留农药；三是禁止在水稻生产中使用未依法登记的肥料、农药；四是禁止使用不符合农田灌水标准的污水灌溉水稻基地；五是在稻谷贮藏、加工、包装、运输、销售过程中，禁止使用对人体有毒副作用的催熟、防腐、增白、染色的药物或激素类物质。

5. 包装标识等相关规定

登记产品的分级、包装、标识、贮藏、运输按国家有关标准和规定执行。产品包装上注明"宁夏大米"农产品地理标志字样。

（二）宣汉桃花米质量控制技术规范（编号：AGI2009-04-00159）

本质量控制技术规范规定了经中华人民共和国农业部登记的宣汉桃花米的地域范围、自然生态环境和人文历史因素、特定生产方式、产品品质特色及质量安全规定、标志使用规定等要求。本规范文本经中华人民共和国农业部公告后即为国家强制性技术规范，各相关方必须遵照执行。

1. 地域范围

宣汉县隶属四川省达州市，位于四川省东部的大巴山南麓，地

理坐标为东经 107°23′~108°33′, 北纬 31°07′~31°28′, 东西长
110.6 千米, 南北宽 78.8 千米, 海拔 670~1 140 米。宣汉桃花米
种植于宣汉县的桃花乡、丰城镇、观山乡、南坪乡、凤林乡、老君
乡、南坝镇、天台乡、五宝镇、华景镇、白马乡、土黄镇、漆碑
乡、樊哙镇、三墩乡、龙泉乡、渡口乡、漆树乡、黄金镇、厂溪
乡、新华镇、下八乡、黄石乡、三河乡、清溪镇、红峰乡、凤鸣
乡、柳池乡、庆云乡、马渡乡、隘口乡、石铁乡等 32 个乡镇。

2. 自然生态环境和人文历史因素

(1) 土壤地貌。宣汉县为大巴山中山和低山地貌, 部分属于
川东低山和丘陵地貌, 主要以低山和低中山地貌为主。稻田土壤类
型为水稻土、冲积土、紫色土等, 土壤结构较好, 有机质含量
0.5%~4.0%, 呈微碱性, 富含硒元素。

(2) 水文。宣汉县是渠江发源地之一, 境内主要河流 4 条: 分
州河、前河、中河、后河, 有支流、小河沟上百条, 流经全县 54 个
乡镇。县内有中型水库 1 座, 小(一)型水库 8 座, 小(二)型水
库 75 座, 塘 9 521 口, 蓄水池 15 522 口, 引水堰 2 220 条, 石河堰
405 条, 固定机电提灌站 266 处, 全县提、引、蓄水量达 13 526 万
立方米, 有效使用量 12 610 万立方米, 灌溉稻田面积48万亩。县内
稻田灌溉依靠河流、水库、堰塘等水稻设施。

(3) 气候。宣汉桃花米产区属典型的中亚热带湿润季风气候,
光照充足, 年均日照时数 1 386.7~1 789 小时, 年平均气温 15.9~
17.3℃, 水稻生产季节(3—9月)的月平均气温为 20.4~21.1℃,
无霜期稻区为 210 天左右, 雨量充沛, 年均降水量为 1 213.5 毫米,
且降雨集中于 4—10 月, 雨热同季、光温同步, 有利于水稻生产。
太阳总辐射年总量为 96.62 千卡/厘米^2, 其中≥10℃期间的总辐射每
平方米为 77.94 千卡/厘米^2, 占全年的 80.7%, 是典型的优势稻作
区。根据优质米最佳灌浆气候生态条件来衡量, 水稻灌浆结实期的
日平均温度稻区均在 20~26℃, 平均日照时数在 8 小时以上, 7~9
月平均太阳辐射量在 11.5 千卡/厘米^2, 相对湿度在 65%~70%, 属

水稻生产最适宜区。由于其独特的生长环境条件，形成了宣汉桃花米的优良特性。

（4）人文历史。宣汉县种植水稻历史悠久，自然条件优越，在全国水稻生态区划中，被列为优质水稻优势生态区，在川东区位优势明显。宣汉是巴人发祥之地，已勘明三千多年前，就有人生活、生产，是一个古老的稻区。时至今日，宣汉县水稻的种植面积稳定在 50 万亩以上，又以宣汉桃花米尤为耀眼。

相传早在唐朝开元年间，宣汉县桃花乡刘家沟村的大米就已驰名，并作为贡米供奉给皇帝，因而美名传播四海。唐朝大诗人元稹在达州府任知府时，品尝此米饭后，赞不绝口，著诗颂曰："倚棹汀江沙日晚，鲜花野草桃花饭。长歌一曲烟霭尽，绿波清浪又当还。"宣汉桃花米因此而闻名于世。自唐代武则天后，四川的地方官每年都要将上好的宣汉桃花米奉献皇上，宣汉桃花米就成为皇宫的供奉之物，故有"贡米"之称。1957 年宣汉桃花米送到北京参加了全国第一届农业博览会一举夺得大米类榜眼；1962 年被载入全国农作物优质品种目录；1963 年参加全国农业博览会被评为"中国名贵大米"之一，列入《全国农作物优良品种目录》一书；1965 年在全国农展会上列为名贵大米；1977 年参加广交会受到中外顾客青睐；现被列为全省优质农产品重点开发项目。

宣汉桃花米品质上乘，具有极大的市场竞争力。2001 年，为切实做大做强这一产业，在宣汉县委、县政府的支持下，宣汉县桃花米业有限公司成立，确定了"公司+农户+基地"的生产模式，以公司为龙头，农户为基础，共同建设宣汉桃花米的产销基地，推进宣汉桃花米的产业化发展。2001 年和 2003 年，在"四川省优质稻米及粮油精品展示交易会"、西安"西洽会"上，宣汉县桃花米业有限公司生产的"峰桃"牌系列宣汉桃花米均被评为"消费者最喜爱产品"，并获得"四川省工业产品博览会"金奖，宣汉桃花米被认定为绿色食品。

3. 生产技术要求

（1）产地选择。宣汉桃花米种植的产地环境质量应符合 NY 5010 的规定。

（2）品种选择。选用丰产、优质、抗病，经四川省区品种审定委员会审定或国家品种审定委员会审定包含宣汉县境内推广的水稻品种。要根据当地的育秧条件选用生育期适宜的 14~16 片叶的品种，保证在 8 月 8 日以前齐穗，9 月 25 日前成熟。

（3）生产过程管理。

①施肥。秧床做好后床内进行平整、翻晒，于播前 3 天施用底肥，每平方米秧田施用尿素 60 克、过磷酸钙 150 克、硫酸钾 30~40 克，与 10~15 厘米土层混合，直接施用旱育秧专用床土调制剂进行调酸。大田亩施肥总量在施用农家肥的基础上，纯氮 12~14 千克，五氧化二磷 6~8 千克，氧化钾 3~4 千克，土壤肥力高或农家肥使用多的以下限为准，肥力低或农家肥使用少的以上限为宜。

②施药。主要防治螟虫、稻飞虱和蓟马，可用 5% 的杀虫双颗粒剂 1~2.5 千克撒施，也可用 25% 的杀虫双水剂 150~200 毫升或 50% 的杀螟松乳油 100 毫升等防治。防治叶瘟，在栽前用 20% 的三环唑可湿性粉剂 750 倍液浸秧苗半分钟，浸后堆放半小时再栽插；本田用 20% 三环唑可湿性粉剂或 30% 稻瘟灵乳油或 40% 富士一号乳油兑水喷施。

（4）收获。稻谷含水量在 19%~22% 收割为宜。要做到成熟一块收割一块，收割后及时脱粒，避免稻谷生霉，影响米质。

（5）生产记录要求。做好化肥、农药的使用记载；专人保管化肥、农药；定期对水稻基地进行农药残留，对在抽检过程中，发现使用高毒、高残留农药以及农药残留超标的，不得上市销售，并予以曝光。

4. 产品品质特色及质量安全规定

（1）外在感官特征。宣汉桃花米属带粳性的籼型稻米，表面光滑，米粒长，晶莹剔透，细腻油亮。煮出的米饭黏度适度，胀性好，米粒不爆腰，香气横溢，入口芳香滋润，滑润爽口，口感佳。

（2）内在品质指标。宣汉桃花米整精米率≥77%、垩白度0.80%～7.0%、透明、直链淀粉（干基）含量14%～18%、蛋白质含量≥6.6%，微量元素硒含量0.020～0.035微克/克。

（3）安全要求。无农药残留，达到国家标准（优质稻谷GB/T 17891—2017）的各项指标。

5. 包装标识等相关规定

（1）分级。宣汉桃花米分贡米、香米两个等级。

（2）包装。包装材料应符合国家食品包装卫生要求，还应符合环境保护的要求。宣汉桃花米的销售包装应符合GB/T 17109的有关规定，所有包装材料均应清洁、卫生、干燥、无毒、无异味，符合食品卫生要求。所有包装应牢固，不泄漏物料。

（3）标识。标志使用人应在其产品或其包装上统一使用农产品地理标志（宣汉桃花米名称和公共标识图案组合标注形式）。

（4）运输。成品运输工具、车辆必须清洁、卫生、干燥，无其他污染物。成品运输过程中，必须遮盖，防雨防晒，严禁与有毒有害和有异味的物品混运。

（5）储存。成品不得露天堆放。成品仓库必须清洁、干燥、通风，无鼠虫害。成品不得与有毒有害、腐败变质、有不良气味或潮湿的物品同仓库存放。运输、贮藏过程符合NY/T 5190—2002的规定。

（三）广南八宝米质量控制技术规范（编号：AGI2009-04-00168）

本质量控制技术规范规定了经中华人民共和国农业部登记的广南八宝米的地域范围、自然生态环境和人文历史因素、特定生产方式、产品品质特色及质量安全规定、标志使用规定等要求。本规范文本经中华人民共和国农业部公告后即为国家强制性技术规范，各相关方必须遵照执行。

1. 地域范围

广南八宝米产于广南县境内，位于云南省东南部，文山壮族苗族自治州东北部,地处滇、桂、黔三省交界处,地理坐标为东经104°30′~105°36′,北纬23°29′~24°28′。东西横距 105 千米,南北纵距 103 千米,海拔 1 250 米左右。

2. 自然生态环境和人文历史因素

(1) 土壤地貌。县境地形以山地为主,地势由西南向东北呈阶梯状倾斜,广泛分布着二叠纪灰岩,岩溶地貌十分发育,岩溶面积41.7%。北部以碎屑岩为主,多侵蚀地貌,占总面积的 40.3%;南部以碳酸盐类为主,占总面积的 54%。水稻土分为 4 个亚类,8个土属,25 个土种。稻田面积 32.5 万亩,占全县总耕地面积的34.52%。稻田土壤有机质含量 3.3136%;全氮 0.1789%,全磷0.1257%,全钾 1.2578%,速效磷 0.548 毫克/千克,速效钾 0.572毫克/千克,碱解氮 10.4881 毫克/千克,pH 值为 5.6~7.6,呈中性至微碱性,特别适宜发展广南八宝米。

(2) 水文。全县 16 条大小河流分属珠江和红河水系。两大水系汇集境内多条支流,呈西北向东南流向。珠江流域主要干流有西洋江、驮娘江和清水江;红河流域干流为南利河。全县地表水、地下水资源总容量 38.4 亿立方米,其中地下水径流 10.9 亿立方米,地表水 27.5 亿立方米。

(3) 气候。产区属中亚热带高原季风气候,年平均气温16.7℃。海拔 1 000 米以下的极端最高气温为 37.1℃,极端最低气温为-5.1℃;海拔 1 000~1 500 米地区极端最高气温为 36.2℃,极端最低气温为-5.5℃;海拔 1 500 米以上的极端最高气温为33.3℃,极端最低气温为-6.9℃。无霜期 305 天,年均降雨量1 056.5 毫米,年平均蒸发量 1 665.3 毫米,年平均相对湿度 70%~80%,年平均干燥度 0.86。每年的 5—10 月为雨季,11 月至次年4 月为旱季,雨热同季,年均日照时数 1 857.7 小时,十分有利于广南八宝米的生长发育。

(4) 人文历史。八宝米生产历史悠久,是勤劳善耕的壮族人民长期培育的珍贵稻种。从广南的史料中查实、考证,早在明清时代就被列为"贡米",封为"皇粮""每岁贡百担",供皇帝御膳和皇亲国戚享用的史料记载。久负盛名的八宝米米色雪白,新米呈玉青阴绿色,颗粒饱满,蒸煮时间比一般米较短。饭粒柔软而不烂,饭冷而不散,颜色鲜艳光洁,味道芳香且回甜。古往今来,素有"贡米"之称。经云南省农业科学院测试中心检测,其主要指标均已达到国家优质米标准,1981年被国家列为名贵稻种之一。曾获国家、省级金奖。2000年11月,在中国文联《世界华文文学》主办的"盘房杯世界华人小说优秀奖颁奖大会暨广南县笔会"期间,来自世界10多个国家和地区的华文作家吃到八宝米饭,甚是赞赏。现在许多消费者作为馈赠贵宾佳品,称之为"洁白无瑕,优质惠中,米中之花"。2001年被农业部中国特产之乡推荐暨宣传活动组委会授予"中国八宝贡米之乡"。

3. 生产技术要求

(1) 产地选择。基地周边生态环境优越,区域内无"三废"污染排放,土壤肥沃、土层深厚,土质疏松、表层富含有机质,保证优质水稻有充足的养分维持正常生长。

(2) 品种选择。选用本地区的优良品种。一是选用八宝谷;二是选用广稻2号等品种。

(3) 生产管理过程。

①合理稀植。每亩用种3~4千克进行育苗,提倡使用生物种衣剂包衣,以防地下害虫为害。移栽时行株距33.6厘米×16.7厘米或23.3厘米×16.7厘米,每亩2万丛,每丛3~4苗。

②灌溉水。农田灌溉水主要灌溉河流上游的水,不受任何工业"三废"污染,来源以水库蓄水、自然降水或境内各大水系为主,水质好,无污染。

③病、虫、草、鼠害防治。采取"预防为主、综合防治"的防治措施,兼用生物防治、人工防治、物理防治等手段。

农业措施。采用合理耕作制度、稻田养鸭、养鱼、轮作换茬等农艺措施,减少病虫害发生。

生物措施。通过选择对天敌杀伤力小的无农药残留农药，避开自然天敌对农药的敏感时期，创造适宜自然天敌繁殖的环境等措施，保护天敌；利用及释放天敌控制有害生物的发生。

化学防治措施。稻瘟病：当稻瘟病的中心病团出现时，每亩用三环唑 20～25 克或稻瘟灵 28～40 克喷雾防治。稻飞虱：当百丛虫量达 1 500～2 000 头，每亩用吡虫啉 1.5～2 克兑水 50 千克，针对稻株中下部喷雾。二化螟：在稻苗枯鞘高峰期，每亩用杀虫双 36～45 克兑水 50 千克喷雾。三化螟：掌握在螟卵孵化初盛期，每亩卵块发生量在 50 块以上的田块进行药剂防治，药剂种类同二化螟。

杂草防治。秧田在播种后 2～10 天，每亩用丁草胺 30 克兑水喷雾。移栽前 2～10 天，每亩用百草枯粉剂 20～40 克兑水 50 千克细喷雾，杀灭田间杂草。移栽后 5～10 天，每亩用田草光 25～30 克拌细泥土 30 千克撒施。

（4）适时收获。按照"九黄十收"的原则，标准是指稻谷的成熟度达到85%～90%，选择晴天，边收边脱粒，及时晒干扬净后用麻袋或无污染的竹制器具包装，待后进行加工。

（5）生产记录。认真记录生产情况、病虫害发生情况、技术措施、农药化肥的使用情况。

4. 产品品质特色及质量安全规定

（1）外在感官特征。稻谷从田间生长到收获期间，总是散发出一股沁人肺腑的清香味。谷壳呈淡黄色，颗粒饱满，易脱粒，谷粒略带短芒。白里透青颗粒略长，白中带青色，色润光洁，米汤略带青绿色，泛油光；雪白色颗粒略短而粗，洁白油光，米汤呈白色带油质。两种广南八宝米粒大饱满，质佳，味香口感好，蒸煮时间短，饭粒软而不烂，隔夜不硬，富黏性，而且具有久放不馊的特点。

（2）内在品质指标。蛋白质含量 7%～7.4%，粗脂肪含量 2%～2.4%，总淀粉含量 76%～77%，直链淀粉含量 13%～14%，主要指标达到国家优质米标准。广南八宝米的蛋白质和脂肪含量比普通大米高近两倍，氨基酸含量较多，是一种营养价值很高的珍贵食物。

（3）安全要求。广南八宝米严格按照农业部颁布的绿色食品标准体系组织生产。具体标准如下：①生产环境按 NY/T 391—2017 绿色食品产地环境技术条件。②农药、杀虫剂按 NY/T 393—2017 绿色食品农药使用准则执行。③肥料按 NY/T 394—2017 绿色食品肥料使用准则执行。

5. 包装标识等相关规定

（1）包装。包装材料应符合国家食品包装卫生要求，还应符合环境保护的要求。大米的销售包装应符合 GB/T 17109 的有关规定，所有包装材料均应清洁、卫生、干燥、无毒、无异味，符合食品卫生要求。所有包装应牢固，不泄漏物料。A. 成品按"八宝米"优质米系列不同等级、品种，采用不同规格进行袋装、盒装。B. 包装材料应符合卫生标准要求，清洁、无异味，内包装要求采用符合绿色食品包装材料质量标准。C. 包装及时、足量、牢固、整齐和美观。D. 运输工具必须清洁干燥、防潮、防异物异味污染。

（2）标识。标志使用人应在其产品或其包装上统一使用农产品地理标志（广南八宝米名称和公共标识图案组合标注形式）。

（3）运输。成品运输工具、车辆必须清洁、卫生、干燥，无其他污染物。成品运输过程中，必须遮盖，防雨防晒，严禁与有毒有害和有异味的物品混运。

（4）贮存。成品不得露天堆放。成品仓库必须清洁、干燥、通风，无鼠虫害。成品堆放必须有垫板，离地 10 厘米以上，离墙 20 厘米以上。成品不得与有毒有害、腐败变质、有不良气味或潮湿的物品同仓库存放。

（四）紫鹊界贡米质量控制技术规范（编号：AGI2010-01-00205）

本质量控制技术规范规定了经中华人民共和国农业部登记的紫鹊界贡米的地域范围、自然生态环境和人文历史因素、特定生产方式、产品品质特色及质量安全规定、标志使用规定等要求。本规范文本经中华人民共和国农业部公告后即为国家强制性技术规范，各相关方必须遵照执行。

1. 地域范围

紫鹊界贡米产区位于湖南省新化县境内以紫鹊界为中心的水车镇、文田镇、奉家镇。地理坐标为东经110°01′~110°52′，北纬27°40′~27°45′。年种植面积1.2万公顷，年产量4.5万吨。

2. 自然生态环境和人文历史因素

（1）土壤地貌。紫鹊界地区为低山丘陵区，山峦均被茂密的森林所覆盖，森林植被率60%以上。境内土壤成土母质为花岗岩风化物，稻区土壤类型有麻沙泥、麻沙土、花岗岩红壤、黄壤，有机质含量3.62%，全氮平均含量0.14%，全磷平均含量0.08%，速效磷平均含量7.17毫克/千克，速效钾平均含量57.02毫克/千克，pH值5.5~6.4。

（2）水文。新化县境内山溪与河流众多，水资源丰富，降水渗入储存于深厚疏松的土壤中，形成"土壤水库"，这些水在重力及土壤的作用下，直接灌田，形成了天然的农田自流灌溉系统。

（3）气候。紫鹊界地区属中亚热带季风气候区。夏季多东南风，冬季多西北风，年平均气温为13.7℃，最高气温39℃，最低气温-5℃；年降水量为1 650~1 700毫米；初霜一般在11月15日前后，终霜一般在翌年2月30日左右，年均无霜期为260天；年平均日照时数1 488小时。温度、光照条件满足一季水稻生长有余，而不能满足二季水稻生长，所以只能栽植一季中稻。

（4）人文历史。据考证，紫鹊界秦人梯田始于秦汉，盛于宋明，已有2 000余年历史，是南方稻作文化与苗瑶山地渔猎文化交融揉合的历史遗存。梯田地处古梅山腹地，梯田开凿，带来了稻作文化的发展。据《新化县志》载：老庄村志留纪正长岩风化物发育的麻粉泥田，生产优质黑香稻，历史上称为"贡米"。传说乾隆下江南时，曾来到新化县境内的大熊山游览，吃到了紫鹊界生产的黑香米，不久朝廷令新化县衙每年进贡100担黑香米进京，供皇室享用，后来紫鹊界地区产的黑香米就称为贡米。

3. 生产技术要求

紫鹊界地区仍在沿用传统水稻栽培技术，主要有 6 个方面。

（1）除草加固田埂。阳春三月，在杂草没有复苏之前，用火焚烧田坑上的杂草，或用锄头、剁刀将杂草连根铲除，然后再涂一层薄薄的田泥于田坎坡面以加固田埂。

（2）施肥与整地。田坎上铲除的杂草作为自然肥料利用，踩入泥中腐烂，再将家里的猪粪、牛粪、土杂肥均匀播撒于田中，然后用牛犁或用特制的宽板锄人工翻田一遍，随即浸水，等待整田插秧。

（3）选择谷种。选择海拔在 600~800 米区域生长的黑香稻作种谷育秧。

（4）插秧。将田再翻一次，俗称犁二遍田，此时再施一点底肥，用木耙平整水田后，即可插秧苗，每蔸只插 1~2 根，行株距一般 20 厘米×16 厘米。

（5）田间管理。插秧后 7~10 天人工中耕除草一次，施点人、猪粪作壮苗肥；分蘖前再除一次草，防治 1~2 次病虫害。螟虫成虫用点灯诱蛾杀灭，幼虫用插烟杆防治；稻苞虫用木梳梳或人工捉；稻瘟病等用石灰或火土灰防治。水分管理因水源充足，只要及时排灌就行。

（6）收获。待稻谷成熟呈金黄色，选择晴天收割。先将田水放干，用镰刀割成一捆一捆，然后用扮桶（长 1.37 米，宽 1.07 米，高 0.55 米的小四方木桶）扮禾，再用竹箩将打下的稻谷挑回家，用晒簟铺在禾坪里晒干，收藏于谷仓或大木桶中。

现代科学发展以后，紫鹊界地区的黑香稻栽培也引进推广了一些新技术，具体如下。

（1）旱育秧。由于春季气温低，寒潮多，当地育秧困难，烂秧严重，很多农户都要下到海拔 400 米左右的地方借田育秧，增加了劳动强度和成本。20 世纪 90 年代已普遍推广了旱土育秧，解决了这一难题。

（2）水分管理。由于水源充足，过去是长期深灌，现改为了"深水活苗，浅水分蘖，干干湿湿壮籽"的科学管水方法，以减轻病虫为害，提高产量。

现在虽然采用了一些现代农业技术，但该区因离城区远，同外界交流较闭塞，无工矿污染，生产出的黑香稻米品质十分优良，达到了绿色食品标准，接近了有机标准。

4. 产品品质特色及质量安全规定

（1）外在感官特征。紫鹊界贡米中的黑香米，株高 90~100 厘米，株型松紧适中，剑叶直立，角度小，分蘖率中等；抽穗整齐，穗短而密，空壳率不高，谷粒短圆形，谷壳带黑色，稃尖无色，有芒，千粒重 25 克左右。紫鹊界贡米全生育期 140~145 天，耐肥，耐寒，抗倒，不易掉粒，一般亩产 200~300 千克。

（2）内在品质指标。据湖南省农业科学院稻米及制品检测中心分析表明：紫鹊界贡米中黑香米的蛋白质含量 10.16%，淀粉含量 60.10%，粗纤维含量 1.34%。尤为珍贵的是，紫鹊界贡米灰分水溶液呈弱碱性，每千克含铁 16.72 毫克、钙 138.55 毫克、锌 23.63 毫克、硒 0.08 毫克，其独特的碱性品质，正适用于被瑞士学者推广的调整体液酸碱平衡这个抗癌新途径。每百克紫鹊界贡米中氨基酸的总量为 14 193.0 毫克，赖氨酸含量为 611.0 毫克，蛋氨酸含量为 293.0 毫克，苏氨酸含量为 543.0 毫克，苯丙氨酸含量为 792.0 毫克，异亮氨酸含量为 499.0 毫克，亮氨酸含量为 1 255.0 毫克，缬氨酸含量为 752.0 毫克，组氨酸含量为 365.0 毫克，这些检测数据充分说明，紫鹊界贡米氨基酸含量丰富，组成极佳，尤其适合儿童和老年人的营养需要。由于紫鹊界贡米蕴藏着丰富的微量元素，所以紫鹊界贡米的营养价值很高，保健效果奇特。

（3）安全要求。在产品质量安全规定方面，主要执行以下标准：NY/T 419—2014 绿色食品大米标准；NY/T 391—2013 绿色食品产地环境技术条件；NY/T 393—2013 绿色食品农药使用准则；NY/T 394—2013　绿色食品肥料使用准则。

5. 包装标识等相关规定

（1）内包装。材料为透明食品塑料包装袋，分 1 000 克、150克、50 克 3 种重量规格。上面印有紫鹊界贡米商标、紫鹊界贡米主题标识、质量安全标识、生产地址及联系方式等。

（2）中间层是礼盒。材料为天然木材及环保纸品。盒外主题颜色为经典黑。分为 5 千克、4 千克两种重量规格。主要内容有紫鹊界贡米商标、紫鹊界贡米主题标识、无公害标志、农产品地理标志、紫鹊界贡米原料、执行标准、紫鹊界贡米生产许可证号、卫生许可证号、产品等级、生产日期、保质期、保存方法、公司地址、联系电话、产品条码、质量安全认证、产品重量、产品种类等。盒内主题颜色为经典黑与雍容黄搭配，主要内容有紫鹊界贡米主题标识、产品营养说明、蒸煮说明及认证产品的防伪标签等，并配有精致吸塑托盘。

（3）外层是礼盒。材料为环保纸品。主题颜色为经典黑。主要内容有紫鹊界贡米商标、紫鹊界贡米主题标识、公司地址及联系方式等。

（五）晋祠大米质量控制技术规范（编号：AGI2010-02-00213）

本质量控制技术规范规定了经中华人民共和国农业部登记的晋祠大米的地域范围、自然生态环境和人文历史因素、特定生产方式、产品品质特色及质量安全规定、标志使用规定等要求。本规范文本经中华人民共和国农业部公告后即为国家强制性技术规范，各相关方必须遵照执行。

1. 地域范围

晋祠大米产于山西省太原市晋源区（东经 112°25′54″~112°28′16″，北纬 37°38′57″~37°45′11″），东与汾河为界、南与清徐相接、西与古交接壤、北与万柏林相连。包括晋源区晋祠镇的王郭村、小站、小站营、南大寺、北大寺、长巷、晋祠、南张、新庄、东庄、三家村、万花堡、五府营、古城营、东街、南街、西街、庞家寨、南瓦窑、北瓦窑、北庄头，共 21 个行政村。种植面积 2 000 公顷，年产大米 3 750 吨左右。

2. 自然生态环境和人文历史因素

（1）土壤地貌。产区位于太原盆地的西部边缘，北为晋阳湖，西为山前冲洪积扇，东为汾河 1 级阶地。地貌类型为冲积平原，地形平坦开阔，东侧较高，西侧相对较低，属井水灌溉区。产地土壤 90% 为褐土或潮土，能排能灌，pH 值为 7.0～7.8，是晋祠大米生长的独特土壤条件。

（2）水文。境内只有汾河，地下水为孔隙潜水，地下水位埋深 0.8～2.8 米，水位标高 770.53～771.92 米，地下水流向自北向南，自西向东，以层流形式运移。地下水的补给主要以天然降水为主，同时接受西部山前洪积扇地下水的侧向补给。地下水量充沛，水质软水，无色、无臭、无味。水利设施、天然水系和优质的地下水资源，为晋祠大米生产及特色品质的形成提供了有利的条件。

（3）气候。产区属干旱半干旱地区，四季分明，属典型的大陆性季风气候，年降水量 500 毫米左右，多集中于 7—9 月，年平均气温 6.9℃，年平均日照时数 2 792.4 小时，无霜期 186 天左右，从水稻始穗期—齐穗期—成熟期昼夜温差较大，温度分别为 20～29℃、16～28℃、9～26℃，非常适应水稻的生长。

（4）人文历史。晋祠大米栽培历史悠久，至今已有 1 400 多年的发展历史，是晋祠镇生产的独特品种。宋代政治家、军事家范仲淹用"神哉叔虞庙，地胜出佳泉。千家溉禾稻，满目江乡田。"描绘晋祠稻田当年生产的盛大景象；北宋诗人欧阳修也有"晋水今人并州里，稻花漠漠浇平田"的诗句盛赞晋水之美，稻米之佳等。清代，晋祠大米曾长期作为"贡品"，古人曾这样描述："米洁白纤长，味殊精美"。清代许荣用"晋水源流汾水曲，荷花世界稻花香"的楹联描述晋祠大米。20 世纪 90 年代中期，由于环境、水源、土质等原因，晋祠大米种植逐渐淡出省城市民的视线。进入 21 世纪，晋源区通过土地流转等方式先后恢复试种晋祠水稻，产量逐渐增长，2015年亩产量最高已达650余千克。

3. 生产技术要求

（1）产地选择。晋祠大米适宜种植于能排能灌的褐土或潮土，其产地主要规划在晋祠镇所辖范围内的21个行政村，产地环境质量符合《无公害水稻产地环境条件》（NY 5116—2002）的要求。

（2）品种选择。晋祠大米选用抗病虫、抗寒、抗倒伏、中晚熟等特性的品种，主要以晋稻7号、晋稻8号、晋稻9号为主，并引进辽粳371、吉粳81、吉粳88和秋田小町4个新品种进行试种，通过种植从中筛选优质、高产、高效的适宜晋祠本地种植的主推品种。

（3）生产管理过程。晋祠大米在生产过程中严格执行晋祠大米无公害农产品生产六项管理制度（无公害农产品投入品管理制度，无公害农产品质量追溯制度，无公害农产品技术服务体系管理制度，无公害农产品生产培训制度，无公害农产品档案管理制度，无公害农产品"十户联保"制度）。

在农业投入品方面采取了四监管：一是市场监管。进一步加大对投入品的监管力度，搞好源头控制，在投入品的管理上，坚持经营许可证制度，禁限用投入品定期公开制度（电视公告、信息发布投入品禁限用清单），农业执法大队要给经营生资业户把禁限用投入品清单张贴上墙，让生产者明明白白的使用。二是执法监管。由农业执法大队对农资市场、龙头企业、基地农户进行全面检查监管。三是技术监管。由技术部门对生产者进行培训，对生产的投入进行具体指导和服务。四是网络监管。由农产品质量安全办公室对生产过程、基地、企业、生资业户、投入品清单等建立电子档案，实行数字化管理。

严格控制种子来源。种子生产单位必须具备种子生产许可证；经营单位必须具备营业执照、种子经营许可证、种子质量合格证；从国外或外省市进口的种子必须有检疫证明；设有专门的种子仓库和保管人员，保管人员应核对种子的数量、品种和相关证件后，方可入库；种子应有详细的进库、出库记录；过期的种子应及时清理。

农药使用严格按照国家颁布的《农药合理使用准则》和《农药安全使用标准》执行。在生产中不使用剧毒、高毒、高残留农药和国家明文规定不得使用的农药；设有专门的农药仓库和保管人员；保管人员核对农药的数量、品种和"三证"后，方可入库；尽量减少化学农药的使用，积极使用生物农药；根据病虫害发生情况或有关技术部门的病虫情报，指导用药，做到适期防治，对病下药，并注意农药的交替使用，以利于提高药效；严格掌握农药使用的安全间隔期；安全合理使用农药；及时做好农药使用的田间档案记录。

严格执行肥料合理使用准则。根据植物生长需要平衡施肥，施用经过无害化处理的无公害肥及配合施用配比合理的无机复合肥。施肥原则：以无公害肥为主，辅以其他肥料；以多元复合肥为主，单元素肥料为辅；以施基肥为主，追肥为辅；尽量限制化肥施用；最后一次追施化肥在收获前 30 天进行；及时做好肥料使用的田间档案记录；肥料按种类不同分开堆放于干燥、阴凉的仓库等场所；避免因环境因素造成肥力损失和环境污染；外来肥料必须是"三证"（产品登记证、生产许可证、质量标准检验合格证）俱全的产品。

（4）生产记录要求。设立专门的记录员负责农时操作记录；农药使用记录档案应完整、真实，并按作物分别记录使用的农药名称，包括通用名和商品名、登记证号、剂型、防治对象、时间、施用量、次数、安全间隔期；肥料使用记录档案应完整、真实，内容包括肥料名称、登记证号、类型、施用量、施用方法、次数等；及时做好各类农时操作记录、产量记录和产品销售记录；记录需妥善保存 1 年，以利可追溯性检查。

4. 产品品质特色及质量安全规定

（1）外在感观特征。晋祠大米颗粒大而饱满，质色稍褐而透明，性软而韧。做出的米饭颗粒分明，香气扑鼻，吃起来清香爽口，味香甜，有韧性、黏性、有咬头，做饭时即使连蒸几次，仍然粒粒分明，互不黏连，素有"七蒸不烂"之说等特点。

（2）内在品质指标。晋祠大米营养价值高，含有丰富的对人体有利的元素，每千克含蛋白质 89.9 克、磷 1.5 克、硒 0.4 毫克、维生素 B_1 1.6 毫克。

（3）安全要求。晋祠大米的安全卫生指标符合《晋祠无公害水稻生产技术规程》（太原市晋源区地方标准 DB140110/T 001—2007）的规定。

5. 包装标识等相关规定

（1）分级。晋祠大米分为三个等级：一级大米、二级大米、三级大米。

（2）包装。编织袋包装，规格 25 千克/袋；真空袋包装，每袋 5 千克；罐装，每罐 3 千克。包装材料符合国家食品包装卫生要求，并应符合环境保护的要求。包装材料应坚固、清洁、干燥、无任何昆虫传播、真菌污染及不良气味。

（3）标识。标志使用人应在其产品或其包装上统一使用农产品地理标志（晋祠大米名称和公共标识图案组合标注形式）。

（4）贮藏。在避光、常温、干燥和有防潮设施处贮存。原料按指定堆场贮库内贮存，存足数量，执行管理规定。贮存库房应清洁、干燥、通风良好，无虫害及鼠害。严禁与有毒、有害、有腐蚀性、易发霉、发潮、有异味的物品混存，成品贮存要按品种、标号、编号、生产日期分别存放，不得混杂和受潮。

（5）运输。运输工具应清洁、干燥、有防雨设施。严禁与有毒、有害、有腐蚀性、有异味的物品混运。

（六）井冈红米质量控制技术规范（编号：AGI2010-05-00312）

本质量控制技术规范规定了经中华人民共和国农业部登记的井冈红米的地域范围、自然生态环境和人文历史因素、特定生产方式、产品品质特色及质量安全规定、标志使用规定等要求。本规范文本经中华人民共和国农业部公告后即为国家强制性技术规范，各相关方必须遵照执行。

1. 地域范围

井冈红米产于江西省井冈山市拿山乡、坳里乡（东经114°15′8″~114°19′48″，北纬26°40′46″~26°42′1″）。包括小通村、拿山村、南岸村、贵溪村、沟边村、江边村、北岸村、胜利村、口前山村、沉塘村、菖蒲村、复兴村、厦坪村共2个乡镇13个行政村。总面积2 800亩。

2. 自然生态环境和人文历史因素

（1）土壤地貌。井冈红米生产区域远离城镇、村庄、工业区及交通要道，生产地三面环山，隔离条件良好，生产基地环境无污染，90%的土地为沙壤土，pH值4.0~5.7，有机含量高，符合土壤环境质量标准GB15618—2018。

（2）水文。井冈山市农田灌溉用水全部为经过森林净化的山林柞水，无污染，水质纯净，符合农田灌溉水质量标准GB 5084—2005。

（3）气候。井冈红米产地属亚热带湿润季风气候区，气候温和，四季分明，雨量充沛，年平均气温15.6℃，年平均降水量1 856.2毫米，年平均日照时数1 511小时，全年无霜期约240天，适合井冈红米生长。

（4）人文历史。井冈红米在当地生产已有三百多年的历史。苏区革命时期，红米的种植面积已达全市1/3。"红米饭、南瓜汤""朱毛挑粮上井冈"革命歌谣的传颂，使井冈红米名扬中外。红米营养价值很高，煮粥煮饭均清香扑鼻；当年红军生活艰苦，餐餐吃红糙米饭，由于红军将士革命意志坚定，不断取胜，所以红军中流唱着"井冈山好地方，红米饭南瓜汤，餐餐吃得精打光，天天打胜仗"的歌谣。1949年后，随着农业科技的发展，井冈山基本上都换上了白米稻种，只有少数山高水冷的冷浆田里还种植一些红米稻。改革开放后，随着旅游业的兴起，有关部门把红米作为当地的一项特产来发展，井冈山市已开发研制出的红米酒、红米饮料、红米八宝粥等食品。20世纪末，国防科技大学为井冈山市研制成功的红米南瓜粥，一度在北京、上海等地销售良好。通过红米生产建立制种基地，全国各地慕名"井冈红米"品种，经常来引种，现在井冈山井竹青水稻种植专业合作社正积极开展引进、更新、提高工作，提纯复壮、建立红米种子基地，从而辐射全国各地。

3. 生产技术操作规范

（1）品种选择。生产绿色红米的品种首先要选米质优，并兼顾抗性好、产量高的要求，要同时符合优质稻谷质量标准 GB/T 17891—2017 和粮食作物种子禾谷类质量标准 GB 4404.1—2008。井冈红米选择的品种为赣晚籼33号、华南红米、软红米。

（2）产地选择。选择能排能灌，远离工业区及交通要道，所有基地都三面环山，隔离条件良好，生产基地有一定的隔离带（8米以上）。

（3）耕作制度。能灌能排的水稻田实行"水稻—绿肥"两季耕制作，冷浸田、积水田实行"水稻—冬翻"耕作制。

（4）播种与育秧。

①用种量与播种时间。依据品种的生育特性进行确定。每亩大田用种为2.0~2.5千克。

②种子处理。播种前晒种1~2天，然后用1%石灰水浸种1~2天，不要搅动，洗净后再播种；或沼液浸种，浸种时可观察沼液的透明度、颜色、浓度情况来决定浸种采用何种浓度，如液体为乳胶体、棕黑色，比重在1.005~1.007，则使用时需加水稀释，采用75%和50%浓度；如液体透明或半透明、黄褐色，比重在1.002~1.005，则使用时采用原液。浸种时，种子袋用绳索悬挂于沼液中部，不可将种子袋沉于底部或露出液面。

③采用稀播壮秧育秧技术。按秧田与大田比例1：5留秧田，实行稀播，提前15~30天施足秧田底肥，一般每亩使用腐熟沼气

肥、厩肥等有机肥 1 000 千克或生物有机肥 120 千克作底肥。

④整地种田及大田作 2~3 次整田，前后间隔 7~10 天，通过反复耙秒来杀灭杂草。

⑤病虫害防治。移栽前 3 天，每亩秧田使用 0.36%苦参碱水剂 100 毫升加苏云金芽孢杆菌制剂（千胜水剂）500 毫升，再加春雷霉素 60 克兑水 50 千克喷雾作送嫁药。

（5）栽插规格。

①适时移栽。秧苗达 4.5~5 叶或秧龄 25 天左右起苗移栽，秧苗不用稻草捆扎，而要用春笋壳丝等其他替代物捆扎，防止病菌感染。

②合理密植。每蔸插 4~5 粒谷苗，每亩栽插 2 万蔸左右（基本苗 8 万~10 万株），栽插要均匀。

（6）灌溉管理。井冈红米各个时期的灌水原则：带水插秧，浅水返青，浅湿分蘖，够蘖晒田，中水护胎，有水抽穗，寸水扬花，浅湿灌浆，湿润壮籽，黄熟落干，干田收割。所谓浅、湿、干间歇灌溉是灌浅水层，做到后水不见前水，灌一次水让其自然落干 2~3 天后，再灌第二次水，如此反复进行，生育期间宜水灌勤灌，收割前 3~5 天断水，利用灌水来实现土壤和肥的调节。

（7）肥料管理。

①能灌能排的稻田冬前要全部播种红花草，翻耕时，有多的红花草可收获用作饲料或撒到其他田块。

②实行"猪—沼—稻"模式，确保井冈红米生产所需肥源。

③农作物秸秆（稻草、豆秸、油菜秸等）不丢弃，实行过腹还田、入沼还田或堆沤还田，本田秸秆也可直接覆盖还田。

④使用经绿色认证的商品性生物有机肥。

（8）施肥。

①每亩翻沤红花草（鲜重）1 500~2 000 千克（须在红花草盛花期翻沤），施生石灰 50~1 500 千克，农家肥料是指堆肥、沤肥、溉肥、沼气肥、绿肥、作物秸秆肥、饼肥等。

②移栽前大田亩施生物有机肥 120 千克作基肥；秧田播种前亩施 120 千克生物有机肥作基肥。

③秧苗二叶一心时，每亩施沼气肥 50 千克。移栽前 5~6 天，据秧苗的长势，酌情追加肥。

④移栽后半个月，亩追施沼气肥 200~500 千克或生物有机肥 20~25 千克。

⑤禁止用城市垃圾、污泥、医院的粪便垃圾，含有害物质的工业垃圾肥料。

⑥禁止用未腐熟的人粪尿、猪牛栏粪、饼肥等。

（9）病虫害防治。

①防治原则。按照"预防为主，综合治理"的总方针，以农业防治为基础，根据病虫发生、发展规律，因时、因地制宜合理运用物理机械、生物防治、化学防治等措施，经济、安全、有效、简便地控制病虫害。

②防治措施。严格执行国家规定的植物检疫制度防止检疫性病虫蔓延、传播。加强病虫预测预报，做到及时、准确地防治。

农业防治。深耕灭茬，消除病株残体，清除田塍、圳沟、沟边上的杂草，搞好田间卫生，消灭病虫寄生场所；基地周边及田间不栽种茭白等病虫中间寄主作物；没有种红花草的积水、冷浸田，在冬季进行翻耕，翻压稻茬；适当提早春耕灌水，可以杀死大量在稻茬内的越冬害虫；耕耙田后栽插前打捞干净田角边的根渣，带出田外销毁，减少病原菌；拔除销毁枯心团，圈治发病中心，手工捉稻苞虫；注重晒田及浅、湿、干间歇灌溉，用水调气、调肥，使水稻生长"清、秀、稳、健"。

生物防治。保护和利用天敌，发挥生物防治作用，保护田间有益生物，用有益生物消灭有害生物。

化学防治。减少化学农药应用，控制环境污染，提倡人工治虫，用人工防治的不用药剂防治；可以点治或挑治的不全面施药；进行化学防治时，应选用高效、低毒、低残留和对天敌杀伤力低的药剂。对症下药合理使用，注重喷药质量，减少用药次数，交替使用机制不同的药剂，延缓病虫抗药性。农药使用规范必须达到以下要求：NY/T 1276—2007 农药安全使用规范总则；GB 8321.1—2000 农药合理使用准则（一）；GB 8321.2—2000 农药合理使用准则（二）；GB 8321.3—2000 农药合理使用准则（三）；GB 8321.4—2006 农药合理使用准则（四）；GB 8321.5—2006 农药合理使用准则（五）；GB 8321.6—2000 农药合理使用准则（六）。

（10）草害的防治。

①禾苗栽插前耕耙整田，可杀死大量杂草，如杂草严重可提前7~15天整田，待第二批杂草重新生出再整田一次，能减少田间杂草的发生。

②禾苗栽插后7~10天，田间杂草开始大量发生，须人工耘禾，进行中耕除草，并用手拔除稗草。再过一个星期，须再次人工下田耘禾，拔除杂草。

③提供稻田养萍，抵制田间杂草生长。

（11）除杂保纯。在抽穗期到收割期，要人工进行除杂工作，清除杂株，保持品种纯度。

（12）收割与储运。

①稻谷90%黄熟后，必须及时抢晴收割。

②须分品种使用人工收割，单割、单晒、单收、单储。

③晒谷一律使用竹晒垫，禁止在沥青或水泥地面或黄泥沙地面上晒谷，防止污染和杂质混入。

④稻谷储运箩、专用麻袋、谷桶等物，运输工具要清扫干净，专门运输。

（13）生产记录要求。合作社组织有文化有经验的井冈红米种植大户做好品种选择、栽培、土肥管理、田间管理、病虫害防治、收割管理、成品整理及收后的栽培管理、出入库台账等认真仔细做好记录处理并加以收集整理，为井冈红米的生产管理技术体系提供依据。

4. 产品品质特色和质量安全规定

（1）外在感官特性。井冈红米其表皮红色，生嚼味香，腹白细小，生育期较长，生长在气温、水温相对较低的山区（山泉水），因此米质较好、品质优，煮粥煮饭均清香扑鼻。

（2）内在品质特性。井冈红米蛋白质含量≥6.5%，直链淀粉含量≤12%，垩白率≤11%，垩白度≤5.5%，胶稠度≥50毫米，籽粒长度≥6毫米，半透明，含有丰富的淀粉与植物蛋白质，可补充消耗的体力及维持身体正常体温。富含众多的营养素，具有清除自由基、延缓衰老、改善缺铁性贫血、抗应激反应以及免疫调节等多种生理功能。红米色素还是一种天然的色素，并保持了植物体内丰富的多种营养物质，具有多种保健功能。

（3）质量安全要求。井冈红米符合 GB 1350 的要求。

5. 包装标识等相关规定

登记产品的分级、包装、标识、贮藏、运输等内容。

（1）分级。按国家稻米标准分级。

（2）包装。包装容器采用符合食品包装标准的材料包装，包装规格为每袋净重 10 千克。

（3）标志。标签符合 GB 7718 和 GB/T 191 规定。标志使用人应在其产品或其包装上统一使用农产品地理标志（井冈红米名称和公共标识图案组合标注形式）；每个包装袋外标明：产品名称、产品标准号、质量等级、重量（毛重、净重）、生产日期，并注明检验人员姓名代号、保质期、贮存方法等。"防热""防湿""防霉""防鼠"等储运图示标志应符合 GB/T 191 规定。

（4）贮藏。仓库专用，通风库贮藏，严禁与有毒有害、有污染的物品共贮一室。

（5）运输。运输具有防雨淋措施，堆装整齐，注意通风。

（七）明水香稻质量控制技术规范（编号：AGI2010-09-00506）

本质量控制技术规范规定了经中华人民共和国农业部登记的明

水香稻的地域范围、自然生态环境和人文历史因素、特定生产方式、产品品质特色及质量安全规定、标志使用规定等要求。本规范文本经中华人民共和国农业部公告后即为国家强制性技术规范，各相关方必须遵照执行。

1. 地域范围

明水香稻的地域保护范围为山东省章丘市境内（东经117°24′~117°31′，北纬36°40′~36°46′），主要涉及章丘市明水街道办事处廉坡、砚池、湛汪、浅井、吕家五个行政村。南北长70千米、东西宽37千米，总面积1.855万公顷，产地面积140公顷，年产量800余吨。

2. 自然生态环境和人文历史因素

（1）土壤地貌。章丘市境内地貌多样，自南而北依次为丘陵、平原、黄河滩区，明水香稻主要产于明水街道办事处境内，产地集中于鲁中名泉"百脉泉"泉头下游，该范围内地势平坦，土壤肥沃、泉水丰盈、生态环境优美。香稻主产区土壤以褐土中壤为主，据测定有机质含量4.58%，全氮0.213%，水解氮83毫克/千克，速效磷55毫克/千克，速效钾75毫克/千克，土层深厚，土质疏松，保水保肥能力强，非常适合水稻生长。

（2）水文。生产区内水利条件优越，地下水源充足，农田排灌设施配套，以百脉泉灌溉为主，水质清澈，无污染，完全达到了旱能浇、涝能排。

（3）气候。产地属暖温带半湿润性季风气候，气候温和，四季分明，年平均日照时数为2 647.6小时，占全年可照时间的56%。年积温4 580℃，年平均气温12.9℃，年平均降水量600~630毫米，无霜期210天左右，自然农耕期长达290天左右。夏季炎热多雨，秋季天高气爽温差大，有利于香稻养分积累。

（4）人文历史。明水香稻有2000多年的栽培历史，为章丘百脉泉泉头特殊质地土壤生长的香味殊浓的农家稻品种，故又称"泉头米"。据《济南府志》记载："稻非此地常产，历章诸处稍稍有之，其美者则以章丘明水为最。"明水香稻因其独特的生长环境，其米色洁白，食之可口，香气馥郁，自古就有"一株开花满坡香，一家煮饭香满庄"的美誉。1933年，在泰国曼谷首届世界优质农产品博览会上，明水香稻以其"浓郁的香气、优良的品质"被评为世界金奖。历史上因种种条件影响，明水香稻产地少，产量低，亩产仅50~100千克，成为稀物。相传明水香稻自明代以来，就是向朝廷缴纳的贡品。新中国成立前，明水香稻已濒于绝种。新中国成立后，国家加强了香稻的研究，进行了遗传改良，培育出可以大面积播种并能高产的"辐香一号"香稻品种，已达亩产350千克的高记录。

3. 特定生产方式

（1）产地选择。明水香稻的产地位于百脉泉下游，能用明水泉水灌溉的地块。

（2）品种选择。应选择当地明水香稻农家品种："大红芒"和"小红芒"。

（3）生产过程管理。明水香稻的生产过程包括育秧、移栽、大田管理、收获等几个生长时期。生产过程中不用或少用化学合成肥料和农药。

①培育壮秧。培育壮秧是高产之基础。明水香稻秧田，每亩用种量40~50千克为宜，秧龄40~50天，叶龄6.0~6.5片，秧高20~23厘米，秧苗健壮挺拔，分蘖适量。

②适当晚插。由于"大红芒"属晚插早发品种，早插极易造成徒长倒伏，故应于6月20日以后插秧。

③控制群体。由于"大红芒"容易倒伏，故应适当控制群体。每亩可插2万穴左右，每穴2~3株苗，基本苗控制在4万~6万株/亩，最大群体20万~30万株/亩，有效穗数10万~15万穗/亩。

④注意烤田。烤田是水稻高产防倒的重要措施之一，对容易倒伏的明水香稻尤为重要。因此，在明水香稻拔节期要注意烤田，以便控制基部节间伸长，降低株高，并促其壮苗壮根，壮秆抗倒。

⑤科学施肥。在施肥上，要注意适当控制氮肥，增施磷肥、钾肥和有机肥，以利培育壮苗、防止徒长，同时利于提高品质。

⑥适时收获。在香稻完熟期 90%谷粒变黄时收割。收获后及时脱粒、干燥降水、包装、入库贮存，避免贮存时含水量超标，水分含量在 14%左右为宜。

4. 产品品质特色及质量安全规定

（1）外在感官特征。明水香稻的主要品质特点可以用五个字来概括，即：香、优、鲜、爽、珍。

香：明水香稻香味浓郁，沁人心脾。其香味之浓，为其他香米所不及，此为明水香稻之最大特点，是由明水香稻品种本身之种性所致，更与当地特殊的水质和土质紧密相关。

优：明水香稻品质优良，营养丰富。香米味甘性平，具有补脾、健胃、清肺等医药功能，被誉为"粮中珍品"。

鲜：明水香稻颜色鲜明，蒸色奶白，令人赏心悦目。

爽：明水香稻食之不腻，味道鲜美，清爽可口，令人增进食欲。

珍：明水香稻产量极低（一般亩产只有 300 千克/亩），而且其香性等品质特点，与当地的水质和土壤密切相关，唯独"百脉泉"泉头之地生长最佳。因此，所产稀少，为不可多得之珍品。

（2）内在品质指标。据中国农业科学院中心化验室化验分析：明水香稻含蛋白质 8.83%，赖氨酸 0.30%，淀粉 69.73%，脂肪 2.87%。因而，对人体健康大有裨益。除品种原因外，系产地土壤及地下水含锌、锰、镧、钛、钒、钴、锶等微量元素所致，米质优良，精米率 77.5%，无色，半透明，光滑油润，腹白小，非糯性，营养丰富。

（3）产品质量。明水香稻的产地环境必须符合 NY/T 5010—2016《无公害农产品　种植业产地环境条件》，入市大米必须达到农业部 NY 5115—2008《无公害食品　稻米》的卫生指标。有《农产品质量安全法》第三十三条规定情形的不得上市销售。

5. 包装标识等相关规定

章丘市境域范围内所有的明水香稻生产经营者，在产品或包装上使用已获登记保护的"明水香稻"农产品地理标志，须向登记证书持有人章丘市优质粮食协会提出申请，并按照相关要求规范生产和使用标志，统一采用产品名称和农产品地理标志公共标识相结合的标识标注方法。

（八）靖西大香糯质量控制技术规范（编号：AGI2012-02-00945）

本质量控制技术规范规定了经中华人民共和国农业部登记的靖西大香糯的地域范围、自然生态环境和人文历史因素、特定生产方式、产品品质特色及质量安全规定、标志使用规定等要求。本规范文本经中华人民共和国农业部公告后即为国家强制性技术规范，各相关方必须遵照执行。

1. 地域范围

靖西大香糯的地域保护范围为广西壮族自治区靖西市境内（东经105°56′~106°48′，北纬22°51′~23°34′），主要包括新靖、化峒、同德、湖润、岳圩、壬庄、龙邦、安宁、地州、禄峒、吞盘、南坡、安德、龙临、果乐、新甲、武平、渠洋、魁圩等19个乡镇涉及282个行政村。南北长75千米，东西宽99千米，地域保护范围面积48 437.88公顷，年总产量4 500万吨。

2. 自然生态环境和人文历史因素

（1）土壤地貌。靖西市境内以低山为主，阳坡面积较多。土壤类型多样，以渚育性、盐渍性水稻土为主，还有部分淹育性水稻土等，非常适合靖西大香糯的生长。

（2）水文。靖西市属珠江流域西江水系的左江和右江的部分支流，境内主要河流有23条。该县水资源总量为37.36亿立方米，其中地表径流量为25.45亿立方米，地下水储量7.36亿立方米。

（3）气候。产地属亚热带季风性石灰岩高原气候，夏无酷暑，冬无严寒，春夏秋长，冬寒甚短，温差小。年平均气温19.9℃，

年平均降水量 1 995.2 毫米，降水高峰为每年 6 月末；无霜期为
272~303 天，年均日照时数为 1 482.7 小时，适宜于大香糯的
生长。

（4）人文历史。靖西大香糯是中国十大珍米之一，宋代时靖
西就开始种植香糯，至少已有 800 多年的历史。据《靖西县志》
记载：靖西大香糯在明朝永乐十年（1412 年）就已成为贡品。清
光绪年间，编写的《归顺直隶州志》记载："州属所产圆大光泽，
著名珍珠糯最佳"。改革开放后，靖西香糯生产进入了一个新的发
展时期。1994 年，原靖西县把大香糯生产列入产业化开发计划，
当作农业主导产业项目来开发，增加投入和科技含量，引导农民大
力发展香糯生产，现今靖西大香糯种植 1.5 万亩，年产量 5 000
吨，年产值 1 500 万元。

3. 特定生产方式

（1）产地选择。靖西大香糯种植在生态环境优良、土壤有机
质含量高、水源充足、无污染、排灌良好、病虫害发生少以及便于
规模化生产的水田。

（2）品种选择。靖西大香糯的主栽品种有靖西浓香型茂糯、
靖西长芒花斑糯、靖西蜜蜂糯。

（3）生产过程管理。严格按照 NY/T 5117—2002《无公害食
品　水稻技术规程》操作，生产过程中农药使用必须符合 NY/T
1276—2007《农药安全使用规范　总则》。

（4）产品收获。90% 稻株达到成熟时收获，自然晾晒后脱粒。
不同品种单独收割、单独运输、单独脱粒、单独贮藏、单独包装，
防混杂。

（5）生产记录要求。建立生产全过程记录，并妥善保存。

4. 产品品质特色及质量安全规定

（1）外在感官特征。

靖西茂糯谷粒淡黄色，平均千粒重 31.4 克；蒸煮米饭洁白油
亮，香味浓，黏性好；靖西蜜蜂糯谷粒花褐色，有芒；平均千粒重

34.5 克，蒸煮米饭洁白油亮，清香，黏性好；靖西长芒花斑糯谷粒呈棕红与淡黄色相间；平均千粒重 35.9 克，蒸煮米饭洁白油亮，气味清香，黏稠柔软。

（2）内在品质指标。靖西大香糯黏性好，胶稠度达 56～117 毫米，阴糯率为 0.6%～0.8%，且富含蛋白质、氨基酸、支链淀粉等营养成分，其中直链淀粉含量 0.9%～1.5%，支链淀粉含量 82.4%～86.5%，蛋白质含量 6.82%～7.54%，氨基酸总含量 4.61%～6.58%。

（3）安全要求。产品符合 NY 5115—2008《无公害食品　稻米》要求。

5. 标志使用规定

靖西大香糯的分级、包装、标识、贮藏、运输按国家有关标准和规定执行。产品包装上注明"靖西大香糯"农产品地理标志字样。

（九）孝感糯米质量控制技术规范（编号：AGI2012 - 03 - 01031）

本质量控制技术规范规定了经中华人民共和国农业部登记的孝感糯米的地域范围、自然生态环境和人文历史因素、特定生产方式、产品品质特色及质量安全规定、标志使用规定等要求。本规范文本经中华人民共和国农业部公告后即为国家强制性技术规范，各相关方必须遵照执行。

1. 地域范围

孝感糯米产于湖北省孝感市的汉川、应城、孝南、云梦、安陆、孝昌六县市（区）所辖的刘家隔、新堰、田店、杨河、朱湖、下辛店、巡店、邹岗等乡镇。地理坐标为东经 113°19′～114°06′，北纬 30°42′～31°29′。地域保护总面积 4 900 平方千米，糯稻种植面积 57.6 万亩，产量 326 764.8 吨。

2. 自然生态环境和人文历史因素

（1）地貌土壤。孝感市地势呈由平原向山脉过渡的坡状地貌，以低湖平原和少量岗地为主。种植区域内以水稻土土类为主，土壤有机质含量丰富，且富含多种微量元素。

（2）水文。孝感市处于湖网边缘地事，河湖交错，水利资源丰富。大中小型水库 376 座，其中大型水库 2 座。南部平原湖区先后进行了汉江大堤培修、府澴河改道、大富水改道、汉北河开挖疏浚、汈汊湖治理等大型水利工程。开挖大型水渠多条，使孝感市形成河湖相通、河库相连的排灌体系。

（3）气候。产区属于亚热带大陆性季风气候，温暖湿润，四季分明，雨量充沛，年平均降水量为 1 133.8 毫米；光热充足，年平均日照时数为 1 996.7 小时，年平均气温为 16.0℃，≥10℃ 的积温为 5 091.9℃；无霜期长，全年无霜期 225～257 天，有利于糯稻生长、发育，属光、热、水条件配合较好的地带，加之区内河流纵横，湖泊星罗棋布，造就了孝感糯稻生长的特殊生态环境。

（4）人文历史。孝感糯米发展历史悠久，据《孝感地方志》记载，汉灵帝元和年间孝感城区东的野猪湖湖边，住着一户董姓人家，董良、董善兄弟二人为孝敬病中的老母亲，在捕鱼采芦的同时，为了给母亲调剂生活，从外地寻来种子开始种植糯稻，碾米食之。后人将糯米、芝麻制作成芝麻糖，通过发酵又制成了米酒，从此便有了"天下一绝"的孝感麻糖和"中华老字号"的孝感米酒。1958 年 11 月，毛泽东主席视察孝感，品尝了孝感糯米酿造的米酒后称赞其"确实味好酒美"。党的十一届三中全会后，由于实行家庭联产承包责任制，糯稻在规模上迅速扩大。1999 年以后，党中央、国务院高度重视三农工作，连续制定出台一系列扶农惠农政策，孝感糯稻进入产业化生产阶段，种植规模和集中度都得到提高。2016 年 12 月，朱湖国家糯米中心检测室在孝感市孝南区朱湖农场挂牌落成。

3. 特定生产方式

（1）产地选择。按照"在清洁的土地上，采用清洁的生产技术，生产清洁的产品"的理念和宗旨，选择其综合条件要求生态条件良好，远离污染源，并具有可持续性生产能力的农业生产区域。生产地的环境符合 NT/T 391—2013 的要求。

（2）品种选择。孝感糯米主栽品种为孝早糯 08、地方珍糯等。

（3）耕作制度。排灌条件好的水稻田实行"水稻—油菜"或"水稻—绿肥"两季耕作制，排灌条件差的冷浸田、积水田实行"水稻—小麦"耕作制。

（4）播种与育秧。

①用种量与播种时间。依据品种的生育特性进行确定。采用旱育秧方式，每亩大田按 30 平方米净面积播种 0.25 千克谷种，备足秧田和谷种。4 月播种，一般秧龄不超过 40 天。

②苗床耕整与培肥。播种前 5~7 天干耕干整，施足腐熟栏肥，达到田平土细，按 1.3 米左右宽厢面开沟，做到沟沟相通，以利排水。

③种子处理。播种前晒种 1~2 天，然后用 1% 的生石灰水浸种 1~2 天，浸种时使石灰水高出谷种 10 厘米，不要搅动。

④播种。将浸好了的谷种洗净、催芽至破胸露白，即可播种。播种要稀播匀播，以 30 平方米的苗床播破胸谷种 1.25 千克（约 1 千克干谷种）。气温低于 12℃ 时，苗床要覆膜保温保湿。

⑤苗床管理。调温、调湿、调气、炼苗：播种至一叶一心苗床密封，保温保湿，二叶一心开始通风炼苗，温度超过 30℃ 时要通风降温，使温度保持在 25℃ 左右。水肥管理：播种到现青立针，一般不洒水。此后，床土变干，应及时在早、晚喷水。苗期要加强人工防治草、禽、鼠害。

（5）移栽。

①大田耕整。先清除田间杂草、残茬，通过耕、耙、耖等田间作业，达到土壤松软、耕层活化、田平泥烂。

②施足底肥。坚持有机肥为主，化肥为辅的原则。结合耕整每亩施入 2 000 千克腐熟农家肥、碳氨 20 千克、过磷酸钙 10 千克、磷酸二氢钾 8 千克作基肥。

③移栽。取苗：移栽前 1 天，苗床洒一次透水，次日用铲取苗

或用手扯，不拌土、不扎把。密度规模：宽、窄插植，每亩 1.8 万~2 万穴，基本苗每亩 6 万~8 万株。质量要求：秧苗随取随栽，不插隔夜秧，移栽入泥浅，要插稳、直、匀。

（6）大田管理。

①水肥管理。管水：要求浅水稻秧（2 厘米），寸水返青（5 厘米），薄水分蘖（2 厘米），适时晒田，复水后浅灌，深水孕穗（7 厘米），足水抽穗，干干湿湿灌浆，收获前 3~5 天断水。追肥：晒田复水后看苗每亩施尿素 3 千克；抽穗前 30 天左右看苗每亩施尿素 4 千克作穗肥；齐穗期每亩用尿素 1 千克加磷酸二氢钾 0.2 千克兑水 40~50 千克叶面喷施粒肥。

②中耕除草晒田。中耕：插秧后 7 天第一次中耕，结合施肥进行；分蘖末期进行第二次中耕，使秧苗平衡生长。除草：插秧后 4~7 天结合中耕，进行人工除杂草、野稗，要求田间除草干净，无杂草和野稗。晒田：做到看苗适时晒田，要轻晒，以不陷脚为宜。

（7）病虫害防治。

①主要病害为稻瘟病，主要虫害为螟虫。

②防治原则。按照"预防为主，综合治理"的总方针，以农业防治为基础，根据病虫发生、发展规律，因时、因地制宜合理运用物理机械、生物防治、化学防治等措施，经济、安全、有效、简便地控制病虫害。

③防治措施。严格执行国家规定的植物检疫制度，防止检疫性病虫蔓延、传播。

农业防治。深耕灭茬，消除病株残体，清除田埂、沟渠、沟边上的杂草，搞好田间卫生，消灭病虫寄生场所；区域周边及田间不种植病虫寄生作物；积水、冷浸田，在冬季进行翻耕，翻压稻茬；适当提早春耕灌水，可杀死大量在稻茬内的越冬害虫；耕耙田后栽插前打捞干净田角边的根渣，带出田外销毁，减少病原菌；拔除销毁枯心团，圈治发病中心，手工捉稻苞虫；注重晒田及浅、湿、干间歇灌溉，用水调气、调肥，使水稻生长稳健。

生物防治。保护和利用天敌，发挥生物防治作用，保护田间有益生物，用有益生物消灭有害生物。

化学防治。加强病虫预测预报，做到及时、准确地防治。减少化学农药应用，控制环境污染，提倡人工治虫，用人工防治的不用药剂防治；可以点治或挑治的不全面施药；进行化学防治时，应选用高效、低毒、低残留和对天敌杀伤力低的药剂。对症下药，合理使用，注重喷药质量，减少用药次数，交替使用机制不同的药剂，延缓病虫抗药性。杜绝高毒、高残留农药的应用，严格执行农药使用安全间隔期。针对本地主要病虫害发生的情况，制定如下化学防治措施：主要病害防治：6月，每亩喷施75%的三环唑可湿性粉剂20克，防治稻瘟病。主要虫害防治：5月，每亩喷施17%杀虫双可湿性粉剂200克；7月，每亩喷施8 000万单位的BT粉剂100克，分两次防治螟虫，兼杀部分杂虫。

（8）草害的防治。

①禾苗栽插前耕耙整田，可杀死大量杂草，如杂草严重可提前7~15天整田，待第二批杂草重新生出再整田一次，能减少田间杂草的发生。

②禾苗栽插后7~10天，田间杂草开始大量发生，须人工耘禾，进行中耕除草，并用手拔除稗草。再过一个星期，须再次人工下田耘禾，拔除杂草。

（9）除杂保纯。在抽穗期到收割期，要人工进行除杂工作，清除杂株，保持品种纯度。

（10）收获。9月中旬，稻谷蜡黄时，抢晴收割。分品种机械收割，风干扬净，归仓存储。

（11）生产记录要求。生产记录要建立档案，组织培训孝感糯米种植大户、生产加工企业，做好品种选择、土肥管理、病虫害防治、收割管理、成品整理及收后出入库台账等，认真仔细做好记录并进行整理，为孝感糯米的生产管理技术体系提供依据。

4. 产品品质特色及质量安全规定

（1）外在感官特征。孝感糯米属早中籼糯稻，谷粒大、扁长、饱满，其粒长为 7~8 毫米，宽为 2.5~3 毫米，厚约为 2 毫米，胚芽处缺口较深，粒宽于一般糯米；单粒比重较轻，千粒重 29 克；米粒颜色乳白鲜嫩，鲜米芬芳，饭米香醇；口感甜绵，稠腻滑润。

（2）内在品质指标。孝感糯米支链淀粉含量高，并有丰富的植物蛋白质，可补充消耗的体力及维持身体正常体温。米质主要指标为胶稠度 ≥95 毫米，蛋白质 ≥6.4%，直链淀粉（干基）≤1.8%，碱消值 6 级。孝感糯米加工品质要求，生米磨碎手感细腻绵软；易蒸易熟，冷水浸泡后，3~5 分钟即熟，加工成糖，易烂、黏稠、透心；做酒发酵彻底，不断层破裂，酒、糟层次分明，含糖量达到 18%，还原糖不低于 16%；冷食无硬粒、残渣。

（3）安全要求。孝感糯米标准应符合《NY/T 419—2014 绿色食品 稻米》的要求。在生产和加工过程中严格执行 NY/T 391—2013 绿色食品 产地环境质量标准、NY/T 393—2013 绿色食品 农药使用准则、NY/T 394—2013 绿色食品 肥料使用准则、NY/T 658—2015 绿色食品 包装通用准则。

5. 标志使用规定

（1）使用孝感糯米农产品地理标志的产品必须产自本区域范围。

（2）使用孝感糯米农产品地理标志的生产经营者必须取得登记产品相关的生产经营资质。

（3）使用孝感糯米农产品地理标志的生产经营者必须严格按照规定的质量技术规范组织开展生产经营活动。

（4）使用孝感糯米农产品地理标志的生产经营者必须按照生产经营年度与登记证书持有人（孝感市农业技术推广总站）签订农产品地理标志使用协议，在协议中载明使用数量、范围及相关的责任义务。

（5）农产品地理标志登记证书持有人不得向农产品地理标志

使用人收取费用。

（6）农产品地理标志使用人应在产品及包装上统一使用农产品地理标志（孝感糯米名称和公共标识图案组合标注形式）。

（7）农产品地理标志使用人可以使用登记的农产品地理标志进行宣传和参加展览、展示和展销。

（8）农产品地理标志使用人应当自觉接受登记证书持有人的监督检查，保证地理标志农产品的品质和信誉。

（十）桓仁京租大米质量控制技术规范（编号：AGI2015-01-1598）

本质量控制技术规范规定了经中华人民共和国农业部登记的桓仁京租大米的地域范围、自然生态环境和人文历史因素、特定生产方式、产品品质特色及质量安全规定、标志使用规定等要求。本规范文本经中华人民共和国农业部公告后即为国家强制性技术规范，各相关方必须遵照执行。

1. 地域范围

桓仁京租大米产于辽宁省本溪市桓仁满族自治县（以下简称桓仁县）境内（东经124°27′~125°40′，北纬40°54′~41°32′），包括桓仁镇、雅河乡、古城镇、普乐堡4个乡镇，共计35个行政村。总面积50 000亩。

2. 自然生态环境和人文历史因素

（1）土壤地貌。桓仁县地处辽宁东部山区，属长白山系，其地势为西北高，东南低，并向中倾斜。群山为森林、灌木及杂草所覆盖，植被生长繁茂。坡脚及缓坡平地多开垦为耕地。

桓仁京租大米生产主要分布于雅河流域，六河流域和富尔江流域的低阶地上，以壤质深沙底草甸土田为主，土层深厚，土壤肥沃，有机质含量3.61%、全氮0.21015%、碱解氮146.17毫克/千克、速效钾97毫克/千克、速效磷34.8毫克/千克，pH值为6.5~7.1，微量元素丰富，为桓仁京租大米生长提供良好的营养环境。在三大流域中以三道河子桓仁京租大米稻田最为优良，该地段有两条河水自大阳沟而出，而大阳沟富有滑石等矿物质，其中镁离子含量较高，河水夹带着大量的氧化镁注入稻田，每公顷达到并超过15千克，因此至今六道河流域仍然是桓仁京租大米的主产区。

（2）水文。桓仁县植被茂密，水利资源非常丰富，素有"辽宁水塔"之称。境内共有大小河流70余条，贯穿全县，泉眼254处。集水面积在百平方千米以上的河流有八条（浑江、富尔江、雅河、六河、哈达河、里岔河、漏河、富沙河），地表水资源总量21亿立方米，蓄水工程26座，桓仁县12万亩水田全部用溪流及山泉水灌溉。著名的浑江，是桓仁县第一大河流，桓仁浑江水库（桓龙湖）是辽宁的大型水库之一，其库容34.6亿立方米，水域面积12.2万亩，是辽宁省东水西调的水源地。库区的形成，尤其是对调节桓仁的生态气候起到了重要作用，桓仁地表水和地下水均达到二类水质标准。

（3）气候。桓仁县属北温带大陆性季风气候，具有冷凉湿润的气候特点，夏季较短、雨量充沛，冬季寒冷时间长。年平均气温7.4℃，≥10℃的年平均积温 3 014.7℃，年均日照时数为2 369.4小时，无霜期平均在153天，无高温障碍，一年一季，秋季昼夜温差大，日照充足，极有利于桓仁京租大米养分的形成与积累，是桓仁京租大米特有的自然种植优势。年平均降水量898.9毫米，4—9月降水量占全年的86.17%，雨热同季极有利于京租稻生长。

（4）人文历史。清朝同治皇帝品尝桓仁稻米后御封"十里香"，并根据两个种植水稻的稻农的姓氏命名为"金珠稻"。清朝同治十三年（1874年），清朝政府御赐这种水稻为"京租"，成为清光绪年间专供皇帝膳用的米品。据《桓仁县志》（1877—1985年）记载，县内水稻种植始于光绪元年（1875年），当时只有少量种植。品种单一，仅有大黄毛子、京租。曾是清皇室贡米基地，因此，桓仁大米又有"京租米""贡米"之称。1949年以后，桓仁大米被国家指定为招待高级外宾专用米，桓仁县被国家列为名贵水稻生产基地。20 世纪 80 年代，桓仁县从辽宁省水稻研究所种质资源库引回 100 克京租稻种植。2010 年，桓仁满族自治县农村经济发展局、县农业技术推广中心组织农业科技人员经过 4 年 6 代的株系循环提纯选优，使京租稻的品质、品性得到了较好的恢复。2013年，京租稻被列入辽宁省第二批农业文化遗产名录。2014 年，"辽宁桓仁京租稻生产系统"成为辽宁省重要农业文化遗产。2014 年，桓仁县政府为纪念朝廷御赐"京租"和"官地"140 周年，根据民间意愿，将每年的 8 月 22 日确定为"京租文化节"，并立"官地"碑，以示纪念。

3. 特定生产方式

（1）产地选择。桓仁京租大米起源于桓仁县，在桓仁县选择地势平坦、肥力中等、具备单排单灌条件的壤土地块种植。

（2）品种选择。桓仁京租大米的品种俗称"黄毛子"，种子质量符合 GB 4404.1—2008 国家质量标准。

（3）生产过程管理。桓仁京租大米自有其一套完整而特殊的生产程序和栽培方法，数代相传，从而保持了该米的优良品质。在严格按照无公害水稻生产技术标准生产同时，针对其分蘖率低、秆软不抗倒、容易落粒的特点，采取针对性的栽培管理措施，达到高产、高效、优质、安全的目的。

①种子处理。育苗前将种子晾晒 2~3 天，以促进种子活力，提高发芽率，浸种时吸水快，出苗齐。晾晒 3 天后浸种，浸种时要进行种子消毒，消除种子表面携带的病菌可减轻苗床和本田里的立枯病、青枯病、稻瘟病和稻曲病的发生。

②播种。采用抛秧盘育苗的苗期一般为 35 天左右，应考虑外界气温稳定通过 5℃以后晴好天气播种。播种量的多少是培育壮秧的重要条件，要适当稀播育壮秧，采用抛秧盘育苗一般每盘播种量 70 克左右，每亩地 25 盘需种子 2 千克左右。苗床面要平整，播种前一天要浇足底水，抛秧盘要与床面充分接触，苗床壮秧剂要严格按照说明书使用不得过量，前一天拌好。播前将每盘定量的种子和

盘土拌和在一起，均匀撒入盘中，用木板压平刮净后，用苗床除草剂封闭，附地膜，再扣棚。

③苗期管理。苗龄1叶1心期，棚内温度控制在25~28℃，两天浇一次水，用甲霜灵防治水稻立枯病，同时喷壮秆肥1次，追施水稻苗床专用肥或硫铵50克/平方米。2叶1心时及时通风炼苗。棚内温度控制在22℃左右。3叶至插秧阶段，每天要浇透水1~2次。温度控制在20~25℃。移栽前3~5天浇一次苗床专用肥，同时用阿维菌素防潜叶蝇一次。

④本田管理技术

合理施肥。选择肥力中等的地块，亩施优质农家肥2 500千克。耙地前使用含硫基的复合肥（13-17-15）25千克/亩加尿素10千克/亩。适量增施硅、磷、钾肥。全层深施肥后耙地平整。移栽返青后结合除草追施硫酸铵或碳酸氢铵10千克/亩。7月1日后确保生理用水的同时采用湿润保根小水勤灌的方法，在土壤裂缝达0.1~0.5厘米时追肥后再灌水，达到"以水带氮"深施的目的。长势叶以不披垂为好，行间不要闭郁过早，拔节期喷壮秆肥一次，以增强抗倒伏能力。

插秧及本田除草。秧龄35天，当地气温达到15℃时开始移栽，栽插密度：33厘米×13厘米。移栽5~7天后可结合追施返青肥，选用53%苄嘧·苯噻酰可湿性粉剂进行封闭灭草。

合理管水。灌溉最好采用单排单灌的方法，即：浅—深—浅—湿润模式，返青至分蘖终期（6月25日）保持水层3厘米，6月25至7月10日保持水层5~7厘米，7月11日至8月25日保持水层3厘米；8月26日至9月20日湿润灌溉，不要断水过早，以免影响产量。前期和后期可适当晒田。

⑤病虫防治。

立枯病。利用壮秧剂苗床调酸的方法，把床土pH值调到4.5~5.0。秧苗一叶一心用甲霜灵、恶霉灵600~800倍液喷雾。并浇苗床专用肥60平方米/袋，同时兼防立枯病或青枯病。

胡麻叶斑病、稻瘟病。每亩用稻瘟灵、三环唑 100～150 毫升喷雾，防治叶瘟。每亩用稻瘟灵 100～150 毫升或春雷霉素 1 000 倍液在破口期、齐穗期喷雾防治穗颈瘟。

稻曲病。在水稻孕穗后期（破口前 7 天）用络铵铜、瘟曲灵 800～1 000 倍液喷雾。齐穗期每亩用 5% 的井冈霉素 100 毫升喷雾。

纹枯病。清除菌源，加强肥水管理，合理排灌，适时晒田。水稻拔节孕穗期每亩用 5% 井冈霉素 150 毫升均匀喷雾。

白叶枯病。用代森铵或克菌康 600～800 倍液喷雾。尤其是洪水淹涝后必须喷药防治。

稻水象甲。选用内吸性生物农药或低残留农药，在防治稻水象甲的同时也防治潜叶蝇的发生，在移栽后 5～7 天用 20% 阿维三唑磷喷雾防治。

二化螟。在成虫发生期用高压杀虫灯诱杀成虫。7 月下旬用 1.8% 阿维菌素乳油、甲维盐 1 500 倍液兑水均匀喷雾。

（4）适时收获。京租稻完熟后，极易落粒而影响产量，在进入蜡熟后期适时提前收获，通过茎秆养分达到完熟，降低落粒程度，将损失降低到最低程度。收获后，在原地晒干脱粒，避免移动掉粒损失。

（5）科学干燥与贮藏。为保证桓仁京租大米品质，一是以自然晾晒为主，实施低温贮藏，有效防止脂肪分解和病虫害发生。二是少量机械干燥以慢速干燥技术为主，温度控制在 35% 以下，干燥率 0.8%，使水分慢速降至 14%～15%，提高桓仁京租大米的加工品质和食味品质。储存仓库应通风、干燥、清洁、阴凉无阳光直射，有通风及防湿设备，并具有防虫措施，严禁与有毒、有异味、潮湿、易生虫、易污染的物品混放。

（6）加工技术规程。

①清理工序。以最合理的工艺流程，清除稻谷中的各种杂质，以达到砻谷前净谷质量要求。本流程的清理工序设备由初清筛、高速振动筛、去石机、磁选器组成。

②砻谷工序。是剥去稻谷的颖壳，获得纯净的糙米（净糙）。本流程砻谷工序设备由砻谷机、选糙平转筛、重力谷糙分离机、高速振动筛、调质机、磁选器组成。

③碾米工序。碾米工序是碾去糙米表面的全部皮层并通过精选、抛光、色选等设备，使京租大米达到免淘米标准。碾米工序设备由碾米机、分级筛、精选机、抛光机、色选机、磁选机、打包机、缝包机等组成。

（7）生产记录要求。桓仁京租大米须建立生产记录档案，详细记录产地、种子处理时间与方法、播种时间与方法、田间管理、采收时间、加工方法等技术与过程，全部记录至少保存3年。

4. 产品品质特色及质量安全规定

（1）外在感官特征。桓仁京租大米腹白较少，蒸煮时富有光泽，纵向伸展好，米饭松软有韧性，口感清香。1989年在辽宁省优质稻米评比中获口感第一名称号，素有"细米之骄子""御用之贡米"的美称。

（2）内在品质指标。桓仁京租大米蛋白质含量5~13克/100克，直链淀粉含量17~21克/100克，胶稠度≥60毫米。

（3）安全要求。桓仁京租大米的产地环境、产品质量均符合无公害农产品的相关要求。产地环境严格按照无公害农产品种植业产地环境条件（NY/T 5010—2016）标准执行；产品质量符合国家相关强制性技术规范要求。

5. 标志使用规定

（1）"桓仁京租大米"地域范围内的生产经营者，需向登记证书持有人提出申请，与证书持有人签订协议，方可在产品或包装上使用"桓仁京租大米"地理标志。

（2）按照相关要求规范生产和使用标志，统一采用产品名称和农产品地理标志公共标识相结合的标识标注方法。

（3）自觉接受登记证书持有人和各级农业行政主管部门的监督检查。

（十一）汉中大米质量控制技术规范（编号：AGI2015-03-1779）

本质量控制技术规范规定了经中华人民共和国农业部登记的汉中大米的地域范围、自然生态环境和人文历史因素、特定生产方式、产品品质特色及质量安全规定、标志使用规定等要求。本规范文本经中华人民共和国农业部公告后即为国家强制性技术规范，各相关方必须遵照执行。

1. 地域范围

汉中大米地域保护范围为陕西省汉中市所辖汉台区、南郑区、城固县、洋县、西乡县、勉县、宁强县、略阳县、镇巴县、留坝县、佛坪县10县1区共计175个镇。地理坐标为东经105°30′~108°16′，北纬32°08′~33°53′，东到镇巴县巴庙镇，南到镇巴县盐场镇，西到宁强县青木川镇，北到留坝县江口镇。水稻种植区主要集中在海拔450~750米的平坝、丘陵和浅山区。总生产面积10万公顷，年产稻谷65.02万吨。

2. 自然生态环境和人文历史因素

（1）土壤地貌。汉中位于陕西省西南部，北依秦岭，南屏巴山，中部是汉中盆地。稻田土壤类型以潴育性水稻土和淹育性水稻土为主，熟化程度高，有机质含量1.65%~4.31%，肥力高，保水保肥性强。

（2）水文。汉中水资源丰富，水质洁净，是国家南水北调中线工程重要水源涵养区和供京水源地，东西横贯的汉江水系和南北纵穿的嘉陵江水系年平均径流144.1亿立方米。建于两千多年前的山河、五门堰和民国时期的汉惠、褒惠、湑惠三大干渠以及中华人民共和国成立后的冷惠渠、石门水库、红寺坝水库、南沙河水库等引、蓄水工程，在水稻灌溉上发挥着重要的作用。水稻种植区渠系配套，四通八达，生产中保灌面积90%以上。

（3）气候。汉中地处我国南北气候过渡带，属北亚热带季风气候类型，被誉为"地球上同纬度生态条件最好的地方"，森林覆盖率

58.18%，是四大"国宝"大熊猫、朱鹮、金丝猴、羚牛的栖息生长地。汉中北有秦岭屏障，寒流不易侵入，南有大巴山拦截南方暖湿气流，盆地效应凸显，冬无严寒，夏无酷暑，四季分明，雨热同季。年平均降水量 800~1 200 毫米，年平均日照时数 1 300~1 800 小时；年均气温 12~14℃，无霜期 211~254 天，≥10℃ 活动积温 4 200~4 480℃，其中水稻生长的 4—9 月活动积温占全年的 87.2%。

汉中是我国同一纬度迟熟中籼水稻种植的最北沿，属优质籼稻最佳生态区之一。水稻生长发育、灌浆结实期气温多在 23~30℃，既无南方稻区的高温危害，又无北方稻区的低温影响，尤其是 8 月中旬至 9 月上旬水稻灌浆结实期，旬平均气温 21.8~24.9℃，昼夜温差 7.9~8.6℃，温度适宜，昼夜温差大，水稻灌浆速度平稳，消耗少，累积多，利于高产优质。

（4）人文历史。汉中自古就被赞誉为"鱼米之乡"，也是有名的"天府之国"。据《汉中地理志》《汉中地区志》记载，早在新石器时代，汉中已种植水稻。西汉萧何筑堰，三国孔明屯垦，皆以种稻储谷武备。另据《西乡县志》记载，唐《地理志》有"西乡稻米是京兆贡米源地之一"的描述，说明汉中大米品质优良。著名气象学家竺可桢先生和袁隆平院士对汉中水稻生产和优质米产业发展进行了高度评价。以汉中大米为原料制作的汉中米（面）皮，相传始于西汉初年，现已成为全国知名特色小吃。自 2008 年以来，在平川 6 县区开展了水稻高产创建活动，屡创全省高产纪录，通过项目实施带动，提升了汉中水稻综合生产水平，实现了连年丰收。"十二五"期间把优质米确定为汉中农业主导产业之一，在各级政府的重视支持下，优质米产业得到了快速发展。开发出"汉谷源""芳祥""定军""朱鹮"等一批汉中名优绿色大米品牌，有 13 个产品已获得绿色食品标志认证，有 8 个产品获得了无公害产品认证，产品已远销到川、渝、鄂等南方稻米市场，先后在第五届和第十一届全国优质稻米博览会上荣获 1 个"金奖大米"奖和 10 个"优质产品"奖。

3. 特定生产方式

（1）推广优质品种。以稻米品质达优质二级以上，经国家或省级审定的迟熟中籼为主栽品种；依据育种发展，及时做好品种更新。当前生产上主要推广黄华占、川优 6203、宜香 1108、内 5 优 5399 等品种。

（2）两段育秧，巧夺积温。汉中为稻—油（麦）两熟区。4月上旬利用温室（棚）育小苗（3 叶），寄插到秧田培育多蘖壮秧，5 月中下旬小麦和油菜收获后移栽大田。可巧夺积温，确保 8月 10 日前高产齐穗。

（3）肥促水控，健身栽培。坚持科学的水肥管理，实行配方施肥，采取肥促水调、间隙浅灌的模式，做到浅水插秧，深水护苗，寸水促蘖，苗够（田间总茎数达到预期有效穗的 80%）或时到（分蘖未达到预期的有效穗数，但是水稻已进入幼穗分化期）及时退水晒田，即"苗够不等时，时到不等苗"，以达到早生快发、壮秆大穗。

（4）两防一喷，统防统治。汉中稻米主要采用公司（专业合作社）＋基地的生产模式，病虫害实行统防统治。在水稻破口抽穗前，组织专业机防队，选用高效低毒生物农药防治稻苞虫和穗颈稻瘟病、叶面喷施磷酸二氢钾，搞好"两防一喷"。

（5）加工。大米加工采用标准化生产线，减少人为因素对产品质量的影响。

4. 产品质量特色及质量安全规定

（1）外在感官特征。汉中大米为籼米，加工品质好，其中出糙率为 75%～79%，整精米率 52%～56%，垩白粒率≤20%。汉中大米米粒细长均匀，色泽清白，晶莹剔透，光滑油润，气味纯正；煮粥浆汁如乳，味甘醇香；蒸饭油亮溢香，柔韧不黏；冷饭成粒性好，不回生。

（2）内在品质指标。汉中大米营养丰富均衡，其中蛋白质含量≥6.0%，脂肪含量 0.3%～1.5%，氨基酸总量≥5.8%，直链淀粉 14.0%~20.0%，硒含量≥0.2微克/千克。

（3）安全要求。汉中大米标志使用人其生产基地和大米产品需达到无公害产地和产品要求，批次抽检需符合农办质〔2015〕4号文大米产品质量安全要求。

5. 标志使用规定

（1）汉中大米的生产经营者在使用地理标志前，需向登记证书持有人提交使用申请书、生产经营者资质证明等材料。

（2）汉中大米农产品地理标志使用协议生效后，标志使用人方可在农产品或农产品包装物上使用农产品地理标志，并可以使用登记的农产品地理标志进行宣传和参加展览、展示及展销活动。

（3）汉中大米农产品地理标志使用人要建立农产品地理标志使用档案，如实记载地理标志使用情况，并接受登记证书持有人的监督。

（十二）射阳大米质量控制技术规范（编号：AGI2017-04-2180）

本质量控制技术规范规定了经中华人民共和国农业部登记的射阳大米的地域范围、自然生态环境和人文历史因素、特定生产方式、产品品质特色及质量安全规定、标志使用规定等要求。本规范文本经中华人民共和国农业部公告后即为国家强制性技术规范，各相关方必须遵照执行。

1. 地域范围

射阳大米地理标志登记产品地域保护范围：东经 119°59′~120°33′，北纬 33°24′~34°07′，覆盖射阳县临海、千秋、四明、海河、新坍、长荡、特庸、盘湾、合德、海通、黄沙港、洋马、兴桥、射阳港经济区 14 个镇（区）和大丰区方强农场。年种植面积 107 908 公顷，年产稻谷 110 万吨，年销售额 60 亿元左右。

2. 自然生态环境和人文历史情况

（1）土壤地貌。射阳为黄淮冲积海相沉积平原，属盐渍型水稻土，十分肥沃。pH 值为 7.5~8.5，土壤结构好，中性壤土，蓄水透气性能好。射阳土壤有富钾的特性，速效钾含量为 70~210 毫克/千克,平均含量140毫克/千克,特别适宜稻谷生长。

(2)水文。射阳的水资源丰富。江苏里下河地区四条主要河道流经射阳入海,水利枢纽工程完备,以苏北第一挡潮闸射阳河闸等四座大型挡潮闸均在射阳沿海,苏北灌溉总渠流经射阳北端,形成自然灌溉水系,泽被大片地区。境内水网纵横,水系合理,排灌分开,功能完备,使农作物旱涝保收。

(3)气候。射阳的气候环境独特,射阳呈半岛状凸出,是典型的海洋性湿润气候,四季分明、雨热同季,为江苏独有的"冷窝",春夏回温慢,作物生长期长。射阳为江淮气旋入海口,夏季冷暖空气交汇频繁,雷雨特别是夜雷雨多,利于稻谷分蘖拔节。处于海洋、内陆气候之间,季节温差大,日夜温差也大,刺激作物的生长。射阳无霜期长达281天,积温较高,≥10℃积温 4 526~4 685℃,每年9—10月的作物成熟期,其间光照充足,有利于植物干物质的形成和积淀。射阳水稻种植有得天独厚的条件。

(4)人文历史。射阳县稻米种植历史悠久。早在明朝中叶,射阳地区就有"人烟稀少,临海著盐,汪田种稻,一年一熟"的记载(《射阳县志》)。但当时未经开垦,河道淤塞、海水倒灌,"春天冒盐霜,秋天芦花荡"。1916年(民国5年),民族资本家张謇来此创办垦殖公司,屯民挖渠,叠坝成田,东部植棉,西部种稻。1949年中华人民共和国成立后,逐步把"风吹盐屑满天白"的盐碱滩,改造成"雨洒田园四季绿"的沃土。射阳成为典型的农业大县,农业生产快速发展,成为国家级生态示范区,全国粮食生产先进县。水稻种植品种上,也随经济社会发展而变化。在计划经济时期,人们追逐的是有饭吃、解决温饱,以产量高的杂交稻为主。随着粮食市场放开,20世纪90年代开始,改种粳稻,一经上市,便受到长三角地区消费者热捧。20世纪90年代末,全部改种粳稻。射阳水稻栽培技术领先,全县推广标准化种植,无公害、绿色食品覆盖整个稻作区域,水稻种植水平空前提高。2000年,射阳县委、县政府推进农业产业化进程,在全县列出以优质大米为首的十大农业特色产业，制定了《射阳优质稻米产业发展规划》，在全国率先倡导成立县级大米协会，以增强行业组织化程度，推进稻米产业化进程。2005 年有"绿肥+稻" 15 万亩、"蟹+稻" 20 万亩，连片无公害种植面积 30 万亩。为改变历史上以出售稻谷原料为主产品销售，射阳大米产业迅速发展，形成 57 条生产线，日处理 6 500 吨生产能力，年销售 50 万吨以上，20 亿元产业规模的群体，产品销往全国 10 多个省市和 10 多家国内外知名超市、卖场。

3. 特定生产方式

水稻联耕联种组织、家庭农场、种粮大户，在选用稻谷品种、栽培等，实行统一管理，并推行社会化农技服务，提高稻谷质量、品种纯度。对生产过程组织记录、监控，提高产品安全水平。

（1）选用优良品种。射阳大米选用的主要原料品种为超级稻南粳 9108。该品种是江苏农业科学院培育的适宜射阳县地域种植的、兼顾品质与抗性的水稻新品种。

（2）精确定量栽培技术。主要包括精量稀播育壮秧、群体定量调控、精确定量施肥、节水保优浅湿灌溉等关键技术环节。

①育秧。采用毯状钵形秧盘育秧。播前晒种 1~2 天精选种子，用氰烯菌酯加杀虫丹或杀螟·乙蒜素等药剂浸种，浸 2~3 天至露白。适宜播种期为 5 月下旬至 6 月初，具体根据茬口及移栽时间倒推确定。

②机插。地域内稻谷生产全部采用机插，确保秧苗不漂不倒。缺株率超过 3%以上时要及时进行人工补缺，以减少空穴率和提高均匀度，确保每公顷 27 万~30 万穴，每穴 3~4 株。

③水浆管理。水稻栽后深水护秧，浅水分蘖，后期干湿交替，间歇灌溉，收获前 7 天左右断水。

④肥料施用。坚持有机肥与无机肥搭配，以有机肥为主，并实行测土配方施肥。全面实行秸秆还田，每公顷施用腐熟有机肥 20 000~25 000 千克，或有机质含量≥30%的商品有机肥 1 500~2 000 千克。

⑤病虫草害防治。根据当地植保部门发布的水稻病虫草害预测预报与防治意见做好病虫害防治工作。农药使用应符合 GB 4285 及 GB/T 8321 规定。生产绿色食品、有机产品田块实行生物防治，并逐步扩大生物防治的范围。

（3）收获与加工。

①收获。黄熟期露水干后收获，及时晒干扬净。遇有连续阴雨天气，使用谷物干燥设备及时烘干。

②加工。加工流程为：稻谷经过初清除杂→清理（磁选）→去石→砻谷→谷糙分离→碾米→白米精选→色选→抛光→白米分级→定量→检验→包装入库。

4. 产品品质特色及质量安全规定

（1）外在感官特征。射阳大米米粒饱满，呈椭圆形，表面光洁，垩白较少，有茉莉清香，米饭洁白光亮，香味浓郁，口感柔软有弹性，凉饭不返生。煮粥米汤黏稠，入口润滑。

（2）内在品质指标。射阳大米蛋白质含量≥7.0 克/100 克，碳水化合物含量≥72 克/100 克，直链淀含量 15.0% ~ 20.0%，胶稠度≥60 毫米。

（3）安全要求。产品质量及环境条件应符合无公害稻谷生产相关标准。

5. 标志使用规定

凡在本规范规定的地域内种植的射阳大米生产者，均可申请使用本地理标志，标志使用人应在其产品包装上统一标注"射阳大米"及其地理标志编号和组合图案。采用在包装上印刷等方法，需符合《农产品地理标志公用标识设计使用手册》的规定和要求。由于射阳大米为集体商标，需同时符合《射阳大米集体商标使用管理规则》。

（十三）惠水黑糯米质量控制技术规范（编号：AGI2017-04-2234）

本质量控制技术规范规定了经中华人民共和国农业部登记的惠

水黑糯米的地域范围、自然生态环境和人文历史因素、特定生产方式、产品品质特色及质量安全规定、标志使用规定等要求。本规范文本经中华人民共和国农业部公告后即为国家强制性技术规范，各相关方必须遵照执行。

1. 地域范围

惠水黑糯米地域保护范围位于贵州省中南部，主要涉及惠水县的好花红镇、涟江街道、濛江街道、岗度镇、雅水镇、摆金镇、王佑镇、断杉镇、芦山镇、羡塘镇等 10 个镇（街道）。地理坐标为东经 106°22′~107°06′，北纬 25°41′~26°18′。生产规模 2 000 公顷，年产量 1.2 万吨。

2. 自然生态环境和人文历史因素

（1）土壤地貌。惠水县地处黔中腹地，地貌类型属典型的高原盆地，海拔高度 800~1 400 米，涟江纵贯全境，冲积平原面积达 90 平方千米，形成的涟江大坝是贵州第一大坝，达 10 万亩。土壤类型主要为黄壤和黄棕壤，有机质含量≥1.0%，土壤 pH 值 5.5~7.0，土壤肥沃，阡陌纵横，平畴绿野，生机盎然，是贵州著名的稻粟之地，这里有着传统的农耕文化，是贵州黑糯米的发源地。

（2）水文。惠水县境内的水源被誉为"清溪吐珠"，地下优质泉水，清澈透明，矿物质丰富，40.2%以上森林覆盖率，污染少，水资源组合好，境内以涟江水系为主，流域总面积 5 000 多平方千米，多年平均流量为 73.3 亿立方米。县地表水资源量 9.421 亿立方米，地下水总储量 2.75 亿立方米。优质的水源、暗河、泉水星罗棋布，植被生长茂盛，生态良好。

（3）气候。境内属亚热带湿润季风气候，年平均气温 16℃左右，年平均日照时数 1 000~1 350 小时，无霜期 280 天以上。年平均降水量 1 100~1 300 毫米，水稻生长期 4—9 月降水占全年 80%左右，水源充足。冬无严寒，夏无酷暑，气候宜人，是种植优质黑糯米的良好自然生态环境。

（4）人文历史。惠水黑糯米已有四五千年历史，是贵州六大贡米中历史最悠久的贡米。据《定番州志》记载，宋朝时期，南宁州（今惠水）土司龙彦韬带领一千余人，历时两月专程向朝廷进贡黑糯米，深得皇帝赞赏，自此黑糯米成为南宁州各番向朝廷进贡的地方特产。明代李时珍在《本草纲目》中所载之"乌稻""血米"即为此稻。清代，惠水黑糯米在汉族和其他民族中开始大规模种植，据光绪年间《贵州通志》记载：定番仲家，广植黑稻，味香糯弹，汉族广植。1973年，为提高黑糯稻产量，惠水县农业局对黑糯稻品种进行杂交选育，历经十年，培育出黑糯138、黑糯141、黑糯142、黑糯187等四个品种，亩产达350千克。1984年，惠水县政府在本县摆金、斗底等乡镇建立黑糯米生产基地。在贵州省众多的黑色食品中，因其米质优良、营养丰富、功能多样、色泽紫黑而有"黑珍珠"美称。用黑糯米酿造的黑糯米酒、黑糯米香槟酒荣获"贵州省名酒"和"贵州省优质新产品"的称号。

3. 特定的生产方式

（1）品种选择。黑糯72等适宜当地种植的黑色糯稻品种。种子质量符合（GB 4404.1）《粮食作物种子　第1部分：禾谷类》的要求。

（2）产地选择。产地范围内海拔高度800~1 400米，土壤有机质含量≥1.0%，土壤pH值5.5~7.0，产地环境质量须符合《水稻产地环境技术条件》（NY/T 847）的要求。

（3）生产过程管理。

①播种。一般于3月下旬至4月中旬播种，适宜秧龄30~45天。播种量37.5~45千克/公顷。

②移栽。时间为5月中下旬至6月上旬。每公顷植苗20万~22万穴，每穴4~6棵秧苗。

③田间水分管理。采取"三水三湿一干"的灌溉技术，即寸水插秧，寸水施肥除草治虫，寸水孕穗开花，湿润水分蘖，湿润水幼穗分化，湿润水灌浆结实，够苗排水干田控蘖（茎蘖数达目标穗数85%~90%）。收割前7~10天排水晒田。灌溉水质应符合

《无公害食品 水稻生产技术规程》（NY/T 5117）中对灌溉水的规定。

④施肥。遵循"以有机肥为主，重施基肥，适追分蘖肥，巧施穗粒肥，平衡施肥，增施硅锌肥"的施肥原则。要求每公顷施有机肥≥18 000千克。肥料施用应符合《肥料合理使用准则 通则》（NY/T 496）规定。

⑤病虫害防治。坚持"预防为主，综合防治"的植保方针，加强病虫检测，根据测报精确防治。并建立病虫害检测点，开展测报，及时查虫情苗情，根据防治指标，做好分类指导。病虫防治实行建身栽培，推广应用振频式杀虫灯，选用高效、低毒、低残留农药，严格掌握农药用量，农药的使用必须符合《农药安全使用规范 总则》（NY/T 1276）和《农药合理使用准则》（GB/T 8321.1—8321.10）。

（4）收获、晒谷与加工。

①收获。9月下旬至10月上旬收获，自然晒干，稻谷含水量≤14.5%，即可入库贮存。

②晒谷。保持一定的厚度，以免干燥过度，有条件的地方，可采用烘干机低温干燥入仓，稻谷含水量≤14.5%，及时进仓贮存。做到不同品种单独收获、单独运输、单独脱粒、单独贮藏、单独加工、单独包装，防止与普通大米混杂。

③加工。稻谷清选→除尘去石→砻谷→谷糙分离→碾米→包装→成品入库。

（5）生产记录要求。惠水黑糯米生产加工的全过程，要建立生产记录档案，必须准确、清晰、工整、完全。全面记载并妥善保存，以备查阅。

4. 产品品质特色和质量安全规定

（1）外在感官特征。惠水黑糯米米皮紫黑、内质洁白，煮后黝黑晶莹、色泽鲜艳、食味浓郁芳香、绵软有弹性、糯性好。

（2）内在品质指标。惠水黑糯米直链淀粉含量≤2.0%，原花青素含量≥1.0%，粗蛋白含量≥5.5%。

（3）安全要求。惠水黑糯米在生产、加工、贮藏过程中，均严格按照国家无公害农产品相关规定进行操作，产品质量符合《食品安全国家标准　粮食》（GB 2715—2016）的规定。

5. 标志使用规定

本规定地域范围内的惠水黑糯米农产品生产经营者，在产品或包装上使用农产品地理标志，需向惠水县蔬果站提出申请，按照相关要求规范生产和使用标志，统一采用惠水黑糯米产品名称和农产品地理标志公共标识相结合的标识标注方法。

（十四）唐河绿米质量控制技术规范（编号：AGI2018-01-2313）

本质量控制技术规范规定了经中华人民共和国农业部登记的唐河绿米的地域范围、自然生态环境和人文历史因素、生产技术要求、产品典型品质特性特征和产品质量安全规定、产品包装标识等相关内容。本规范文本经中华人民共和国农业部公告后即为国家强制性技术规范，各相关方必须遵照执行。

1. 地域范围

唐河绿米地域保护范围为河南省南阳市唐河县境内（东经112°28′~112°16′，北纬32°21′~32°55′），主要涉及马振抚乡、祁仪乡、湖阳镇、上屯镇、黑龙镇、昝岗乡、毕店镇7个乡镇，包括胡营、牛寨、李家村、岗柳等39个行政村，保护面积3 734公顷，年产量3万吨。

2. 自然生态环境和人文历史情况

（1）土壤地貌。唐河县东部、东南部、东北部为丘陵地，西部、中部为唐河冲积平原。土壤中矿物质、微量元素丰富，土壤类型以黄棕壤土和砂礓黑土为主，土质疏松、肥沃，植被繁茂，天然蕴藏大量的有机质。据2007年全县土壤养分普查，土壤pH值为6.5~7.5，适合多种作物生长。有机质含量1.364%，全氮含量0.0935%，速效磷0.37毫克/千克，有效铜1.35毫克/千克，有效铁20.01毫克/千克，有效锌1.12毫克/千克，有效锰20.38毫克/千克，特别是虎山灌区土壤中富含硒、钙、铁、锌等微量元素，其中硒含量达3.9毫克/千克，是长江流域平均值0.78毫克/千克的四倍以上。

（2）水文。唐河县境内水质优良，全县年均地表径流总量6.5亿立方米，浅层地下水蕴藏量1.83亿立方米，地下水矿化度低于0.3克/升，虎山灌区水质达到人畜饮用标准，适宜唐河绿米种植。

（3）气候。唐河县处于亚热带向暖温带过渡地带，四季分明，日照充足，光、热、水资源丰富，而且雨热同期，全县年均日照时间 2 188 小时，太阳总辐射量为487.9千焦/平方厘米，日平均气温≥0℃期间的光合有效辐射量171.62千焦/平方厘米。年平均气温为15.2℃，全年日平均气温≥0℃的活动积温年均为5 500℃，80%的年份在5 300℃以上。年平均降水量 1 100 毫米，最多年份达 1 361 毫米，全年降水主要集中在夏季（6—8月）平均530毫米，占全年降水量的49%，唐河绿香稻是香汤丸稻米的传承，比一般稻晚熟28天左右。每年9—10月平均气温为16.2℃，但昼夜温差较大，昼热夜凉，形成感光聚焦效应（最高日气温33℃，最低夜气温-2℃），有利于唐河绿米中营养成分的合成。

（4）人文历史。唐河绿米因米粒含有较多的叶绿素而呈绿色，故得名。唐河绿米又称唐河翡翠米，前身是当地原生的绿香稻米。据传东汉建武二年（26年），湖阳公主把产于祁仪、马振抚两地的绿米送往朝廷，自此，唐河绿米作为贡品代代相传，它还有个美丽的名字——香汤丸。1959年6月，作为新中国成立十周年的礼品，3千克唐河绿米被送往中南海。1997年，唐河绿米作为院县联合项目，中国农业科学院在唐河县大规模开展种植、科技试验和推广，经过去杂、提纯、复壮，并搭载太空飞船进行太空育种后，在祁仪、马振抚、上屯、毕店等地试种。2011年，唐河县按照"公司+专业合作社+基地+农户"的运作模式生产唐河绿米。2016年，唐河县制定南阳市《有机绿香稻栽培技术规程》，并获得批准发布，指导唐河绿米规范化生产。

3. 特定生产方式

（1）秧田选择。选择地势高爽、排灌方便、土壤肥沃、不易板结的地块作秧田，且土壤卫生标准符合生产要求，同时考虑当地交通、劳力等条件。选择虎山灌区、塘堰坝灌区的自流区和浅山丘陵易井区，水源充足。水质达到人畜饮用标准。选择秧田周围及上风口和水源上游无污染源，远离城市、工厂。水源和空气质量达到国家标准要求。

（2）种子管理。唐河绿米选择稻种发芽率达 90% 以上的低植酸稻谷品种，晴天晒种 1~2 天，然后先风选后水选，选出籽粒饱满的种子。再把选好的种子在 1% 生石灰水中浸 1~2 天，捞出清洗后，在净水中浸泡 12~24 小时至种子吸足水分待播。

（3）播期管理。唐河绿稻为晚熟常规粳稻品种，选在日平均气温稳定在 15℃ 时的 4 月 15—25 日土壤墒情好时播种。选用条播机播种，亩播量掌握在 3~4 千克种子。播深 2~3 厘米，等行距、行距宽 60 厘米。播后用磨或镇压器平表土，促植株早生快发，特别旱时浇一次透墒水，以保证出苗整齐。

（4）大田管理。

土壤管理。稻谷收割后，种植紫云英绿肥，来年整田插秧前采用浅翻紫云英充当生物肥，同时每亩施入有机肥 500 千克，拒绝使用化肥，保护土壤，土壤符合《土壤环境质量标准》（GB 15618）。

用水管理。返青、分蘖期，插秧后浅水勤灌，当亩总茎蘖数达到 20 万~25 万时，排水晒田 7~8 天。拔节、抽穗期，晒田后保持田间 3~5 厘米的水层，实现"寸水养胎"，以利幼穗分化。抽穗、成熟期，抽穗扬花期保持水层，浅水勤灌，灌浆后期干湿交替，以气养根，收割前 7 天排水落干。用水符合《农田灌溉水质标准》（GB 5084）。

杂草管理。人工拔除与机械除草相结合。除草选择在田间比较干爽时进行，除草机清除行间杂草，稻株根部和株间杂草可采用人工除草措施。同时每亩稻田放养 5~8 只鸭子，实现生物除草和鸭粪肥田双丰收。

（5）收获与入库。选择稻粒容量最高、色泽最好的蜡熟期收获，单打，防止混杂。采用人工脱粒、滚筒脱粒或用机械脱粒，避免造成污染及谷粒断碎，脱粒的稻谷分品种薄晒于稻场或晒垫，勤翻动，风干扬净，或将收购后的稻谷直接通过烘干机除杂烘干后入库。入库稻谷含水量 13.5% 以内，要求入库稻谷新鲜，无杂谷秕粒，无破损，无泥土沙子。入库稻谷应符合《优质稻谷》（GB/T 17891）要求。

（6）包装与贮藏。将检验合格的唐河绿米包装封口，并注明相应标识，必须注明"唐河绿米"农产品地理标志字样。产品包装材料完全符合国家标准要求，避免与禁用物质接触，造成污染。产品应贮于清洁、干燥、通风、无毒、无异味的专用仓库内，符合国家标准要求。

4. 产品品质特色及质量安全规定

（1）外在感官特征。唐河绿米米粒形状如粳米，近纺锤形，淡绿色或浅翡翠绿色，米香浓郁。稻壳为紫色。

（2）内在品质指标。唐河绿米经农业部农产品质量监督检验测试中心结果显示：品质指标均符合规定。其中，硒含量 0.0556~0.0626 毫克/千克，锌含量 19~24 毫克/千克，钙含量 143~181 毫克/千克。唐河绿米含有较多的纤维素、原花青素以及多种微量元素，蒸煮后气味清香，口感良好。

（3）产品质量安全要求。唐河绿米执行《绿色食品 产地环境质量》（NY/T 391）标准。植酸含量小于 0.5%。

5. 标志使用规定

（1）包装标识。包装主要采用真空包装或袋式包装，包装材料必须符合国家强制性技术规范要求。产品有明确标签，内容包括：产品名称、商标、产品执行标准、生产者及详细地址、净含量及包装日期，要求字迹清晰、完整、准确。

（2）标志使用规定。唐河绿米划定的地域保护范围内的绿米生产经营者，在产品或包装上使用已获登记保护的唐河绿米农产品地理标志，需向唐河绿米登记证书持有人提出申请，并按照相关要求规范使用标志，在其产品包装上统一使用唐河绿米和农产品地理标志公共标识相结合的标识标注方法。

（十五）常德香米质量控制技术规范（编号：AGI2018-01-2334）

本质量控制技术规范规定了经中华人民共和国农业农村部登记的常德香米的地域范围、自然生态环境和人文历史因素、特定生产方式、产品质量特色及质量安全规定、标志使用规定等要求。本规范文本经中华人民共和国农业农村部公告后即为国家强制性技术规范，各相关方必须遵照执行。

1. 地域范围

常德香米地域保护范围位于常德市境内东经110°35′48″~112°17′52″，北纬28°24′31″~30°07′53″，主要包括鼎城、汉寿、桃源、临澧、石门、澧县、安乡、武陵、津市9个县（市、区），共计50个乡镇。种植面积53 333.3公顷，年产量32万吨。

2. 自然生态环境和人文历史情况

（1）土壤地貌。常德市西北部属武陵山系，多为中低山区，中部多见红岩丘陵区。地貌大体构成是"三分丘岗、两分半山、四分半平原和水面"。山地面积677.61万亩，占常德市土地总面积的24.8%；平原面积978.98万亩，占总面积的35.9%；水面220.76万亩，占总面积的8.1%；丘陵岗地853万亩，占总面积的31.2%。红黄土壤，pH值为6~7，适合水稻种植。

（2）水文。常德市沅、澧二大水系横贯境内。地处洞庭湖西滨，湿润多雨，湖渠纵横，水系发达，又有沅、澧干流过境，地表水非常丰富。沅江干流全长1 033千米，流域面积89 163平方千米；其中流经常德市境内120千米，流域面积5 086平方千米。澧水全长407千米，流域面积16 959平方千米，其中流经常德市境内 77.3 千米，流域面积 6 235 平方千米。

（3）气候。常德市属于中亚热带湿润季风气候向北亚热带湿润季风气候过渡的地带。气候温暖，四季分明。热量丰富，年平均气温 16.7℃，雨量丰沛，年降水量 1 200～1 900 毫米，无霜期≥284 天，年有效积温≥5 100℃，适宜水稻生长。

（4）人文历史。常德市稻作历史悠久，考古发现澧县城头山是世界最早的水稻发源地之一，距今约 6 500 年。常德自古盛产香米，据《桃源地名大观》记载，桃源县九溪乡一带在唐代出产了不少特产，引得世人称奇的有"香米颗大齐崭，色白如珍珠，煮出饭来香气四溢"。又据安福县（今临澧县）志校注记载，清同治年间，"香米，太浮山乾溪峪一带水田多出之，蒸之香而糯"。中华人民共和国成立前，民间广泛流传赞誉香米等特产的民谣："漆河的米（指香米），陬市的糖，河洑的油条一排（指两手展开）长。"据《常德市商务志（1989—2010）》记载，20 世纪 80 年代以来，"推广种植香型水稻品种，生产加工出来的常德香米，以其独特而优良的品质享誉三湘和南方主销区。"

20 世纪 80 年代初，常德市致力于优质稻及香米推广，先后推广中香 1 号、5 号、湘晚籼 5 号、10 号、12 号、13 号、17 号和农香系列品种，对其配套高产栽培技术进行了完整研究与集成，有着日臻完善的品种套餐栽培技术，确保了高产稳产。1990 年以来，以香米优质稻谷为主的播种面积逐年增加。金健、广积、精为天、广益、天泽、金牛、金穗、兴隆、洞庭春、勇福等一批国家和省市产业化龙头企业，或领办农民水稻种植合作社，或与农民水稻种植合作社、种粮大户、家庭农场等对接，采取订单收购方式，大力推广种植优质香稻。以湘晚籼 13 号为主的香稻米闻名南方粮食主销区，以金健米业为代表的粮食加工企业采用"桃花香"冠名，深受消费者青睐。2000 年以来，常德市有 10 多家粮食加工企业，香米产品获国家级金奖等荣誉 30 多次。金健、广积、精为天、洞庭春等企业的香米产品先后获得国家绿色食品认证。2017 年 10 月，金健米业星 2 号香米、精为天公司青竹香米、广益公司"祝丰"油粘香米、广积米业"广积"中国香米、兴隆米业"钱缘"牌富硒香米、泰香粮油"世外桃花香"富硒天然香米、龙凤米业"龙凤"牌富硒香米获得第十五届国际粮油展金奖。

近年来，常德香米在基地建设、质量检测、品牌宣传等方面取得了阶段性成效，建立了常德香稻农香 32 标准化种植基地 30 万亩，统一设计、印制了常德香米 Logo、包装，制作常德香米宣传片，积极参加农业博览会优质农产品推介会等系列活动，"香米乡味、常享常德"品牌标语逐步打响。为了做大做强常德香米品牌，常德成立了常德香米团体标准编制组，联合相关单位共同制订了《农产品地理标志　常德香米　第 1 部分：大米质量标准》《农产品地理标志　常德香米　第 2 部分：栽培技术规程》《农产品地理标志　常德香米　第 3 部分：种子繁殖技术规程》《农产品地理标志　常德香米　第 4 部分：稻米加工技术规程》《农产品地理标志　常德香米　第 5 部分：产品质量追溯管理规范》五大团体标准，并发布实施，推进常德香米向规范化、标准化方向发展，提高市场影响力和竞争力。2019 年 11 月 15 日，入选中国农业品牌目录。

3. 特定生产方式

（1）生产模式。按照"协会+公司+合作社+基地+农户"的产业化模式，制定统一的生产操作规程，生产操作规程下发到乡（镇）、村和农户。基地建立"统一优良品种、统一生产操作规程、统一投入品供应和使用、统一田间管理、统一收获""五统一"生产管理制度。

（2）基地标示设置。在基地显要位置设置基地标识牌，标明基地名称、基地范围、基地面积、基地建设单位、基地栽培品种、主要技术措施等内容。

（3）建立生产管理档案制度和质量可追溯制度。建立统一的农户档案制度，农户田间生产管理档案内容：基地名称、地块编号、农户姓名、作物品种、种植面积、播种（移栽）时间、土壤耕作及施肥、病虫害防治、收获、仓储、交售记录等。投入品清单和生产管理档案完整保存三年。

（4）品种选择。选用经审定的优质、高产、抗性较好的农香32香稻品种。

（5）种植与栽培。绿色食品生产基地所用种子、化肥、农药、农膜等应符合绿色食品原料标准化生产标准，严格按照《绿色食品生产技术规程》操作，减少环境污染，保证香米质量安全。

①适时播种。作为一季香稻种植提倡直播，播量常规香稻每亩4千克，播种期为5月下旬至6月上旬。作为双季稻种植必须育秧，每亩秧田播香稻25千克（秧田与大田比为1∶5），机插秧每亩50个盘子。播期为6月上中旬。

②合理施肥。

施肥原则。采取"基肥足，追肥速，穗肥稳"的施肥原则，一般中等肥力田亩施纯氮12千克，其中有机肥纯氮50%。

施肥方法。基肥，先匀施后整田，达到全层有肥，肥匀；追肥，实行均匀撒施。提倡施用全营养缓释水稻专用复合肥，整田前作基肥一次性施用。

施肥量。作一季稻种植，秋季种绿肥（紫云英）或油菜，种一亩绿肥可肥2~3亩稻田，种一季油菜可在收割时实行秸秆粉碎还田，同时在整田前亩施全营养缓释水稻专用复合肥40千克，以后不再施肥；也可亩施25千克高含量普通复合肥及100千克有机肥作底肥，在三叶一心苗期亩施5千克尿素促分蘖，以后不再施肥。作双季晚稻种植，用头季稻草粉碎还田，同时在整田前亩施全营养缓释水稻专用肥50千克，以后不再施肥；也可亩施30千克高含量普通复合肥及150千克有机肥作底肥，在移栽4~6天活蔸后亩施5千克尿素促分蘖，以后不再施肥。

③科学管水。

水源。以当地的没有工厂、矿山的溪流、小河、山塘、水库水为主要灌溉水，水质清澈，无污染。

灌水方法。浅水活蔸，干干湿湿分蘖，有效分蘖终止期（8月5日左右）或亩有效穗达到理想穗数的85%左右时，实行晒田，晒到田开丝坼、白根跑面为度，再复水，孕穗期保持浅水层，齐穗后实行湿润管理，直到收获前10天断水，让其自然落干。

④防除病虫、杂草。

防治病虫的原则：选用抗性较好的中熟优质品种，合理选用高效、低毒、低残留的对口农药，适当进行化学防治。

生物与物理防治：在病虫防治上，一般不使用生物农药，如果遇到病虫暴发年份，尽量使用高效低毒低残留的环保生物农药，充分利用生物农药和生物治虫，使病虫危害程度降到最低。其方法有：A. 每20亩安装一盏益害分离式诱蛾灯。B. 每20亩的适当位置挖好一个深一米长三米宽二米的青蛙池，按大田每亩投放蝌蚪1 000只以上。C. 在7月和8月投放两次赤眼蜂，每次按大田每亩投放 2 000~3 000头。D. 在每块田的田埂上种植黄豆为主的豆科作物，保护和栖息各种益虫，利用害虫的天敌以虫治虫。E. 在稻田实验养鸭养鱼等。F. 在防治草害上，防除本田杂草，大田在立苗返青后均采用人工耕除杂草。田埂除草主要是采用机械割草，一般每季割草2次，即抛栽前和抽穗扬花前。

⑤及时收割。10月上旬，当90%的谷粒黄熟时选晴天收割，以保证其较好的加工质量。农香32一季晚稻在齐穗后35~40天、作双季晚稻齐穗后30~35天，成熟度达90%左右为收割适期。湘晚籼13号齐穗后35~45天、成熟度达到85%~95%时为收割适期。稻谷收割后应及时干燥。晒谷方法和水分干燥条件对稻米质量影响较大，最好采用竹晒垫晒谷。如在烈日下采用水泥坪翻晒，晒谷摊晒厚度应以12.5~15千克/平方米（2厘米厚）为宜。应选晴天收割，收割后如遇阴雨天，则应将稻谷放在干爽通风的地方薄摊，勤翻拌，严防堆沤。

（6）安全储存。收割后晒干了的香稻谷应放在粮仓内低温储存，保持其质量及其香米的特殊香味。

（7）加工工艺。加工工艺流程为稻谷原料→清理→砻谷→谷糙分离→多机轻碾→色选→抛光→大米包装。

工艺要点：

①清理。筛选：根据稻谷与杂质的不同大小和厚度，选用筛孔合适的筛选机械筛除杂质。风选：使用吸风道，除去谷壳、稻秆、不实粒。磁选：利用吸铁设备予以清除稻谷中混杂的磁性金属。比重分选：利用稻谷与砂石的不同比重，将稻谷流入斜向振动的筛面上，将砂石与稻谷分离。

②砻谷。将稻谷脱去颖壳，制成糙米。

③谷糙分离。将稻谷与糙米分离出来。

④多机轻碾。用多台碾米机依次进行磨削糙米外表皮，除去糙米淡棕色层（皮层和胚芽）。

⑤色选。将大米中的异色颗粒分拣出来。

⑥抛光。采用湿式抛光，在抛光的过程中加入适量的水，水应符合 GB 5749 的要求。

4. 产品质量特色及质量安全规定

（1）外在感官特征。常德香米外观长粒型，粒长≥7.0 毫米，长宽比≥3.5，垩白粒率≤10%，垩白度≤5.0，米饭油亮蓬松、晶莹剔透、口感爽滑，具有自然芳香味，香味持久，冷饭不回生、不黏结。

（2）内在质量指标。常德香米直链淀粉含量（干基）14.0%～22.0%，蛋白质含量 5.0%～8.0%，胶稠度≥60 毫米。

（3）安全卫生指标。产品中真菌霉素限量、污染物限量、农药最大残留限量应符合 GB 2761、GB 2762、GB 2763 的规定。

5. 标志使用规定

本规定地域范围内的常德香米农产品生产经营者，在产品或包装上使用农产品地理标志，需向常德市粮食行业协会提出申请，按照相关要求规范生产和使用标志，统一采用常德香米产品名称和农产品地理标志公共标识相结合的标识标注方法。

（十六）江永香米质量控制技术规范（编号：AGI2018-02-2413）

本质量控制技术规范规定了经中华人民共和国农业部登记的江永香米的地域范围、自然生态环境和人文历史因素、特定生产方式、产品品质特色及质量安全规定、标志使用规定等要求。本规范文本经中华人民共和国农业部公告后即为国家强制性技术规范，各相关方必须遵照执行。

1. 地域范围

江永香米地理标志保护的区域范围为湖南省江永县源口瑶族乡境内的黄土坳村、小河边村、上村、八角亭村、七工岭村、公朝村、大坪岗村，共计7个村。地理坐标为：东经111°04′32″～111°05′17″，北纬24°59′55″～25°01′53″。总生产面积333.3公顷，年产量1 250吨。

2. 自然生态环境和人文历史情况

（1）地形地貌。江永香米核心种植区的东、西、南三面为寒武系浅变质岩、泥盆系源口组紫红色碎屑岩构成的中高山，北面为河流冲积物堆积的桃川盆地，其地势由南往北、由山麓斜坡逐渐低缓过渡到桃川盆地，其间有一条"清水涧"。

（2）土壤。江永香米田为潴育性黄沙泥水稻土，呈疏松团粒结构，黏粒约占25%，质地为轻壤土，较非江永香米田同类型土壤有效磷含量显著高、微量元素有效含量高。

（3）灌溉水。香稻灌溉用水为一条清水涧和江永香米田内"断层线"和"断层水"形成的"香稻泉水"。据湖南省农业科学院土壤肥料研究所、湖南省环境监测中心站、湖南农业大学等单位检测，"香稻泉水"中锌、钙、硫、镧、钛、锶含量分别为0.05毫克/千克、11.20毫克/千克、1.15毫克/千克、0.0016毫克/千克、0.004毫克/千克、0.0286毫克/千克，镧、锌、硫含量较一般灌溉水高一个数量级，钙、锶较一般灌溉水也明显高，镧等元素是湖南省内其他地区泉水中所没有的。镧、钛可增加香米香味、可降低香米垩白面积和垩白粒率。此种岩隙水实为一种多元素的营养液，且源源不断地供给水稻和平衡养分。

（4）气候。江永香米种植区属典型的南亚热带季风湿润气候区，太阳辐射总量每年 117.3 千卡/平方厘米，年平均日照数 1 504.5 小时，年平均气温 18.25℃，≥10℃ 的活动积温 5 886.6℃，无霜期 296 天，年平均降水量 1 480.5 毫米。

（5）人文历史。江永的香米、香柚、香芋，统称"江永三香"，是最负盛名的江永特产。香米，是一种具有浓烈芳香的软稻米，冠于江永"三香"之首。仅产于江永县源口乡富源村的 48 丘田内，是一种传统特产，从唐代开始种植，至今已有一千多年的历史。古时有"永明好米、其香五里"之说。相传三国时，曹丕曾誉江永香米"上风吹之，五里闻香"。这种香米稻，禾秆细长，高 1.2~1.8 米，稻谷呈象牙色，煮熟后，清香四溢，经久不散。香米饭不仅柔软甘香，且营养丰富，是粮中珍品。香米自问世以来，被历代封建王朝定为贡品。现在许多人仍沿用"贡米"这一名称。1984 年，江永香米被评为湖南省优质米。

3. 特定生产方式

（1）产地要求。江永香米种植选择在源口瑶族乡境内的"清水涧"和"香稻泉水"灌溉区域。西汉种植江永香米以来，该区域土壤形成独特的水稻土特性，有机质含量≥3.0%、pH 值在 5.0~5.2，保肥保水能力强。

（2）品种范围。选用源口香稻品种。

（3）生产控制。

①种子处理。在播种前薄摊勤翻晒种 1~2 天，风选或筛选；利用比重 1∶13 的盐溶液选种，清水冲洗 2 遍除去附在种子上的盐分；用 7%~8% 稻草灰水或 1% 石灰水或 2% 春雷霉素水剂 500 倍液浸种，其中一季晚稻浸种约 48 小时，双季晚稻浸种 36~40 小时；按常规要求进行催芽。

②播种育苗。作一季晚稻栽培，5 月上中旬播种；作双季晚稻

栽培，6月上中旬播种；每亩秧田播种量 16~20 千克，每亩大田用种量 2~2.5 千克，秧田与大田的比例为 1：（7~8）。播种时要分厢称量种子，务求播匀，每平方米秧厢播种 1 000~1 200 粒；播种后泥浆塌谷，以不见谷为度。

③秧田管理。一季晚稻秧田，出苗前，要求沟中有水，但不要淹没厢面；苗高 2~3 厘米一叶一心后，放水上秧厢；尔后，随着秧苗生长而适当加深水层，但不要超过第一叶喇叭口为宜。双季晚稻秧田，出苗前，应保持田间活水灌溉，切莫浅水烧苗。一叶一心时，浅水勤灌；以后适当加深水层，但不要超过第二叶喇叭口为宜。秧苗一叶一心期，看苗每亩施腐熟饼肥 50 千克或适量允许使用的商品肥。

④移栽。作一季晚稻栽培，6月上中旬移栽；作双季晚稻栽培，7月上中旬移栽。一般株行距为 20 厘米×25 厘米，宽窄株行为（16.7~20）厘米×（23.3+36.7）厘米，即每亩插 1.3 万~1.7万兜，每兜插 6~8 苗，每亩基本苗 8 万~10 万苗。

⑤大田管理。

施肥。第二次整地前 1~2 天下午，每亩撒施腐熟农家肥 1 000~2 000 千克、钙镁磷肥 30~40 千克。一般不追肥。但基肥不足时，可以在返青后分蘖前期，每亩施用腐熟饼肥 100~150 千克，或适量商品肥或刈青沤肥。

灌溉。当移栽 25 天左右，每亩苗数达到 15 万~18 万苗时，排水露田或晒田，晒田至田中开细坼、田边开小坼为宜。晒田结束后至孕穗期前，一季晚稻采用活水灌溉，双季晚稻采用浅水灌溉。抽穗前期，一季晚稻保持活水浅灌 5~6 厘米深的水层，双季晚稻保持浅水层；抽穗中后期干湿交替间歇灌溉。收割前 5~10 天断水。

⑥病虫害防治。播种前集中处理散落于田间或堆放在田边的病稻草，清除病残体。优先采用农业、物理、生物防治，辅以使用符合《农药安全使用规范 总则》（NY/T 1276）规定的农药防治，注意安全间隔期、不同作用机理的农药交替使用和合理混用。

稻瘟病。在发病初期或出现发病中心时，每公顷选用2%春雷霉素水剂 1 500～2 250毫升，或 1 000 亿芽孢/克枯草芽孢杆菌可湿性粉剂 300～450 克，或 75%三环唑水分散粒剂 300～900 克等。

稻纹枯病。分蘖期病丛率 20%～25%、孕穗期病丛率 30%以上时，每公顷选用 1.5%多抗霉素水剂 1 500～1 875 克，或 20%井冈霉素水溶粉剂 375～562.5 克，或 50%氟环唑悬浮剂 168～225 毫升等。

稻飞虱。当百丛虫量达 1 500～2 000 头，每公顷选用 25%吡虫啉可湿性粉剂 90～120 克，或 20%噻虫胺悬浮剂 270～360 毫升，或 20%醚菊酯乳油 450～675 克等。

稻纵卷叶螟。当分蘖期百丛幼虫 65～85 头、孕穗期 40～60 头时，每公顷选用苏云金杆菌 8 000 IU/微升悬浮剂 3 000～6 000 毫升，或 10%多杀霉素悬浮剂 375～450 毫升，或 30%茚虫威水分散粒剂 66.75～135 克等。

⑦收获。源口香稻在黄熟期，茎秆中部变黄，下部叶子枯黄，稻穗呈赤铜色，谷粒饱满较坚硬，谷芒深紫色，85%～90%谷粒变黄时（降霜前）进行选穗、单收、单贮、留种；90%以上谷粒变黄、饱满、坚硬，茎秆含水量 60%～70%时，收获非留种香稻。

（4）产后处理。允许使用常温贮藏、温度控制、干燥等储藏方法。尽可能单独贮藏。若与其他水稻产品共同贮藏，应在仓库内划出特定区域，并采取必要的包装、标签等措施。谷粒含水量达 14.5%～15.0%即可加工，加工流程为翻压谷粒→去芒去杂→砻谷→碾米→精选色选→分级定量→检验检测→包装入库。

4. 产品品质特色及质量安全规定

（1）外在感官特征。江永香米米粒椭圆形、长宽比（1.8～2.2）∶1，质地饱满，呈玉色，半透明，有清香。米饭香味浓，光泽油亮，胶稠、有嚼劲，适口性好，冷饭质地好、不回生。

（2）内在品质指标。江永香米蛋白质含量≥7.00 克/100 克，直链淀粉含量 14.0%～18%、垩白度≤1.5%，胶稠度>70 毫米。

（3）质量安全。江永香米生产、加工、销售符合无公害农产品质量标准。

5. 标志使用规定

（1）本规定范围内的江永香米农产品生产经营者，在产品或包装上使用已获登记的农产品地理标志，需向登记证书持有人"江永县桃川洞名特优新产品开发区管理委员会"提出申请，并按照相关要求规范生产，统一采用产品名称和农产品地理标志公共标识相结合的标识标注方法。

（2）标志只允许与登记证书持有人签订农产品地理标志使用协议的标志使用人使用，且用标志必须对农产品进行严格检测。标志印刷须符合《农产品地理标志公共标识设计使用规范手册》要求，加贴型标志要贴在包装的明显位置，任何人不得冒用。

（3）登记证书持有人负责建立规范有效的标志使用管理制度，对标志的使用实行动态管理、定期检查，并提供技术咨询与服务。

第六章　水稻精确定量栽培
原理与技术

　　水稻精确定量栽培是在高产群体动态诊断定量与肥水精确管理定量获得重大突破的基础上，通过水稻生长发育诊断指标、高产群体形成指标、适龄壮秧培育、合理基本苗、肥水管理等关键技术精确定量，使水稻生育全过程各项调控技术指标精确化的水稻精确定量栽培技术体系。该技术体系在水稻生产中，用适宜的最少作业次数，在最适宜的生育时期实施适宜的最小投入数量，对水稻生长发育进行有序的精准调控，使水稻栽培管理"生育依模式，诊断看指标，调控按规范，措施能定量"，利于达到"高产、优质、高效、生态、安全"协调的综合目标。

第一节　水稻精确定量栽培原理

一、水稻高产形成原理

（一）水稻高产的基本途径

　　在保证获得适宜穗数的基础上，主攻大穗，提高结实率（85%以上）和粒重。实现这一目标，必须在适宜基本苗基础上，促进有效分蘖，在有效分蘖临界叶龄期前够苗，之后控制无效分蘖，把茎蘖成穗率提高到80%~90%（粳稻）或70%~80%（籼稻）。在控制无效生长的基础上，通过适时适量施用穗肥，主攻大穗，可以协调足穗与大穗以及与提高结实率的矛盾，获得高产。这一高产途径，成为水稻密、肥、水调控技术定量的最主要的依据。

（二）用水稻叶龄模式准确确定最佳作业时间和最少作业次数

正确应用水稻叶龄模式，必须掌握水稻有效分蘖临界叶龄期、拔节叶龄期和穗分化叶龄期这三个最关键的叶龄。

1. 有效分蘖临界叶龄期的叶龄通式

（1）主茎伸长节间（n）5个以上、总叶龄（N）14片以上的品种，中小苗移栽时为 $N-n$ 叶龄期，大苗移栽（8叶龄以上）时为 $N-n+1$ 叶龄期。以主茎17叶6个伸长节间的品种为例，中小苗移栽时有效分蘖临界叶龄期为 $17-6=11$，应用符号⑪表示。大苗移栽为 $17-6+1=$ ⑫。

（2）伸长节间数（n）4个以下，总叶龄（N）13以下的品种，有效分蘖临界叶龄期为 $N-n+1$ 叶龄期。以11叶4个伸长节间的品种为例，$11-4+1=$ ⑧。

2. 拔节期（第一节间伸长）的叶龄期通式

拔节期为 $N-n+3$ 叶龄期，或用 $n-2$ 的倒数叶龄期表示。

例如，主茎17叶6个伸长节间的品种，拔节期的叶龄为 $17-6+3=14$；用 $n-2$ 表示为 $6-2=4$，即倒数第4叶出生期，主茎17叶品种的倒4叶，即14叶，用 ⚠14 符号表示。

3. 穗分化叶龄期的叶龄通式

概括为叶龄余数3.5（倒4叶后半期）—— 破口期，经历了穗分化的5个时期。

叶龄余数 3.5~3.0（倒4叶后半期）——苞分化期

叶龄余数 3.0~2.1（倒3叶出生）——枝梗分化期

叶龄余数 2.0~0.8（倒2叶到剑叶露尖）——颖花分化期

叶龄余数 0.8~0（剑叶抽出）——花粉母细胞形成及减数分裂期

叶龄余数 0—破口——花粉充实完成期

4. 三个关键叶龄期

以6个伸长节间主茎17叶品种、5个伸长节间主茎17叶品种和4个伸长节间主茎11叶的品种为例，制成水稻不同类型生育进程叶龄模式汇总表（表 6-1）。

表 6-1　水稻 3 个关键叶龄期

6个伸长节间 17叶品种	1	2	3	4	5	6	7	8	9	10	⑪	12	13	△14	15	16	17	孕穗
5个伸长节间 17叶品种	1	2	3	4	5	6	7	8	9	10	11	⑫	13	14	△15	16	17	孕穗
4个伸长节间 11叶品种				1	2	3	4	5	6	7	⑧	9		△10		11		孕穗
											苞分化期	枝梗分化期	颖花分化期		花粉形成及减数分裂期			花粉充实完成期

二、水稻高产群体生育指标的定量

将高产群体各生育期主要形态生理指标按生育进程定量绘入图 6-1，把它作为水稻精确定量栽培技术定量的依据，由此作出的技术定量，也就保证了群体的发展符合图中的要求，能使高产频频重演。

（一）茎蘖动态的叶龄模式

群体应在 $N-n$（或 $N-n+1$）叶龄期之前够苗，以后要及时控制无效分蘖；在拔节叶龄期（$N-n+3$）达高峰苗期，高峰苗为预期穗数的 $1.1\sim1.3$ 倍（粳稻）和 $1.2\sim1.4$ 倍（籼稻）；此后分蘖逐渐下降，至抽穗期完成穗数，此时群体中存活的无效分蘖应在 5% 左右。$N-n$ 叶龄期不能够苗，即使以后分蘖数猛增，仍不能保证足穗大穗。够苗过早，无效分蘖过多、封行早，成穗率低、穗小，也不易高产。

（二）群体叶色“黑黄”变化的叶龄模式

1. 有效分蘖期（$N-n$ 以前）

为促进分蘖，群体叶色必须显“黑”，叶片的含氮率在 3.5%

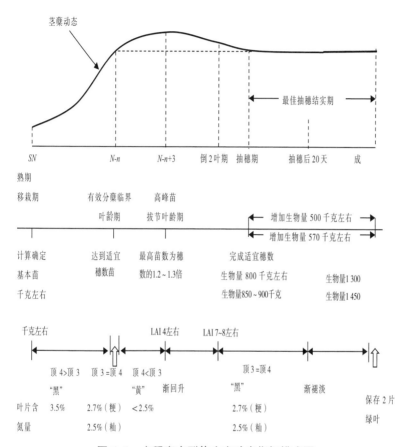

图6-1 水稻高产群体生育动态指标模式图

左右（3%～4%），反映在叶片间叶色的深度上是顶4叶深于顶3叶（顶4 > 顶3）。

到了 $N-n$（或 $N-n+1$）叶龄期够苗时，叶色应开始褪淡（顶4=顶3），叶片含氮率要下降为2.7%（粳稻）或2.5%（籼稻），可使无效分蘖的发生受到遏制。

2. 无效分蘖期至拔节期

即 $N-n+1$（或 $N-n+2$）叶龄期至 $N-n+3$ 叶龄期，为了有效控制无效分蘖和第一节间伸长，群体叶色必须"落黄"，顶 4 叶要淡于顶 3 叶（顶 4 ＜顶 3），叶片含氮率下降至 2.5%以下，群体才能被有效控制，高峰苗少，通风透光条件好，碳素积累充足，为施氮肥攻大穗制造良好的条件。此期群体叶色若不能正常落黄，必然造成中期旺长，带来中后期生长一系列的不良后果。

3. 促穗期

为了促进颖花分化攻取大穗，从倒 2 叶龄开始直至抽穗，叶色必须回升至显"黑"，顶 4 与顶 3 叶色相等（顶 4 ＝顶 3），叶片含氮率回升至 2.7%（粳稻）或 2.5%（籼稻）。碳氮代谢协调平衡，有利于壮秆大穗的形成。此期叶色如不能回升，则穗小、穗少（部分有效分蘖叶龄发生的分蘖，因缺肥而死亡）。此期如叶色过深（顶 4 ＞顶 3），仍会造成茎叶徒长，结实率低，病虫害严重。

4. 抽穗后的 25 天左右

叶片仍应维持在 2.7%（粳稻）或 2.5%（籼稻）的含氮率，使叶片保持旺盛的光合功能。以后下部叶片逐步衰老，至成熟期，植株仍能保持 1~2 片绿叶。

群体叶色黑黄变化叶龄节奏的规律是很严格的，扰乱了这个规律就不能高产，是精确定量栽培必须掌握的原理和诊断指标。

（三）严格掌握封行的叶龄期（孕穗期—抽穗期）

高产水稻籽粒产量的 80%~90%来源于抽穗后的光合产物，这个比例占得越多，籽粒产量也愈高。说明高产的获得是靠建造抽穗至成熟期的高光效群体，其关键是把封行期控制在孕穗至抽穗期。群体到了孕穗期还封不了行，说明群体过小，不能高产。但如封行过早，亦不能高产。因为过早封行，会使植株供应根系生长、茎基部节间充实和促进分蘖成穗的有机营养的中下部叶片过早被荫蔽而死，造成群体根量少、功能弱；茎充实度低，成穗率低及病害严重等不良弊端，进而限制了抽穗后群体光合生产力的提高。

群体恰在孕穗期封行，不但表明有足够的生长量，同时反映了拔节至抽穗期群体的透光度强，上下各期功能正常，各部器官生长协调；到孕穗期全茎上下有与伸长节间数相等的绿叶数，能保证抽穗以后群体有较高的光合生产力。

第二节　水稻育秧技术

一、确定适宜播期，培育适龄壮秧

（一）确定适宜播种期

播种期应根据水稻品种从播种到最佳抽穗期的天数来确定。水稻从抽穗到成熟期的群体光合生产力决定水稻的产量，水稻在最佳抽穗结实期开花结实，可获得最高的结实率、千粒重和产量。所谓最佳抽穗结实期，就是把水稻的抽穗结实期安排在最佳气候条件下。在江苏，最有利于开花结实的日均温，粳稻为25℃左右，抽穗至成熟的日均温为21℃左右，日温差10℃左右。籼稻的最佳抽穗结实期的温度一般比粳稻高2℃左右。

除了考虑水稻抽穗期的最佳温度外，还必须考虑播种期的安全温度。在恒温条件下，发芽最低温度粳稻12℃、籼稻14℃。在田间变温条件下，日均温稳定在10℃以上，是粳稻的早限播期，日均温稳定在12℃以上，是籼稻的早限播种期。

水稻分蘖和次生根发生的最低温度为15℃，日平均气温稳定在15℃以上时，才是安全移栽期，过早移栽会造成僵苗。因此，设施保温育秧必须考虑安全移栽期，合理掌握秧龄和播种期。

坚持适期播种，保证水稻在最佳抽穗期抽穗，是投入最少、效益最大的栽培技术。前茬收割晚的，必要时可用长秧龄大苗来保证水稻在最佳抽穗期抽穗。

（二）培育适龄壮秧

1. 壮秧的形态指标

培育壮秧是增产的基础。壮秧最重要的指标是移栽后根系爆发力强，缓苗期短，分蘖按期早发，对高产群体的培育能按计划调控。秧田期保持叶蘖同伸是最能反映秧苗健壮度（移栽后的发根力、抗植伤力和分蘖力）的形态生理指标，可以作为4叶龄以上秧苗壮秧的共同诊断指标。

2. 不同育秧和移栽方式条件下的适宜秧龄

适龄秧是指适合于移栽的低限叶龄与上限叶龄之间的叶龄范围，在这个叶龄范围内移栽，无论叶龄大小，只要秧苗素质好，配合相应的密、肥、水调控技术，均能获得高产，但其中有最适叶龄值。适宜秧龄的范围及最适叶龄值，因品种的总叶数而不同。总叶龄少的，最适叶龄范围小；总叶龄多的，适龄的幅度大。

（1）芽苗移栽适宜秧龄。芽苗移栽（包括二段育秧）的最适叶龄是1.2~1.5叶期，移栽后可借残存胚乳养分（45%以上）发根，活棵快，于5叶期普遍分蘖，形成叶蘖高度同伸的壮秧。

（2）塑盘穴播和机插小苗移栽适宜秧龄。塑盘穴播带土移栽可以充分发挥小苗移栽的分蘖优势，夺取高产，但穴距小，播种穴装土容积小，只适合3~4叶期秧苗盘根后移根。如果延迟至5叶期移栽，苗体变弱，小苗移栽的优势不强；机插小苗的适宜秧龄只能到4叶期。如冬闲田和早茬田在3.0叶龄胚乳养分耗完时尽早移栽，能在5叶期分蘖（但第1蘖退化不发生）；如至4叶期（3.5~4.0叶龄）移栽，基部1~3叶位的分蘖芽全部退化而不发生，要到7叶期在4叶位发生分蘖。移栽过迟，秧苗停留在4叶1心不再生长，移栽后易死苗、僵苗。

（3）拔秧移栽的适宜秧龄。5叶期的秧苗（具有第二叶位主发根节位和第一、第三两个辅助发根节位），有较强的发根力和抗植伤力，并且秧苗有一定的高度，可以作为各类水稻品种拔秧移栽的起始叶龄期。拔秧移栽的适宜终止叶龄期，以移栽后至有效分蘖临界叶龄期，单季稻以5个以上的叶龄期为宜，以利在有效分蘖期显"黑"完成穗数苗后，于无效分蘖期及时"落黄"。秧龄过大（移栽后至有效分蘖叶龄期少于3个叶龄），如不采取特殊的栽培技术，会造成无效分蘖期不能及时"落黄"，不利于高产群体培育。

（4）移栽稻的最大秧龄。旱秧虽具有移栽后根系暴发力强的优势，但秧龄超过6叶龄后，旱秧发根优势将逐步丧失，故旱秧的上限叶龄为6叶龄。湿润秧在必须延长秧龄时，上限叶龄可达到 $N-n-1$（N 为主茎总叶数，n 为伸长节间数）叶龄期移栽，活棵后至少又长出3片叶才开始拔节，还有可能利用1个动摇分蘖成穗，对穗分化影响方较小。只要秧苗壮、基本苗栽得足，重视穗肥施用，方能获得足穗、大穗而高产。

二、湿润育秧技术

（一）确定适宜播量

湿润秧适宜播种量应根据移栽叶龄和水稻品种来确定，决定于移栽期的叶面积指数。当秧田的叶面积指数达4左右时秧田分蘖停止，进入茎蘖滞增叶龄期。个体繁茂的水稻品种到达茎蘖滞增期的播种量较低，株型紧凑的水稻品种到达茎蘖滞增期的播种量较高。同一水稻品种移栽秧龄大的播量宜小，移栽秧龄小的播种量可适当增大。

（二）秧田肥水管理

1. 播种至第2叶抽出

此期主攻目标是扎根立苗，防烂芽，提高出苗率。主要措施是湿润灌溉，保持沟中有水，秧板湿润而不建立水层，直至第2叶抽出，以协调土壤水气矛盾，供应充足的氧气，促进扎根立苗。

2. 2~4叶期

此期的管理关键是及时补充氮素营养，促进3叶期及早超重（秧苗干重超过原籽粒胚乳重量），保证4叶期分蘖。主要措施是早施断奶肥和逐步建立水层灌溉。

(1)早施断奶肥。3叶期末秧苗由异养向自养阶段过渡,及早供应氮肥可促进秧苗顺利度过生理转折期形成壮苗,就能促进秧苗在进入4叶期时开始分蘖。氮素断奶肥在2叶期初施用,3叶期发挥作用,上色并超重,4叶期出现同伸分蘖。氮肥施用不能过多,以免造成氨中毒。一般每亩施尿素5~7千克。

(2)逐步建立水层灌溉。2叶期后秧苗叶片逐步增多、增大,蒸腾作用加强,叶和根系通气连接组织已经形成,可以建立水层满足秧苗生理和生态需水。在田间建立水层,能促进土壤的氨化作用,有利于秧苗对氨态氮的吸收;可以抑制好气性腐霉菌繁殖,防止青枯病发生;能缓解气温剧烈变化对秧苗的影响;能调节土壤pH值向7靠近,防止土壤盐渍化。

3. 4叶期至移栽

此期的主攻目标是促进分蘖,提高苗体糖氮积累量,并调节适宜的碳氮比(一般为1:14),为提高秧苗移栽后的发根力和抗植伤打好基础。主要措施是施好接力肥和起身肥。

(1)看苗施好接力肥。施好接力肥能使秧苗从4叶期就进入旺盛分蘖状态,形成叶蘖同伸壮秧,并在移栽前3~5天苗色开始褪淡,提高抗植伤力。根据秧龄长短确定是否施用接力肥。5~7叶期移栽的中苗不需要施用接力肥,应着重在基肥和断奶肥中用足肥量,移栽叶龄在8叶以上的大苗,可以在4叶期施用接力肥,这样到移栽时正好肥效减退,秧苗叶色褪淡。施肥量以在施肥后1个叶龄上色、移栽前1个叶龄开始褪色为宜。离移栽叶龄短的,施氮量可以少些,反之,可多些。

(2)施好起身肥。此时施肥可以使秧苗移栽时达到氮入苗体、叶未上色、新根初萌的状态,有利于防止植伤和增强发根力,促进活棵分蘖。一般每亩施尿素5~7千克,见表6-2。

表6-2 不同叶龄期的肥水管理关系

叶龄进程	播种	芽鞘	不完全叶	1	2	3	4	5	6	7	8	9
诊断指标	萌发种子根	种子根下扎（吐水现象）	芽鞘节根始发		出现5条根（鸡爪根）	不完全叶节根	第一叶腋内同伸分蘖发生		同伸分蘖发生	移栽中苗	叶色正常，叶面积指数4，群体茎蘖期适龄增叶宜移栽	移栽大田
施肥技术	施足基蘖肥，有机、无机肥，氮、磷、钾搭配				断奶肥	根据移栽叶龄是否施	接力肥		起身肥		起身肥	
灌溉技术	不可建立水层期（湿润灌溉）			可灌水期（跑马水）		水层灌溉（浅水层）					浅水勤灌	

（三）旱育秧技术

1. 苗床准备

选择地势高燥、土壤肥沃、保水保肥能力强、排灌水方便的地方建苗床，保证整个育秧期处于旱地状态。应重施基肥，以家畜粪肥等有机肥为主，农作物秸秆在秋冬季翻入土，腐熟后春季应用。播前20天将速效氮磷钾肥施入10厘米表土层中。同时，每平方米用敌克松1.3克有效成分兑水泼浇或拌入床土中预防立枯病。

4月以后才准备秧床培肥的，应改用壮秧营养剂进行培肥，不再施用任何肥料。落谷前2~3天，亩用"旱育绿3号"或"旱秧壮"50千克，无须再添加其他肥料，直接进行速效培肥，健根壮苗。

2. 适宜播量

旱秧苗体小、适宜的叶龄低（6叶以下），常规粳稻品种5叶期中苗移栽的每亩苗床播种量为90~120千克，6叶期移栽的每亩播种量60~90千克。

3. 播种操作

播前对苗床浇水，使1.5厘米的表土层处于水分饱和状态。播种后用木板将芽谷轻压入土，上盖0.5~1.0厘米厚的床土，再盖1~2厘米厚的麦糠等物，然后覆盖塑料薄膜。日均温大于20℃时在膜上加盖遮阴物。

4. 水分管理

（1）播种至齐苗。保持土壤含水量在70%~80%。播前一次性浇透底水，及时盖膜保温至齐苗。

（2）齐苗至移栽。以控水、健根、壮苗为主。1~2叶期的幼苗蒸腾量小，底墒足的一般不需要浇水。2~3叶期秧苗叶面积增大，但根系不健全，易出现缺水卷叶死苗现象，应在齐苗揭膜后（2~3叶期）浇一次透水。

（3）4叶期至移栽前。秧苗根系健壮，应严格控水，即使床面开裂，只要中午不打卷就不需要补水。对中午卷叶的旱秧，可在傍晚喷水使土壤湿润。

5. 秧苗追肥

旱秧苗床培肥达到标准的一般不需要追肥，苗床培肥未达到标准的重施追肥。 一般在 3 叶期，每亩用尿素 10~15 千克、过磷酸钙 20 千克、氯酸钾 5~7 千克混合加水配制成 1%的肥液于下午 4 时喷施，干肥撒施易造成肥害。

（四）机插小苗育秧技术

1. 确定适宜播量

机插秧适宜播量的确定应兼顾秧苗素质和降低缺穴率（5%以下）两个方面的要求。

（1）根据单位面积密度，按千粒重计算播量。机插秧的大田密度落实在秧爪取秧的面积和苗数上，因而用每平方米的谷粒数（粒/平方米）来表示落谷密度，并按千粒重计算播量更为科学。

（2）根据不同秧龄根系盘结的形成度，确定播种密度。常规粳稻 3 叶龄秧苗根系盘结力落谷密度在每平方米 27 000 粒以上时形成的秧块符合高质量机插要求，4 叶龄移栽的秧苗落谷密度在每平方米 22 000 粒以上时形成的秧块适合机插。

（3）机插秧的播种密度要与农机性能和高产群体的适宜基本苗数相适应。目前大多数插秧机行距为 30 厘米，可调穴距。东洋 PF455S 高速插秧机为 11.7 厘米、13.0 厘米和 14.6 厘米，RR6PW 高速插秧机为 12 厘米、14 厘米和 16 厘米。以东洋 PF455S 高速插秧机为例，每亩栽插穴数有 1.889 万（行株距 30 厘米×11.7 厘米）、1.709 万（行株距 30 厘米×13 厘米）和 1.522 万（行株距 30 厘米×14.6 厘米）3 种规格。秧爪取秧块面积有不同的规格，最常用的有 1.4 平方厘米（12 毫米×11.7 毫米）和 1.64 平方厘米（14 毫米×11.7 毫米）两种规格。机插粳稻亩产 600~700 千克的田块，每亩基本苗以 5 万~8 万株为宜，高产田块每亩基本苗以 5 万~6 万株为宜。根据高产田单位面积适宜基本苗数、插秧机固有单位面积穴数和取秧面积［此处以 1.4 平方厘米（12 毫米×11.7 毫米）和

1.64 平方厘米（14 毫米×11.7 毫米）两种规格为例]，得出每个秧块应有苗数和单位面积秧苗数（株/平方厘米），并按 80%的成秧率计算出落谷密度（粒/平方米）和落谷量（克/平方米或克/盘）。

（4）在满足上述各项指标要求的情况下，尽可能稀播匀播，在落谷密度适宜范围内，尽可能取下限值。以提高秧苗素质和增加秧龄弹性，提高成苗率，确保大田栽插质量。

2. 床土和秧田准备

床土宜选择肥沃、无杂物的两合土或壤土，经冬季冻融风化加以粉碎后，以 0.5 厘米筛子过筛，每亩移栽大田需备足育秧营养土 110～120 千克。播前 20～30 天进行床土培肥，每 100 千克细土加入尿素 80 克、磷酸铵 120 克、氯化钾 100 克，或直接加入 45%复合肥 350 克（氮、磷、钾各含 15%）。另每立方米土加入经过腐熟的有机肥（饼肥 110 千克、木屑或细稻壳 50 千克、酵素菌 0.5 千克堆制腐熟），以增加土壤通透性，提高成苗率，促进盘根良好。配制好的营养土经人工翻秒 2～3 次，集中堆闷，堆闷时细土含水量适中，要求手捏成团、落地即散，并用农膜覆盖，促使土肥充分熟化。

3. 种子准备

盘式育秧每亩大田需种子 3 千克，双膜育秧每亩大田需种子 4 千克。催芽前种子用 17%杀螟·乙蒜（菌虫清）20～30 克，兑水 6 千克，浸稻种 3～5 千克。防治水稻恶苗病、稻瘟病、白叶枯病、稻曲病等种传病害。机播的催芽至 90%种子露白时播种，人工撒播的催芽至根长为谷长的 1/3、芽长的 1/5～1/4 时播种。

4. 精细播种

整齐铺好育秧盘和带孔底膜，均匀铺放营养土，底土厚度盘育秧控制在 2.0～2.5 厘米，双膜育秧控制在 1.8～2.0 厘米，然后喷水。按每盘或每平方米计算芽谷播种量，以发芽率 90%和芽谷吸水 25%计算。如每盘计划播干谷 100 克（以 100%发芽率计算）的每盘播芽谷 140 克，计划每平方米播干谷 700 克的每平方米播芽谷

970 克。播后盖 0.3~0.5 厘米细土，上铺一层薄稻草覆盖薄膜。覆膜后灌 1 次平沟水，湿润秧板后排水。

5. 秧田管理

播后 1~2 天保持高温高湿环境，中午膜内地表温度超过 35℃时采用两头通风或盖草帘的方式降温。遇雨及时排水。

播后 3~5 天秧苗出土 2 厘米左右、第一叶完全叶抽出时逐渐揭膜炼苗，掌握晴天傍晚揭、阴天上午揭、小雨雨前揭、大雨雨后揭、遇低温寒流日揭夜盖的揭膜原则。拱棚秧苗的炼苗在秧苗现青后进行。最低温度稳定在 15℃以上时拆棚或撤膜。

水分管理分水管和旱管两种。

水管：揭膜前保持盘面不发白，揭膜后至 2 叶期前建立平沟水，2~3 叶期灌跑马水，注意前水不干后水不进。遇强冷空气灌水保苗，回暖后及时排水。移栽前 3~5 天控水。

旱管：揭膜时灌 1 次水，浸透床土后排干，以后确保雨天田间无积水。秧苗中午出现卷叶时，可在傍晚或次日清晨喷 1 次水。坚持不卷叶不补水，以保持旱育优势。

一般在秧苗 1 叶 1 心期施断奶肥，每亩用腐熟人粪尿 500 千克加水 1 000 千克或用尿素 5~7 千克加水 100 倍，于傍晚结合补水浇施。起秧前 2~3 天，每亩施尿素 5~6 千克做送嫁肥。

6. 防治病虫

秧田期要根据病虫害发生情况，重点做好螟虫、灰飞虱、稻蓟马、稻瘟病等病虫害的防治工作。移栽前要对所有秧田进行一次全面药剂防治，做到带药移栽，一药兼治。

7. 化学调控

4 叶期栽插的秧苗，在 1 叶 1 心期每亩用 15% 多效唑粉剂 75~100 克喷粉，或者每亩用 15% 多效唑可湿性粉剂 50 克加水 100 千克喷雾，控制秧苗旺长。床土培肥时已用过旱育秧壮秧剂的严禁施用多效唑。

第三节　几项关键技术的定量

一、合理基本苗的确定

合理基本苗计算的核心是要确保群体恰于有效分蘖临界叶龄期（$N-n$ 或 $N-n+1$）达到适宜穗数的总茎蘖数。

（一）基本苗的总公式

x（合理基本苗）$=y$（适宜穗数）$/ES$（单株成穗数）。式中适宜穗数对适宜基本苗作了限制，关键是求出单株在有效分蘖叶龄期以前，共能长出几个分蘖。单株成穗数由①移栽叶龄数（SN）至有效分蘖临界叶龄期（$N-n$ 或 $N-n+1$）有几个有效分蘖叶龄、②能发生多少有效分蘖的理论值、③分蘖的实际发生率（r）等3个因素决定。

（1）本田期有效分蘖叶龄数和品种总叶龄数、移栽叶龄数（SN）和移栽方法是否造成分蘖缺位（bn），以及一般希望在有效分蘖叶龄期稍早够苗，要减去一个调节值 a（0~1）。这样本田期的有效分蘖叶龄数应为：$N-n$（或 $N-n+1$）$-SN-bn-a$。

（2）本田期有效分蘖叶龄数及其产生分蘖理论值的对应关系列入表6-3。由主茎有效分蘖叶龄数 A，可以直接查得相应的分蘖理论值 B 的数值，生产上可直接应用。但如应用公式，应通过应变的比例关系 C，将本田期有效分蘖叶龄数乘应变系数 C，即得有效分蘖理论值。即 $[N-n$（或 $N-n+1$）$-SN-bn-a]\,C$。

（3）分蘖发生率（r）由多地通过调查不同品种、移栽苗龄、移栽方式和秧苗素质的本田分蘖发生率 r 获得。

通过上述 3 个因素的确定，本田期单株成穗数可准确计算：
$ES=1$（主茎或母茎）$+[N-n$（或 $N-n+1$）$-SN-bn-a]\,Cr$。

（二）小苗和直播稻的基本苗计算公式

（1）小苗移栽一般不带秧田分蘖，基本苗公式应为：

$x=y/(1+[N-n$（或 $N-n+1$）$-SN-bn-a]\,Cr)$。式中 bn 为

移栽至控蘖的缺位数，带土移栽的为0。

表6-3　本田期主茎有效分蘖叶龄数与分蘖发生理论值的关系

主茎有效分蘖叶龄数	1	2	3	4	5	6	7	8	9	10
一次分蘖理论数 A	1	2	3	4	5	6	7	8	9	10
二次分蘖理论数				1	3	6	10	15	21	28
三次分蘖理论数							1	4	10	20
分蘖理论总数 B	1	2	3	5	8	12	18	27	40	59
C（应变比率）= B/A	1	1	1	1.25	1.6	2.0	2.6	3.38	4.44	5.9

注：C 值可列入公式作为计算的应变参数，如（X）C 的值为3时，则（3）$C=3\times1=3$ 个理论分蘖数；X 值为5时，则（5）$C=5\times1.6=8$ 个理论分蘖数；X 值为7时，则（7）$C=7\times2.6=18$ 个理论分蘖数。

（2）直播稻基本苗公式为：

$x=y/$（$1+$［$N-n$（或 $N-n+1$）$-bn-a$］Cr）。式中没有移栽叶龄 SN，bn 为出苗至始蘖的间隔叶龄数，一般为4~5。

（三）中大苗移栽的基本苗计算公式

中大苗移栽根据主茎和秧田分蘖在本田期分蘖发生计算。其中 3 叶以上大蘖（t_1）在本田期的有效蘖发生情况视同主茎（1），它们在本田期发生的有效穗数为：（$1+t_1$）（$1+$［$N-n$（或 $N-n+1$）$-SN-bn-a$］Cr_1）。秧田 2 叶以下小蘖（t_2）存活较少，很少发生二次有效分蘖，它们成穗数决定于存活率（r_2），即 t_2r_2。中大苗的基本苗计算公式为：$x=y/$［（$1+t_1$）（$1+$［$N-n$（或 $N-n+1$）$-SN-bn-a$］Cr_1）$+t_2r_2$］。

上述几个公式的建立，能适用于多种栽培条件。计算确定的适宜基本苗能保证恰于有效分蘖临界叶龄期够苗。

二、施肥的合理定量

（一）关于三要素适宜总量的确定

首先，要把"3414"中产量最高处理的三要素比例作为适宜的施用比例。其次，三要素中，磷、钾施用数量对产量影响的差异，远不如氮素明显。因此，可通过确定氮素的适宜用量后，再按三要素合理比例，确定磷钾肥的适宜用量。

（二）关于氮肥施用的定量

要解决适宜总量和基蘖肥与穗肥的合理比例，这是获得高产和提高 N 肥利用率的基础。

1. 适宜总量的确定

用斯坦福（Stanford）的差值法公式，氮肥的施用总量应为：N（千克/公顷）＝［目标产量吸氮量（千克/公顷）－土壤供氮量（千克/公顷）］/N 肥当季利用率（％）。

目标产量的需 N 量可用高产水稻每百千克产量的需 N 量求得。各地高产田百千克需氮量是不同的，因此应对当地的高产田实际吸氮量进行测定。似有高纬度高海拔地区比低纬度低海拔地区吸 N 量低的趋势。

土壤的供 N 量可用不施氮处理的稻谷产量（基础产量）及其百千克稻谷的需 N 量求得。以江苏泰兴高砂土和昆山黏土为例，随着基础产量的上升，百千克稻谷的需 N 量亦因之上升，土壤的供 N 量亦相应递增。在同一个地点，这种变化关系是有一定规律的。因此可以用基础产量估算出该方田的土壤供 N 量的近似值，应用起来较为方便。各地可根据土类设置足够数量的空白区，找出基础产量和土壤供 N 量之间的关系。也可以采用当地测土配方施肥空白区的数据。

关于氮肥当季利用率的求取如下。

（1）氮肥利用率的变化幅度很大（15%～50%），影响因素多。凌启鸿等人研究发现，在氮肥施用量不过多的情况下，合理调整基蘖肥与穗肥的比例对提高氮素的当季利用率（由大面积生产的30%左右提高到40%～45%，甚至更高）起着决定性作用。根据凌启鸿等在江苏、云南、贵州等省设置的 N 素化肥基蘖肥与穗肥不同比例（8：2，7：3，6：4，5：5，4：6，3：7）的数十组专题试验，5 个伸长节间的品种均以基蘖肥与穗肥比例 6：4～5：5 的产量最高（以 5.5∶4.5 作为通用比例），N 肥的当季利用率可高达 40%~45%。4 个伸长节间的双季稻品种，以 7∶3~6∶4 的产量最高（以 6.5∶3.5 作为通用比例），N 肥的当季利用率高达 40%~46%。

（2）合理调整基蘖肥与穗肥的比例，才能符合水稻高产的吸氮规律，符合前期促蘖、中期"落黄"稳长、穗肥攻取大穗的高产生育规律和栽培调控规律。目前大面积生产上基蘖肥比例过大（70%~100%），中期不能按时"落黄"，群体被破坏，产量低，氮肥利用率低（30%以下）。

（3）关于氮素利用率的适宜参数值。据江苏的测定结果，高产田（10.5 吨/公顷以上）的氮素利用率均高达 40%以上（40.0%~45.5%）；施肥较少的田，有高达 50%以上的，但产量不高。一般以 42.5%作为计算的通用参数。但据黑龙江测定，高产田的氮肥利用率高达 50%以上。

凌启鸿等探索出了 3 个参数的求取方法，特别是通过合理提高穗肥比例，提高 N 肥利用率获取高产，是"水稻精确定量施氮研究"的重大发现。当 3 个参数明确后，便可按照目标产量计算适宜施氮总量和基蘖肥与穗肥的合理分配比例。

2. 施氮的适宜时间、数量分配

耕翻移栽时，基蘖肥中基肥的比例宜大（70%左右），分蘖肥宜早（栽后一个叶龄施下），最迟必须离有效分蘖叶龄期间隔 4 个叶龄期。穗肥：生长正常的群体，5 个以上伸长节间品种，于倒 4、倒 2 叶期分 2 次施用，比例 7∶3 左右，4 个伸长节间的品种，一般于倒 3 叶 1 次施用。生长不足或过旺的群体，穗肥施用作增加或减少的微调。

三、精确灌溉技术

（一）活棵分蘖期

浅水勤灌结合短期晾田。

(二) 精确确定搁田时间

控制无效分蘖的发生,必须在它发生前 2 个叶龄提早搁田。例如欲控制 $N-n+1$ 叶位无效分蘖的发生,必须提前在 $N-n-1$ 叶龄期当群体苗数达到预期穗数的 80%左右时断水搁田。

(三) 搁田的标准

土壤的形态以板实、有裂缝行走不陷脚为度;稻株形态以叶色落黄为主要指标,在基蘖肥用量合理时,往往搁田 1~2 次即可达到目的。在多雨地区,搁田常需排水,但在少雨地区,可通过计划灌水来实施,灌一次水,待进入 $N-n-1$ 叶龄时,田间恰好断水。

(四) 长穗期和结实期

采用浅湿交替的间歇灌溉方式,既满足生理需水的要求,又满足根系生长和提高活力对氧的需求,合成大量的细胞分裂素等激素物质,有利于形成大穗和提高结实率。

第七章 水稻全程机械化生产技术

机械化生产是现代水稻生产的重要标志。水稻全程机械化生产技术是在水稻生产过程中，以满足水稻稳产、高产、优质、高效为目标，采用机械化技术手段在耕整地、育秧、栽植、植保、收获、烘干等环节实现机械标准化作业，将水稻生产各环节农机农艺技术集成配套的一项综合性技术。

第一节 水稻全程机械化生产技术简介

一、水稻全程机械化生产作业流程

水稻全程机械化生产的作业流程根据茬口、种植方法的不同而异。水稻种植的茬口有大麦茬、小麦茬、油菜茬、空白茬等，种植方法有移栽和直播两种，移栽稻又可分为人工栽插、人工抛栽、机械栽插、机械抛栽、钵苗行栽，直播稻又可分为人工旱直播、人工水直播、机械旱直播、机械水直播。稻麦两熟区，适于机械化操作的种植方式主要为机械化插秧、机械旱直播、机械水直播。水稻全程机械化生产作业流程见图7-1。

二、水稻全程机械化生产作业主要工艺与机械

(一) 小麦秸秆全量还田

1. 技术与工艺

前茬小麦用配有秸秆切碎装置的联合收割机收割，作业标准留

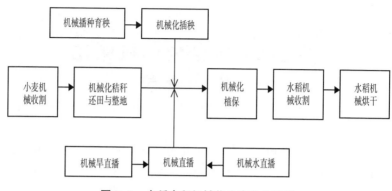

图 7-1　水稻全程机械化生产作业流程

茬高度≤15 厘米，秸秆切碎长度≤10 厘米，切碎的秸秆均匀抛撒于田面，施用基肥和秸秆快速腐熟剂。机插秧、水直播大田放水泡田，深度 3 厘米，浸泡时间根据土质浸泡 1～2 天，水旋耕，作业深度≥12 厘米，用机耙平田面。旱直播旋耕整地后播种。大田耕整应达到精耕细耙，肥足田平，上烂下实，田面整洁。

2. 机械设备

带切碎秸秆匀抛装置的联合收割机；大马力轮式拖拉机配中速旋耕机、水田驱动耙等。

（二）机械化育秧

1. 技术与工艺

采用工厂化育秧或钵盘育秧技术。床土选用大田肥土，用 5 目细眼筛子过筛，在配制营养土过程中添加壮秧剂、河沙和土壤黏结剂 3 种物质。使用精选后和药剂处理后的种子。采用机械播种流水线定量播种，播前要严格调试播种机到最佳状态。机械播种时调整播种量要注意每孔播种量、秧盘左右两侧播种量要保持一致；要调整好洒水量，基本浸透土壤即可。

2. 机械设备

2BD-600（LSPE-60AM）型水稻钵苗播种机、D448P 型水稻

育秧钵盘、育秧工厂及配套的喷淋设备等。

(三) 机械化栽插

1. 技术与工艺

机插秧苗要求：苗高 15~20 厘米，叶龄 5.0 叶左右，秧龄 30 天左右，根系发达，根白，单株白根数 13~16 条，发根力 5~10 条；钵内秧根盘绕成圈，盘结力强，孔内根土成钵完整，钵体苗带土重 5 克左右。

栽插要求：在行距 33 厘米条件缩小株距，因水稻品种不同而分别选用 12 厘米、14 厘米或 16 厘米株距。常规粳稻采用株距 12 厘米，亩插 1.68 万穴，每穴 3~5 苗；杂交粳稻采用株距 14 厘米，亩插 1.4 万穴，每穴 2~3 苗；籼型杂交稻采用株距 16 厘米，亩插 1.26 万穴，每穴 2~3 苗。

机插作业质量：伤秧率≤4%，漂秧率≤3%，漏插率≤5%，翻倒率≤3%，伤秧率、漂秧率、漏插率与翻倒率总和≤10%，相对均匀度合格率≥85%，插秧深度合格率≥90%，平均株数不超过农艺要求的±10%株，实际栽插基本苗不超过农艺要求亩基本苗数的±10%，邻间行距合格率≥90%。

2. 机械设备

2ZB-6（RX-60AM）型钵苗单人乘坐式高速插秧机、2ZB-6B（RXA-60T）型钵苗双人乘坐式高速插秧机。机插面积不大的农户可使用单人乘坐型钵苗插秧机，机插面积较大的农户和农场适宜使用双人乘坐型钵苗插秧机。

(四) 病虫害统防统治

1. 技术与工艺

根据当地植保部门病虫情报，在防治适期对达到防治指标的田块进行统一防治。

2. 机械设备

水稻病虫草害统防统治的机械主要有背负式弥雾（喷雾）机、担架（推车）式机动喷雾机、喷杆式植保喷雾机、无人驾驶飞行器植保机等。

（五）机械化收割

1. 技术与工艺

采用高性能半喂入式收割机进行收割，秸秆可回收；采用高性能全喂入式收割机进行收割，秸秆切碎可还田。

2. 机械设备

久保田488、588、688履带半喂入式收割机，久保田4LZ-4A8履带全喂入式联合收割机。

（六）机械化烘干

1. 技术与工艺

采用低温缓苏干燥烘干工艺，保证稻米品质。

2. 机械设备

台州一鸣5HS-100BC/5HS-80BC循环式谷物干燥机或三九低温干燥机。

（七）机械化加工

1. 技术与工艺

稻谷机械加工主要以碾米为主，工艺流程为清理→砻谷→谷糠分离→白米分组→抛光→色选。

2. 机械设备

重庆合盛洁米诺精米机（优点：整机性能好质量可靠，采用摩擦挤压方式实现精米加工，能有效保护大米的营养成分，使用安全，振动小、噪声低、粉尘少）。

（八）机械化包装

1. 技术与工艺

实现大米定量、称重、自动包装。

2. 机械设备

江西蓝光DCS-50系列大米自动包装机（优点：适用范围广、称量精度高、包装速度快、运行稳定、可靠性高、操作便捷）。

第二节　麦秸秆全量还田钵苗机插水稻栽培技术

加快生产全程机械化是水稻产业现代化的主攻方向，其中移栽机械化是水稻生产机械化的关键。为解决毯苗机插存在秧龄弹性小、秋苗素质弱、移栽植伤重等问题，水稻钵苗机插逐渐被重视和发展。钵苗机插水稻是稻作生产方式上的重大技术革新，是集水稻抛秧和机插优势于一体的新技术，一般较塑盘毯状小苗机插水稻增产 10% 左右。钵盘可育出根部带有完整钵状营养土块的水稻秧苗，具有稀播长秧龄、秧体干质量大、充实度高等特点。钵苗移栽时带钵土，不伤根，无植伤，因此，栽后基本无缓苗现象，分蘖发生早，前期生长旺盛，植株粗壮，出穗早，穗大粒多，产量高。钵苗机插有利于水稻适当提早成熟，对多熟制地区确保下茬小麦及时播种具有一定意义。钵苗机插水稻种植的基本流程为：育秧准备（品种选择与准备、床土培肥与加工、秧田制作、材料准备）→精量播种→暗化出苗→摆盘→秧田管理→大田机插→大田管理。

一、钵苗机插水稻高产形成优势

(一) 利于培育大龄壮秧

与机插毯状小苗相比，秧龄可长 10 天左右，叶龄大 1~2 叶，同时苗质健壮。不仅适于种植生育期稍长的高产品种，也利于水稻及时成熟让茬，确保下茬作物适期播栽，达到多熟协调增产。

(二) 利于精确机插

常州亚美柯公司出品的单人乘 2ZB-6（RX-60AM）型钵苗插秧机行距 33 厘米，株距从 12~24 厘米有 7 档可调；双人乘坐 2ZB-6B（RXA-60T）型的钵苗插秧机行距也为 33 厘米，株距从 12.4~28.2 厘米有 18 档可调。可因水稻品种大田适宜密度确定机插穴株距，从而精确定量地建立高质量群体起点。

（三）利于活棵发苗

由于带土钵苗几乎无植伤移栽，不僵苗，无须缓苗，加快了活棵发苗，地下部发根多，地上部利于争取更多的优质分蘖，培育适量的壮秆大穗构建高产群体。

（四）利于培育适量壮秆大穗，建成良好的群体结构，改善群体生产的安全性

钵苗机插水稻群体通风透光性好，茎秆粗壮，基部各节间抗折力大，群体抗倒伏能力强。单位面积穗数较适宜，每穗粒数多，群体颖花量高，结实率和千粒重较稳定，高产、稳产性好。

（五）利于提高群体有效与高效生长量，构建高光效群体，提高后期物质生产力

钵苗机插水稻有效与高效叶面积率高，抽穗后叶面积衰减率低。生育后期群体光合势大，净同化率高，根系活力强，群体衰老慢，群体光合物质积累多，达到穗数足、穗型大、结实率高、籽粒饱满。

二、钵苗机插水稻育秧技术

（一）钵苗机插水稻育秧的主要特点

1. 钵苗机插水稻机械播种流程和方式与毯苗机插明显不同。钵苗机插水稻机械播种基本流程为：硬盘放入播种流水线进口→播底土→用铁球第一次压实→播种→用铁球第二次压实→覆土→洒水→集中暗化出苗→摆盘放入秧田→秧田管理。

2. 钵苗机插水稻播种量小，栽插行距大，基本苗数少，一般杂交稻基本苗数为2.5万~3.0万株/亩，常规稻基本苗数为6.0万~7.0万株/亩，与毯苗机插水稻相比分别减少1.5万~2.0万株/亩和3.0万~4.0万株/亩。钵苗机插水稻的增产途径是在适宜穗数的基础上依靠壮秆大穗来实现。因此，钵苗机插水稻对培育壮秧的要求非常高，秧苗必须达到秧龄较长、苗体干物质积累多、充实度好、带蘖、叶色深、无黄叶、根白、根系盘结力强、栽后缓苗期

短、发苗快的要求。

（二）钵苗机插水稻育秧关键技术

1. 秧龄与播种量相配套

如果单盘播种量偏大，则要求水稻秧龄必须缩短，否则秧苗素质明显下降，而单盘播种量偏小，虽然可以延长水稻秧龄，但会导致水稻栽插基本苗偏少，同样不利于水稻产量的提高。钵苗机插水稻不同播量、不同秧龄对水稻生长和产量影响的试验结果表明，每孔播量常规稻 5~6 粒、杂交粳稻 4~5 粒、杂交籼稻 3~4 粒，秧龄 30 天较为适宜，不但有利于提高水稻秧苗素质，还能保证水稻栽插密度，使水稻的产量结构协调，增产潜力大。一般每亩大田用种量常规粳稻为 3.0 千克左右、杂交粳稻为 2.0 千克左右、杂交籼稻为 1.5 千克左右。

2. 改进营养土配制方法，保证钵球透水通气

与毯苗相比，钵苗机插水稻播种要经过 2 次营养土被压实的过程，导致土壤过于紧实，透水通气性差，水稻在发芽的过程中容易缺氧，导致水稻烂种烂芽，严重影响出苗。因此，如何解决钵苗机插水稻土壤成球和土壤通气的矛盾是提高钵苗机插水稻成苗率的关键。

改进育秧营养土不同材料的配制是解决上述矛盾并提高钵苗机插水稻成苗率的最佳方法。营养土的制作首先是过筛细土，一般取大田表层土晒干，打碎土块，筛除杂物，并用 5 目细眼筛子过筛。常规稻按 70 千克/亩备足营养土，杂交稻按 60 千克/亩备足营养土，每盘用土量约 1.5 千克。

杨松等人通过钵苗机插水稻不同育苗材料筛选试验，在配制营养土过程中添加壮秧剂、河沙和土壤黏结剂 3 种物质，能有效调节土壤的孔隙度，保持钵内土壤含水量适宜、不板结、通气良好，为水稻发芽出苗创造有利条件。使用壮秧剂起到供肥、调酸、控高、防病等作用，每 100 千克细土加壮秧剂 0.5 千克进行配比，严格控制用量，并与营养土充分拌匀，以防壮秧剂使用不匀而伤芽伤苗。

使用河沙具有明显改善土壤通透性和提高钵球抗压强度的作用。河沙用量为营养土总重量的 30% 以上为宜。土壤黏合剂具有促进根系生长，提高秧苗盘根，提高土壤团聚力，增加土壤团粒多孔性，提高水分渗透力的作用，土壤黏结剂按每亩大田 50 克使用。以上壮秧剂、土壤黏结剂和河沙 3 种育苗材料在播种前 3 天与过筛细土进行均匀混拌，然后继续堆闷待用。

3. 采用秧田旱整技术，强化秧田培肥

（1）秧田旱整。选择地块平整、土质肥沃、运秧方便、灌排水条件好的旱地。按照秧田与大田比留足秧田，常规稻秧田与大田比为 1：50，杂交稻为 1：60。秧田必须适当提前耕翻晒垡碎土。实践证明，钵苗机插水稻秧田整地与秧板制作不宜采用水整的方法，而适宜采用旱整方式。主要原因是水整的秧田在脱水落干后，表层土壤易龟裂翘起，导致秧板表面不平，秧盘不能与秧板做到紧贴，易悬空，根系不能下扎，严重影响秧苗的正常生长。而采用旱整技术，可克服上述问题，秧盘与苗床相互紧贴，根系吸收水分和养分速度快、下扎深，水稻秧苗生长一致、盘根好。采用旱整通气育秧方式进行秧板制作基本流程为：首先在耕翻冻融和旋耕的基础上，用激光平土仪进行平整，再用机械开沟作畦，晒垡 2~3 天后，上水人工验平 1~2 次，排水晾板，使板面沉实，播前 2~3 天再次铲高补低，填平裂缝，并充分拍实，板面达到"实、平、光、直"的要求。秧板规格掌握畦宽 1.50 米、畦沟宽 0.25 米、沟深 0.20 米，做到灌、排分开，内、外沟配套，能灌能排能降。

（2）秧田培肥。钵苗机插水稻育秧与毯苗育秧明显不同的是必须强化秧田培肥，提高土壤养分浓度，主要原因有 2 点：一是钵苗机插水稻秧苗与毯苗相比，秧龄长，水稻根系深扎到苗床土中，秧苗所需的养分主要通过苗床土吸收，所以必须提高苗床土壤养分浓度；二是钵苗机插水稻秧田水层管理不宜长时间建立水层，以旱育为主，否则秧苗根系容易上冒，发生串根现象，严重影响栽插，在旱育条件下，控水必然控肥，故必须增加供肥强度，才能满足秧苗生长发育所需的养分供应，这就要求对秧田必须进行强化培肥，而不能仅仅依靠追肥（追肥只是"一轰头"，追肥必须建立水层，否则容易烧苗，而建立水层又会影响旱育效果）。因此，钵苗机插水稻秧田培肥是培育壮秧的基础，秧池（田）不壮不可能育出壮秧来。

钵苗培肥一般在育秧前30天，筛过细土以后，结合整地进行，一般用无机肥培肥，参考用量为：每亩秧田施用高浓度氮、磷、钾复合肥（氮、磷、钾有效养分含量分别为15%、15%、15%）60千克+尿素30千克，撒肥后再及时进行旋耕埋肥，开沟作畦，整平板面。

4. 抓好播种质量关，采用暗化出苗技术

（1）控制好播种量。播前种子必须机械去芒，种子质量符合粮食作物种子禾谷类标准。单穴苗数对分蘖成穗及产量的影响非常重要。常规粳稻每亩用种量3.20千克左右，平均每孔适宜4苗左右，每孔播种6~7粒，每盘播干种量80克左右；杂交粳稻每亩用种量2.25千克左右，每孔适宜3苗左右，每孔播种4~5粒，每盘适宜播量50克左右；杂交籼稻每亩用种量1.50千克左右，每孔适宜2.5苗左右，每孔播种3~4粒，每盘适宜播量40克左右。每亩硬盘用量按照常规稻40张、杂交粳稻35张、杂交籼稻30张准备。

（2）种子处理。用药剂浸种48~60小时，要求种子浸透。播种前要求种子催芽达到"破胸露白"，发芽率90%以上。

（3）机械播种。采用机械播种流水线定量播种，播前要严格调试播种机至最佳状态。要注意以下几点：

①调整播种机。调整播种机在水平状态，否则会造成播种不匀和覆土不均。

②调整好播种量。按不同类型水稻品种（长粒或者圆粒）选择好不同型号的播种槽轮，播种量（平均每孔实际播种粒数）要在正式播种之前先调整到位，调整播种量要注意每孔播种量、秧盘左右两侧播种量要保持一致。

③调整好洒水量。基本浸透土壤即可，洒水量不要过大，以免钵内水分过多，造成缺氧烂种，或把种子和泥土冲到盘面上，湿度掌握不确定，易造成出苗率低、移栽时钵体顶出率低等。

④调整好用土量。控制钵内营养底土厚度稳定达到2/3孔深，覆土控制在0.5厘米高左右，盖表土厚度不超过盘面，以不见芽谷为宜。

（4）暗化出苗。实践证明，通过硬盘叠加暗化出苗，可使每张盘的温湿度保持适宜一致，出苗整齐，空穴率低，不但解决了生产上出苗难的问题，同时也减少了废盘率，节省了大量的秧盘，而且通过暗化技术降低了对苗床质量的要求，省工节本效果明显。

钵苗机插水稻暗化出苗是将播种好的秧盘及时叠加在一起进行出苗，地点要选择在室外阳光直射的地方，注意叠放时做到上下两层秧盘要垂直交叉排列，保证上面秧盘的孔放置在下面秧盘的槽上。每摞叠放的秧盘高度以20盘为宜，每摞秧盘间留有一定空隙，空隙为30厘米左右。为保证每张秧盘暗化温湿度尽量一致，每摞最底层盘的下面要垫上保温材料或空秧盘进行支撑，每摞最上面放置一层没有播种但带土洒水的秧盘，秧盘叠放结束，及时盖上黑色塑料布，并用细土压实，以后每天定时掀起塑料布，对堆叠的秧盘四周进行观察，发现秧盘四周盘孔缺水要用喷壶及时洒水。暗化3~4天，待水稻不完全叶长出时，即可揭去塑料布，并进行摆盘。

5. 精细秧田管理，培育标准化壮秧

（1）钵苗机插水稻壮秧主要指标。稻（油）麦两熟制地区的单季水稻钵苗，秧苗经过暗化出苗后，及时放入秧田进行管理，通过精细管理使秧苗素质达到如下指标。

①秧龄30天左右，叶龄5.0左右。

②苗高15~20厘米，单株茎基宽0.3~0.4厘米，单株绿叶数≥4.0叶，叶色级别达4.0~5.0级；平均单株带蘖0.3~0.5个；根系发达，根白，单株白根数13~16条，发根力5~10条；钵内秧根盘绕成圈，盘结力强，孔内根土成钵完整，钵体苗带土重5克

左右。

③百株地上部干重 8.0 克以上，单位苗高干重 350 毫克/厘米以上；钵盘成苗孔率，常规稻≥98%，杂交稻≥95%；平均每钵成苗数，常规粳稻 3~5 苗（中穗型品种 4~5 苗，大穗型品种 3~4 苗），杂交稻 2~3 苗（杂交籼稻 2 苗，杂交粳稻 2~3 苗）；植株群体带蘖率，常规稻≥30%，杂交稻≥50%。钵盘及钵孔间的成苗数、株高和粗壮度等指标差异小，秧苗整齐度高；群体生长旺盛，无病斑虫迹。

（2）做好秧田的管理工作。要培育上述钵苗机插水稻标准化秧苗，关键是要做好秧田的日常管理工作。主要把握以下关键技术。

①摆盘前畦面要铺切根网。所谓切根网就是细孔尼龙纱布（网孔面积<0.5 厘米×0.5 厘米）。摆盘前畦面铺细孔尼龙纱布，以防止秧盘在起秧时底部粘上土壤，不利于起秧。摆盘是直接将暗化处理过的秧盘沿秧盘长度方向并排对放于畦上，盘间紧密铺放，秧盘与畦面紧贴不能吊空。秧板上摆盘要求摆平、摆齐。在摆盘后，应立即灌 1 次出苗水，做到速灌速排。

②以旱育为主，促进根系生长。钵盘旱育秧对水分有 2 个敏感期：第 1 个是揭膜后不久，此时秧苗尚未完全扎根，再加上揭膜以后环境条件发生变化，容易形成青枯死苗；第 2 个是离乳期，此时秧苗耐旱能力弱，在缺水情况下容易发生黄枯萎蔫死亡。因此，在水分管理上，既要控水旱育，又要区别对待。3 叶期前（尤其是 2 叶期前，根系未完全下扎）要确保不卷叶，一般摆盘后掌握在上午 10：00 左右灌 1 次"跑马水"，13：00 后及时排出，下雨天可以不灌水，始终保持土壤湿润状态；3 叶期后，根系变得发达（根系已扎入秧板），抗旱能力增强（根系吸收的水分主要来自秧板），再加上秧盘本身具有良好的保墒性能，基本上无须补水。在补水方式上可采取浇水或灌水，灌水比较方便省事，但容易造成土壤板结和肥料流失，进而影响壮秧效果。因此，必须尽量减少灌水次数，

且要做到速灌速排（灌"跑马水"）。水稻4叶期以后切记盘面不可长期保持水层，否则会引起水稻根系向上生长，导致每穴钵苗之间相互串根，插秧机无法栽插。

③及时施肥，防止秧苗落黄。钵苗在强化秧田苗床培肥的基础上，及早进行秧苗追肥，防止秧苗落黄，保证水稻4叶期长粗，并有分蘖发生。主要措施是早施"断奶肥"，及时补充营养，促进水稻秧苗由"异养"转入"自养"。"断奶肥"于2叶期施用，每盘撒施4克复合肥（N：P：K=15%：15%：15%）。施肥后用喷壶轻洒清水，防止烧苗。4叶期到移栽主攻目标：提高移栽后的抗植伤能力和发根力。关键在于提高苗体的碳氮营养含量，以控水健根壮苗。主要措施是施好"送嫁肥"，注意控水。"送嫁肥"于移栽前2~3天施，每盘用复合肥5克左右。

④及时化控，防止秧苗旺长。钵苗育秧在营养土中应用壮秧剂，因其含有多效唑，对秧苗高度有一定控制作用，但当秧龄超过20天时，壮秧剂控高效果逐渐消退，秧苗明显窜高。因此，对于钵苗秧龄达到30天情况下必须单独施用多效唑进行化控，防止秧苗旺长，控制秧苗高度不超过20厘米，以适应机插。从试验结果来看，在一定秧龄范围内，秧苗化控可分2次进行，第1次在2叶期左右每百张秧盘可用15%多效唑粉剂4~5克，第2次在4叶期左右每百张秧盘可用15%多效唑粉剂5~6克，兑水喷施，喷雾要均匀、细致，如果使用时秧苗叶龄较大或因机栽期延迟将导致秧龄较长，都需要适当增加用量。

⑤病虫防治。密切注意地下害虫、飞虱、稻蓟马及恶苗病、苗瘟等苗期病虫害的发生。摆盘后每隔2~3天用药防治灰飞虱1次，每亩用48%毒死蜱乳油80毫升加5%氯虫苯甲酰胺悬浮剂20毫升，于傍晚前均匀喷雾。移栽前喷施杀虫剂，做到带药移栽。

三、麦秸秆全量还田技术

（一）麦秸秆全量还田的作业流程

麦秸秆全量还田耕整施肥的作业流程见图 7-2。

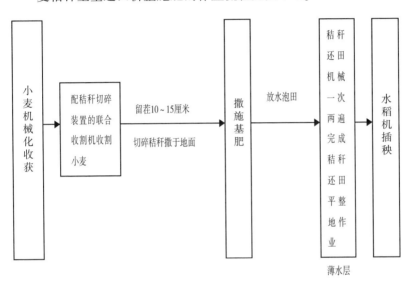

图 7-2　麦秸秆全量还田耕整施肥的作业流程

（二）麦秸秆机械全量还田作业工序

1. 切碎麦秸

前茬麦子成熟时，用联合收割机收割，留麦桩 10～15 厘米，同时启动秸秆切碎装置，将秸秆切成 5～10 厘米碎段，均匀抛撒于田面。

2. 施足基肥

鉴于麦秸秆还田后，前期耗氮，后期释氮的特点，施用基肥时，在总施肥量与不还田土壤肥料用量保持基本一致的基础上，应注意适当增施速效氮肥的用量，一般以每 100 千克秸秆增施纯氮 1 千克为宜。根据高产田块每亩总施纯氮量为 20～22 千克，基蘖肥与穗肥的比例 7：3 施用。基肥以选择铵态氮或尿素加复合肥为好，一般亩施尿素 10 千克加 45%（15-15-15）的三元复合肥 25 千克，并提倡有机肥、无机肥结合，均匀撒施在秸秆残体上。

3. 施秸秆快腐剂

在秸秆还田前施用适量的秸秆快腐剂，均匀喷施或撒施在秸秆残体上，可加快秸秆腐熟速度，提高秸秆还田效果。

4. 放水泡田

施好基肥后立即放水泡田，浸泡时间以泡软秸秆、泡透土壤耕作层为准。

秸秆一般在放水浸泡 12 小时后基本软化，经过浸泡软化后的秸秆易于和泥浆搅拌均匀，一般不会直立于田间或漂浮于水面。土壤耕作层泡透的时间视土壤物理性状而定，土壤酥松、团粒结构好、透水性强的土壤易于泡透；土壤板结、团粒结构差、透水性弱的土壤难于泡透。一般沙壤土浸泡 24 小时，黏土田块浸泡 36～48 小时即可。浸泡时间过短，耕作层泡不透，作业时土壤起浆度低，秸秆和泥浆不能充分混合，田面平整度降低；浸泡时间过长，会造成土壤板结，不利于埋草和起浆。

要严格控制水层，以还田作业时水层田面高处见墩、低处有水，作业不起浪为准，水深控制在 1～3 厘米；水层过深，浮草增多，作业时水浪冲击过强，影响秸秆掩埋效果，耕整平整度差；水层过浅，土壤作层泡不透，秸秆泡不软，作业后田面不平整、不起浆。

5. 还田作业

选择与大中型拖拉机配套的高效低耗秸秆还田机械反旋灭茬机或水田埋茬起浆机。新型秸秆还田机械水田埋茬起浆机的特点是正旋埋草、带水旋耕，提高了机械效率和埋草效果，同时，由旱旋耕改为带水旋耕，减轻了机械负荷和动力消耗，特别是提高了旋耕埋草田面平整度，降低了机械操作成本，一次两遍作业，实现埋草和平整地，能满足后续水稻种植机械化作业要求。

水田埋茬起浆机采取横竖两遍作业，第一遍顺田间长度采用无环节套耕作业法，避免漏耕，可适当重耕，以提高埋草效果；第二遍可采用"绕行法"找平，并适当提高作业速度。注意要根据拖拉机动力、还田机具配备和土壤情况确定工作挡位。

秸秆还田机的耕层作业深度与秸秆还田量、埋草率、麦草腐烂进度和稻米品质有关。研究表明，在 5~15 厘米耕层范围内，随旋耕深度的增加一次性作业埋草率提高，麦草起始腐烂时间、进度推迟（淹水条件下不同耕层温度差异所致），稻米的外观品质和蒸煮品质下降。考虑到小麦当前产量水平，为适应插秧机作业要求，麦秸秆还田的适宜埋深为 8~10 厘米，有利于后茬机插水稻产量和品质的形成。

四、大田钵苗机插栽培技术

（一）整地与移栽

1. 整地

目前生产上一般有先灌水浸透秸秆土壤后水整地与旱地秸秆还田耕翻埋茬后再灌水整平的两种基本方式。

（1）灌水浸透秸秆土壤后整地方式。秸秆还田的田块，整地前先把秸秆均匀分开，然后撒施基肥。

（2）旱地秸秆还田耕翻埋茬后再灌水整平。

无论哪种方法整地，土壤平整后均需在薄水层下适当沉实，沙土沉实 1 天，壤土沉实 1~2 天，黏土沉实 2~3 天。

2. 精确定量基本苗和机械栽插

（1）合理确定基本苗与栽插规格。足够适量的穗数是高产的基础，在行距 33 厘米条件下一般应缩小株距，因水稻品种不同而分别选用 12 厘米、14 厘米或 16 厘米株距。常规粳稻一般采用株距 12 厘米，亩插 1.68 万穴，每穴 3~5 苗，亩基本苗 6 万~7 万株；杂交粳稻采用株距 14 厘米，亩插 1.4 万穴，每穴 2~3 苗，亩基本苗 3 万~4 万株；籼型杂交稻，可采用株距 16 厘米，亩插

1.26 万穴，每穴 2~3 苗，亩基本苗 3 万株左右。

（2）机械栽插。将盘秧装在运送机器上，实现秧苗的长距离运送。也可利用秧架一次装多张秧盘，方便秧苗的装运。

根据地块间距及机械作业效率，合理安排运秧车辆及秧苗供应量，应做到起秧、运秧与栽秧速度协调，防止运秧及栽插不及时，造成秧苗失水萎蔫，严重影响栽插与活棵。调整好株距，达到栽插行直不漏穴，接行准确，插深一致，把栽深控制在 2.5~3.0 厘米。防止因土壤沉实不够，栽插偏深、行走不直、接行不准的现象发生。

（二）肥料精确施用

高产栽培必须根据水稻目标产量及稻田土壤肥力，因种因土精确施肥。从以往精确定量实践来看，在麦茬中等或中等偏上土质上，确定每亩目标产量 700 千克，常规粳稻每亩施纯氮 19~20 千克，杂交粳稻 17~18 千克，杂交籼稻 15~16 千克。氮（N）、磷（P）、钾（K）肥配比为 1:0.5:0.8。在前茬小麦秸秆全量还田条件下，氮肥基蘖肥与穗肥适宜用量比例为 7:3，有利于发挥低位分蘖生长优势。钵苗虽缓苗期短，早发快长优势强，但基本苗相对较少，因此必须提高有效蘖发生率以满足高产所需穗数，故应早施重施分蘖肥，一般在栽后 3~5 天适当重施。钵苗群体内行距大，高峰苗量低，不仅个体生长相对粗壮，而且冠层通风透光条件好，因而生育中后期施肥在于集中施好促花肥，一般应在倒 4 叶或倒 3 叶期施用，既有利于巩固有效分蘖成穗，又促进壮秆大穗形成。磷肥一般全部作基肥施用；钾肥则 50%作基肥、50%作促花肥施用。

（三）水分精确调控

根据水稻高产形成的动态需水特点，按生育进程有序实施以下节水灌溉模式。

（1）薄水栽秧。将田整平沉实，田间见水，但全田有土壤均匀地露出水面，形成花斑状的不完全水层，即 70%~80%田面在水下，20%~30%田面均匀分散地露出水面。做到无成片田面在水上，更无成片的深水低洼地段。

（2）活棵分蘖期。以浅水层为主，促进有效分蘖早生快发。秸秆全量还田条件下，在活棵期间多次露田以增氧解毒，促根防僵苗。

（3）够苗至拔节期。分次轻搁田，即全田茎蘖数达到高产设计穗数值的80%~90%时，开始自然断水搁田，通过分次轻搁，使全田土壤沉实，田中土壤不陷脚，稻株叶片挺起，叶色褪淡显黄。

（4）拔节后至抽穗扬花期。水稻不仅需水量大，而且土壤中根系发育需氧气也多，因此采取"水层—湿润—落干"过程反复交替、以湿为主的水气协调管理方法。

（5）灌浆结实期。采取"盖土面浅水—湿润—落干"过程反复交替，以落干为主的水气协调管理方法，直到成熟前7天断水落干。

（四）加强病虫害防治

在做好病虫害综合防治中，特别强调前期应防治好灰飞虱、条纹叶枯病、黑条矮缩病，中后期防治好纹枯病、各种螟虫及穗颈瘟、稻曲病、褐飞虱等病虫害。

第三节　机械直播水稻栽培技术

机械直播水稻是指直接用机械将稻种播于大田而省去育秧和移栽环节的种植方式。近几年水稻直播栽培面积迅速扩大，人工直播田间出苗不均匀、长势不整齐，杂草防除难，不易管理，不同田块之间产量差距较大。推广机械直播是今后直播稻发展的主要途径之一。机械直播水稻可按土壤水分状况分为水直播、旱直播，目前主要推广旱直播；按播种方式分为撒直播、点直播、条直播，主要推广条直播。随着经济的发展、种植结构的调整以及农艺配套技术的提高，效率居高的撒播机械化技术也将与现有的条播、点播技术并举。

直播稻由于推迟了播种，生育进程推迟，抽穗扬花期易碰到极端天气，造成结实率下降，严重影响产量。直播稻灌浆阶段易碰到低温，灌浆不充分，白米多，米质差。因此，机直播与手栽秧、机插秧比较而言，更要重视品种的选用、保全苗、防杂草和抗倒伏，生产中必须围绕良种、全苗、除草和防倒等 4 个方面采取有效措施。

一、选用良种

选用的良种应具有以下 6 个方面的优点。

（1）生育期适宜。同地区选择比机插秧、手栽秧品种生育期短且感光性强、感温性弱的品种。

（2）产量高，米质优。直播稻灌浆期推迟，总体积温不如机插秧、手栽秧，中下部颖花灌浆慢迟，影响米质，因此，在品种选用上一定要选择优质品种。

（3）植株健壮。根系发达，茎秆粗壮，抗倒能力强。

（4）株型较紧凑，分蘖力中等，穗型较大最好为直穗，后期灌浆速度快。

（5）抗逆能力强，具较强的耐寒性和抗病性等。直播稻由于推迟了播种，生育进程推迟，抽穗扬花期易碰到低温，应选用耐寒性强的品种。

（6）顶土能力强，耐旱，灌水后长势快。

二、全苗技术

（一）精细整地

达到田面平整，无裸露的残茬、杂草等，耕层深厚松软。小麦收割机收割时粉碎秸秆，每亩施复合肥（N-P-K 为 15-15-15）25~30 千克，加 10 千克尿素，及早深旋耕 15~20 厘米。

（二）种子处理

精选种子，提倡浸种和催芽播种。小麦收获后如种直播稻时间已经偏迟，则可以通过浸种争取早出苗 3 天。浸种可以预防种传病害，如恶苗病、干尖线虫病等。

（三）播种量的确定

要根据品种特性、种子千粒重、发芽率确定，常规粳稻每亩播种量控制在 6~8 千克。

（四）机械播种

旱直播较好，争取在 6 月 16 日前播种结束，播后田间及时开沟，建立"三纵二横"田内沟系。可以选用2Bg-6型稻麦条播机，与东风 12 型手扶拖拉机配套，可一次完成旋切碎土、灭茬、开沟、下种、覆土、镇压等多道工序。工作方式为浅旋条播，播幅 1.2米，行数 6 行或 5 行，播深 10~50 毫米。

（五）播后水分管理

直播结束后沟灌平沟水，洇水，自然落干，保证种子获得必需的水分。漏水田灌浅水层，田间最多保持 1 天水层，及时排水防止烂种，促进扎根立苗。播后保持土壤湿润，若田面发白，出现小裂缝，则齐苗后晴天灌"跑马水"，3 叶期后建立浅水层促进分蘖。

三、除草技术

（一）杂草防除技术

由于直播稻田杂草与稻苗同步发芽生长，并且杂草的种类繁多、密度高、生长旺盛和危害严重，且杂草有几个出苗高峰。同时，除草剂效果的好坏与稻田环境关系密切，对施用条件有较高要求，给直播稻田除草带来了困难。稍有疏忽，就会造成草荒，其危害程度远超过移栽稻田。

1. 机直播稻田杂草防除策略

应贯彻以农业防除为基础，化学防除为重点的综合防治策略，充分发挥"以苗压草、以药灭草、以水控草、以工拔草"的作用。

（1）农业防除。主要实施以精选稻种、消除杂草种子、早建水层、以水控草、拔净杂草及实行水旱轮作等为主的技术措施。

（2）化学防治。主要实施播前或播后苗前土壤封闭灭草，出苗后主攻防除第 2 批杂草和第 1 批残留杂草，并辅之人工拔除和化学补除。

2. 机直播稻田除草技术

采用一封、二杀、三扫残技术。

（1）关键的第一步："一封"。播后喷药进行土壤封闭。推荐如下 2 个配方。

① "苄·丙"（苄嘧·丙草胺）复配系列：每亩用纯品 45 克，30%封清（苄嘧·丙草胺）可湿性粉剂 140~160 克（或 30%丙草胺乳油 150 毫升加 10%苄嘧磺隆可湿性粉剂 10 克），兑水 40 千克喷雾。播种上水后 1~4 天用药，用药时畦面湿润无积水。水层管理：落谷后至齐苗前畦面湿润无积水，墒沟半沟水（如遇雨天，则要排干墒沟水）。浸种后用丙草胺可以控制杂草发生。

② "恶·丁"（恶草酮加丁草胺）复配系列：每亩用纯品 60 克左右。例如，落谷泗水后 1~2 天，每亩用 36%水旱灵（丁·恶）乳油 150~180 毫升，兑水 50 千克喷雾。用药后田间保持一定的湿度，但畦面绝对不能有积水，否则会出现不出苗等药害症状；积水时间越长药害越严重。播后喷药进行土壤封闭。秧苗 2~3 叶上浅水层进行水管（要求同"苄·丙"系列）。

（2）二杀。于杂草出齐后进行喷药杀草。针对没有进行土壤封闭或第 1 次除草效果不理想的田块，一般在秧苗 2~6 叶期或杂草 2~6 叶期，进行第 2 次除草。杂草出齐后用药时间宁早勿迟。

①氰氟草酯：主要防除千金子，兼除稗草、马唐。每亩用纯品 10~30 克，用药量随草龄的增长而增加。于杂草 2~4 叶期，兑水 15 千克，均匀喷雾，及早防治，宁早勿迟。注意要排除田间水层后用药，每亩用水量不能多。

②五氟磺草胺（如稻杰）：主治稗草，兼治阔叶类杂草。稗草 1~3 叶期亩用 50~60 毫升；稗草 3~5 叶期亩用 60~100 毫升；稗草超过 5 叶，再适当增加用药量，每亩兑水 20~30 千克喷雾。

③苯达松：防除阔叶类与莎草类杂草，48%苯达松水剂150～300毫升/亩，兑水喷雾。

④苄嘧磺隆：防除阔叶类与莎草类杂草，每亩用纯品2～3克，兑水喷雾。

⑤吡嘧磺隆：防除阔叶类与莎草类杂草。每亩用纯品1～2克，高温天气不能用，粳稻、糯稻田土壤封闭时不提倡用。

（3）三扫残。水稻生长的中后期进行人工除草。

（二）杂草稻防除技术

杂草稻，俗称自生稻、红米稻、稆稻等。非人为栽培种植的水稻统称杂草稻。杂草稻早熟易落粒，成熟时种子落于田中，第二年条件适宜时萌发成苗，像杂草一样。这样年复一年，繁殖蔓延。由于杂草稻繁茂性强，在稻田与栽培稻争夺阳光、养分和水分，妨碍水稻生长。且自身早熟，落粒无收，严重影响水稻产量，部分未落粒的杂草稻与栽培稻一起收获，又因其粒型小，果皮有色素沉淀，影响稻米加工及外观品质。近几年，杂草稻的发生越来越普遍，发生范围广、危害重。杂草稻不仅影响当茬水稻，而且对来年水稻生产构成威胁。杂草稻主要是通过种子调运进行大范围远距离扩散，通过农事活动等近距离传播。

1. 最佳方案——防微杜渐早拔除

从杂草稻的发生和危害规律看，在正常栽培的水稻拔节、抽穗前，早熟特性的杂草稻一般拔节、抽穗较早，这些杂草稻在田间通常植株较高，具有籼型特征的杂草稻一般叶片比较宽大、色淡，分蘖力较强，株型较松散，特别是在其刚开始抽穗时，在田间很显眼，容易识别，便于拔除。到正常栽培的水稻抽穗后，这些杂草稻常由于株高较矮，会淹入栽培稻群体中，不便于查找和拔除。对于与栽培稻同时抽穗或者抽穗更迟的杂草稻，最好也及时拔除，以免影响稻米品质。特别是一些籼型杂草稻，即便与栽培稻同时抽穗，也通常会在收稻前提早落粒，成为来年田间的杂草稻种源。

对于前期在田间发现的杂草稻，应连根拔除（稻株较小时可以拔起后就地踩入泥中），不能采取割除的方法，否则它们会很快产生分蘖重新生长。到中后期，田间水稻生长繁茂，拔除杂草稻相对比较费力，可以用镰刀割除。尽量齐泥或者切入泥下将杂草稻割除，否则杂草稻仍可能重新生长抽穗结实。从田间剔出的杂草稻，最好集中带离农田妥善处理，或者用刀在稻株基部切断，不要随手抛弃在田边地头或沟中。

2. 稳妥方案——改移栽稻早封杀

在直播稻田、套播稻田杂草稻比较多，特别是早熟杂草稻很多，难以完全拔除，落入田间的杂草稻种源很多的情况下，第二年不宜再采用直播方式种稻。最好采用与玉米、大豆等作物轮作的方式，在玉米、大豆等作物生长季节锄去杂草稻，或者用除草剂化除。轮作换茬不方便的田块，可以深耕整地后移栽水稻（育秧时避免使用带杂草稻种子的土壤和地块），活棵后撒施含乙草胺、丙草胺（不含安全剂）成分的移栽稻田除草剂进行土壤封闭处理。乙草胺、丙草胺在水田施用活性很强，能强烈抑制残留田间的杂草稻种子的萌发，并对杂草稻幼苗也有较强的杀灭作用，施药后能迅速减轻田间杂草稻的危害。施药后一周内应保持田水不淹栽培稻秧心，否则容易产生药害。

3. 应急方案——巧用丙草胺封杀

头年只有少量杂草稻种子落入田间的田块，可以利用丙草胺产品的特点，巧除杂草稻，减少田间杂草稻的发生量。丙草胺本身对稻种萌发有很强的抑制作用，不能直接应用于直播稻田的播后苗前土壤处理。目前登记用于直播稻田的扫茀特、丙·苄等含丙草胺产品，其中均加有安全剂解草啶。解草啶需要由稻种萌发的根吸收后才能起作用。稻种催芽后水直播，随后立即喷施扫茀特、丙·苄等加有安全剂的含丙草胺产品，对已萌发的栽培稻没有伤害，但能抑制田间杂草稻种子的萌发和出苗（6月初直播稻种期温度高，水稻种子吸水萌发一般只需要 2~3 天时间，应掌握在田间上水后 2

天内及早用药，这样才能对杂草稻萌发和出苗有较好的抑制作用)。

相对来说，在旱直播稻田很难通过使用丙草胺等土壤封闭处理剂来有选择地防除杂草稻。生产上水稻旱直播一般采用干籽播种方式，播种后不能立即喷施丙草胺，否则同样会影响播种的稻谷萌发出苗。如果等播种的稻谷露白后再喷药，此时田间杂草稻也已萌发，不能被防除。在播种后能及时上水的情况下，可以播种浸种至露白的种子，播后及时上水（不能及时上水时，芽谷会发生"回芽"现象，影响出苗)，水落干后立即喷施丙草胺及其复配剂，对杂草稻萌发也有一定的抑制作用。相对来说，在旱直播条件下土壤水分较少，施药后丙草胺在土壤中的分布会受一定影响，而且药物在土壤中的移动性较差，对杂草稻萌发和出苗的抑制作用不如在水直播田的大。从控制杂草稻发生和危害的角度考虑，宜尽量采用水直播方式。

四、防倒技术

直播稻易倒伏，因此在栽培上首先选用植株较矮的抗倒品种。控制播种量，控制起点苗数；还应从创造良好的抗倒环境和增强植株本身的抗倒能力着手，即合理肥水管理。

（一）科学施肥

总施肥量应根据品种特性、播种量以及土壤肥力水平高低来确定，有机与无机相结合，氮、磷、钾相协调。在施肥方法上，采用促前、稳中、补后的施肥法。

（1）施足基肥。每亩施复合肥（15-15-15）25千克，加10千克尿素。

（2）追施分蘖肥。直播稻没有移栽缓苗期，一般4叶期开始分蘖，有效分蘖节位多，生产上一般可于4叶期上水，每亩施10~12.5千克尿素促分蘖。如出苗不足长势差，则1周后再施5~7.5千克尿素。直播稻有效分蘖期短，分蘖期追肥要早，量要适当，要保证幼穗分化初叶色褪淡。

（3）巧施穗肥。机直播由于生育期推迟，穗肥中氮肥用量要适当控制，防止后期贪青，造成成熟期更迟，灌浆更不充分。每亩用量控制在尿素 10 千克左右，于倒 2 叶露尖时施用，如幼穗分化初叶色未褪淡，则减少穗肥施用或不追施氮肥。

（二）合理灌水

浅水分蘖、多次轻搁，后期间歇灌溉。分蘖期浅水分蘖，前水不清，后水不进；田间出苗好、前期分蘖足的田块，总茎蘖数达成穗数的 80% 时及时排水搁田，多次轻搁。搁到田土较硬、下田不陷脚再上薄水，耗干再搁。发苗不好的田块在无效分蘖期末、幼穗分化初及时搁田，鲁南地区 7 月 26 日前后，直播稻无论长势如何都应酌情排水搁田。搁田复水后实行间歇灌溉，每上 1 次水断水 2~3 天再上 1 次水（孕穗期断水 1 天，抽穗扬花期保持浅水层），收获前 10 天左右断水。

（三）化学控制

机直播水稻前期长势旺的田块可于拔节期（即抽穗前 30 天左右）喷施多效唑，可以控制水稻节间伸长，增加节间重量，降低株高，提高抗倒能力。一般于拔节期用 100~150 毫克/千克多效唑喷施，可使水稻株高降低 15% 左右。也可于 1 叶 1 心期喷"劲丰"，降低株高 5~8 厘米（尽量不用生长调节剂，否则易产生药害）。

（四）防病治虫

机直播水稻由于推迟了播种期，生育期推迟，错开了水稻病虫的生理发生周期，因此病虫害比手栽秧轻。苗期要注意稻蓟马的防治。由于直播稻中后期群体较大，田间郁闭度高，易遭受病虫危害，要特别注意中后期的纹枯病、稻瘟病和稻飞虱、稻纵卷叶螟的防治，以免削弱植株本身的抗倒能力。具体应根据当地的病虫发生情况及时防治。

第四节　稻谷机械低温干燥技术

一、稻谷干燥

谷物的干燥实际上是通过干燥介质（如空气、红外线等）不断带走谷物表面水分的过程。在干燥过程中，随着谷物表层水分的降低，稻谷内部的水分不断向表层移动，直至介质无法从表层带走水分，稻谷内部与外部水分逐步达到平衡。

（一）稻谷干燥的方式

稻谷干燥的方式主要有日光晾晒和机械烘干两种。

1. 日光晾晒

日光晾晒的前提条件是在稻谷收割后要有晴好干燥的天气和与晒谷量相适应的场地。天气因素是目前人类最难以控制的，晒场受耕地保护政策的影响手续难批。

2. 机械烘干

机械烘干的方法主要有快速干燥法（高温干爆、冷冻干燥、真空干燥）、低温干燥（低温热风干燥、远红外干燥）、连续干燥和批式干燥等。随着科学技术的发展，现代的谷物机械化干燥技术也日新月异，谷物机械化干燥已由原来以降低谷物水分含量、减少储存霉变损失的单一目标，发展为如今在降低谷物水分含量的同时，对谷物质地进行调制，达到既降低水分，又提高谷物内在品质，提高种子发芽率，最终提高粮食附加值的双重目的。

（二）稻谷干燥程度对米质的影响

稻谷在收获后，有后熟作用，主要表现在稻米结构的日趋成熟和完善，包括淀粉粒的排列、整合、定形与淀粉的转化等。因此收割后稻谷干燥处理直接影响稻米的品质和耐贮性。不当的干燥处理主要有以下两种情况。

1. 干燥过度

稻谷干燥过度是指短时间内通过高温使稻谷内的水分含量急剧下降，从而使米质变差。主要体现为：一是对食味的影响。高水分的稻谷在高温下干燥会使稻米的品质变坏。例如，含水率25%以上的稻谷在40℃以上的温度干燥时，稻米中的葡萄糖还原糖增加，同时影响稻米食味的酶的转化率减少，脂肪和氨基酸从皮层和胚芽向胚乳外层转移，可溶性糖类向胚乳层转移，新米的香味丢失，黏性和柔韧性降低，食味下降。二是对谷物发芽率的影响。高水分稻谷的种芽处于诱发状态，快速降水胚芽会烧死。因此，谷物水分大于25%，应先采用冷风干燥，当含水率低于25%时再点燃干燥机的加热系统。三是对爆腰率的影响。干燥温度过高，谷物外部水分的蒸发过快，内层水分转移速度跟不上，内外层水分差异较大时，导致谷物引力集中而产生裂纹，俗称"爆腰"，碎米率增加，整米率下降。因此，要控制降水速度在每小时1%以下，每小时0.5%比较适宜。

2. 干燥不足

因干燥谷物的品种、收获时间、地点和水分的差异，或因操作不当或水分测定等控制机构不准确等因素导致干燥时间和速度调节不当，谷物干燥后，不正确的水分会直接影响储存时间。特别是水分和温度较高的谷物马上封存或运输时，可能会出现稻谷发热，甚至变质等问题，造成不必要的经济损失。

（三）稻谷低温干燥的优点

1. 有利于储藏

机械化低温干燥均匀性好，适宜的低水分有利于谷物长期储藏。

2. 可以抗拒自然灾害损失

收获季节，由于农时紧张，阴雨天气较多，农村没有晾晒场地等因素，谷物适期收获，自然晾晒比较困难，易造成谷物堆积高温变质或霉烂损失。采用机械干燥可不受气候影响，减少损失。

3. 可提高谷物品质

自然晾晒由于受到气候和场地等制约，无法保证干燥质量，采取低温循环式干燥谷物，可以按照一定的规律，逐步去除谷物水分，提高干燥后谷物的品质。

4. 可增加经济效益

采用谷物低温干燥技术，生产出的优质粮，每千克稻谷增加0.15元左右的纯收入，按每亩稻谷650千克产量计算，每万亩稻谷可创收100万元左右。

二、稻谷低温循环式干燥机简介

低温循环式干燥技术是以获得高品质稻米为主要目标的现代智能机械化干燥技术。低温循环式干燥机在对稻谷进行干燥时确保不损坏谷物生命特征的同时对谷物进行合理的调制，使各项优稻米指标保持最佳状态。

（一）工作原理

在控制系统或电脑智能控制下，采用加热装置（燃烧器）产生的火焰加热空气或远红外发生器，再由热空气或远红外线与稻谷充分接触并使谷粒加温，在激活、加速谷物中水分子运动的同时，将水分带走。低温干燥（室温20~25℃）主要是在干燥过程中控制谷物受热温度（谷温不超过35℃）来达到控制谷物内部水分向外移动的速度，同时在干燥过程中采用循环方法，使谷物周期性地进入干燥部和储留部，周期性地进行加热和缓苏，从而可以精准地控制干燥速度，防止或减少出现爆腰。如果在干燥过程中增加间隙调制工艺，可使谷物中的淀粉、糖、脂质等保持在最佳状态，也就是使谷物保持最佳的生命体征。

（二）工作流程

循环式低温谷物干燥机工作流程见图7-3。

（三）稻谷循环式干燥机性能指标

循环式稻谷干燥机部分重要性能指标见表7-1。

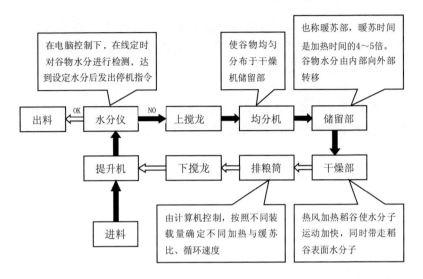

图7-3 循环式低温谷物干燥机工作流程

表7-1 稻谷循环式干燥机主要技术性能指标（NY/T 370—1990）

序号	项目	单位	规定数值	备注
1	单位降水耗能	千焦/千克水	≤5 800（水稻） ≤5 200（小麦）	一等品
2	烘后发芽率降低值	%	≤0	不低于烘前
3	烘后破碎率增加值	%	≤0.8	一等品
4	烘后水分不均匀度	%	≤0.8	一等品
5	可靠性有效度	%	≥97	一等品
6	工作噪声	dB	≤83	一等品
7	工作间粉尘浓度	毫克/立方米	10	

1. 降水率或降水速度

以单位时间的降水百分比表示。这是反映干燥机生产效率的重要指标。为了保证干燥质量，国际上干燥水稻的降水速度一般应控制在每小时 1% 以内，否则就容易产生爆腰、降低稻谷发芽率等现象。目前，绝大部分低温循环式干燥机的降水速度设定为 0.5% ~ 1.0%/小时，而且所有干燥机生产企业都以一定的百分比范围表示，而不是一个固定数值。尽管干燥机可以对干燥温度及风量等参数有效控制，但干燥速度的快慢还受到外界温度、空气中的含水率（相对湿度）等因素的影响。所以即使是同一台干燥机，如果在不同的季节、不同时间或不同地点使用，其干燥效率都会不一样。

2. 单位降水耗能

单位为千焦/（千克·水），即被干燥物料每降 1 千克水所消耗总能量（包括热能与电能，能耗单位为千焦），干燥机能耗指标高低取决于干燥机的结构设计、机械运动参数、干燥程序选择是否得当等因素。

3. 烘后稻谷发芽率降低值

单位为%。为对于性能优良的干燥机，烘后的稻谷发芽率应该不低于烘前的发芽率数值，所以此项指标应该是个小于等于零的数值。

4. 烘后破碎率增加值

单位为%。由于在干燥过程中稻谷受到干燥温度的影响和循环过程中的机械损伤，破碎率一般会比干燥前有一定程度的增加。

5. 干燥水分不均匀度

单位为%。由于被干燥稻谷的初始水分差异大、机器循环过程中的不均匀性或干燥机存在死角等因素，稻谷在经过干燥处理后的最终水分一般无法达到绝对均匀，都会存在一定的差异。最高水分值与最低水分值之差称为干燥水分不均匀度。国家标准规定，储藏安全水分值时的水分不均匀度应小于等于 0.5%。

6. 进出料时间

为了提高干燥机的生产效率，一般希望机器的进出料时间越短越好。决定干燥机进出料时间长短的主要机器参数是由提升机皮带的线速度、料斗的大小及其在皮带上的排列密度所决定的。正常情况下一台 10 吨装载量的干燥机的进出料时间应控制在 70～90 分钟。

7. 机器工作可靠性

也可称为可靠性有效度，以百分数表示，它是机器正常工作时间与总工作时间（正常工作时间加故障与维修时间）之比。

第五节　优质稻米机械加工技术

优质米是指采用优质品种种植生产的优质稻谷为原料加工精制的，质量符合相应国家质量卫生标准的大米。简单概括就是没有污染的好看又好吃的大米。由于水稻的用途比较单一，85%直接用于食用，优质大米最重要特征是要求食味好。在国际和国内市场不同食味品质的稻米的商品差价较大。优质食味粳米，一般具有以下特点：米饭外观透明有光泽，粒形完整。无异味，具有米饭的特殊香味。咀嚼饭粒有软、滑、黏及弹力感，咀嚼不变味，有微弱甜味。

一、稻米加工的工艺要求

稻米加工的一般工艺要求见表 7-2。

表 7-2　稻米加工的一般工艺要求

序号	项目		要求			备注
1	清粮	含杂率（%）		≤0.3		
		脱壳率（%）	早籼	晚籼	晚粳	
			≥75	≥78	≥80	
		糙碎率（%）	≤8	≤6	≤4	

(续表)

序号	项目		要求			备注
2	砻谷	谷糙混合物中含稻壳（%）	≤1			加工稻谷符合 GB 1350 标准中三等以上
		胶辊材料	无毒			
		胶耗［千克（稻谷）/克（胶）］	≥25			
3	谷糙分离	净糙中稻谷含量（粒/千克）	≤30			
		总碎米率（%）	早籼	晚籼	晚粳	
			≥39	≥30	≥20	
4	碾米	大米中含谷量（粒/千克）	≤10	≤10	≤8	
		大米中含糠粉率（%）	≤0.15			
		成品温升（℃）	≤14			
5	白米分级	特级米含碎率（%）	≤4.5			
		增碎率（%）	≤2			
		含水率（%）	籼米	粳米		
			≤14.5	≤15.5		
6	抛光	含糠粉率（%）	≤0.1			可选项
		抛光剂（水）	应符合 CB 5749 要求			
		成品温升（℃）	≤14			
7	色选	色选精度（%）	≥99.9			

二、稻谷加工的工艺流程

稻谷加工工艺流程，是指稻谷加工成成品大米的整个生产过程。它是根据稻谷加工的特点和要求，选择合适的设备，按照一定的加工顺序组合而成的生产作业线。为了保证成品米质量、提高产品纯度、减少稻谷在加工过程中的损失、提高出米率，稻谷加工必须经过清理、砻谷及砻下物分离、碾米及成品整理等工艺过程。

（一）清理工段

清理工段的主要任务是以最经济最合理的工艺流程，清除稻谷中各种杂质以达到砻谷前净谷质量的要求。原粮经过清理后所得净谷含杂总量不应超过 0.6%，其中含砂石每千克不应超过 1 粒；含稗每千克不应超过 130 粒。清除的大杂物中不得含有谷粒，稗子含谷不超过 8%，每 1 千克石子含谷不超过 50 粒，清理工段一般包括初清、除稗、去石、磁选等工序。目前常用的清理流程为原粮稻谷→初清→筛理→去石→磁选→净谷，主要有以下几步。

第一步初清：主要是风选，清除大型杂质，在筛孔配备适当的情况下，能去除稻谷中草秆、绳头、稻穗等流动性差的杂质，并能顺利将这些杂质排出。

第二步筛理：采用清理筛去除小于稻谷的小型杂质。清理筛的末端都配有风道，通过垂直道可以去除各种轻杂质。

第三步去石：就是去除小于稻谷的石头，一般采取"二次分选"逐步"浓缩"去石法；也可用重力分级去石法，具有高效去石效果，且石中含谷极少。

第四步磁选：主要清除磁性杂质，达到一次清除效果。

通过上述几道工序，清理后净谷杂质总量<0.5%，其中含沙<1 粒/千克。

（二）砻谷工段

砻谷工段的主要任务是脱去稻谷的颖壳，获得纯净的糙米，并使分离出的稻壳中尽量不含完整稻谷粒。脱壳率应大于80%，砻谷中含糙率不超过10%，所得糙米含杂总量不应超过 0.5%，其中矿物质不应超过 0.05%，每千克含稻谷粒数不应超过 40 粒，含稗粒数每千克不应超过 100 粒；分离出的稻壳中每 100 千克含饱满谷粒不应超过 30 粒；谷糙混合含量不大于 0.8%，糙粞内不得含有正常完整米粒和长度达到正常米粒长度 1/3 以上的米粒。砻谷工段包括砻谷、稻壳分离、谷糙分离等工序。

1. 砻谷

稻谷加工过程中，去掉稻谷壳的工艺过程称为砻谷，砻谷后的混合物称为砻下物。砻下物是谷糙混合物，主要是糙米和尚未脱壳的稻谷、稻壳。

2. 谷糙分离

根据碾米工艺的要求，谷糙混合物必须进行分离，分出纯净的糙米供碾米用，并把分出的稻谷回砻谷机再次脱壳。基本原理是充分利用稻谷与糙米的物理特性方面的差异，使它们在运动过程中产生良好的自动分级，从而进行分离。

(三) 碾米工段

碾米工段的主要任务是碾去糙米表面的部分或全部皮层，制成符合规定质量标准的成品米。碾米工段包括碾米、擦米、凉米、白米分级等工艺，还需设置糠秕分离工序，目的在于从糠秕混合物中将米糠、米秕、碎米及整米分开，做到物尽其用。为了保证连续性生产，在碾米过程中及成品米包装前应设置仓柜，同时还应设置磁选设备，以利于安全生产和保证成品米质量。生产优质米的抛光工艺安排在白米分级之后，色选工艺安排在包装之前。

(四) 包装工段

1. 包装标准与要求

包装重量要小型化、多样化，满足多种层次消费者的需要，除标明米质外，还要标明优质稻米产地的实际指标标签，外包装要打上条形码印证。

2. 包装材料要求

无公害优质稻米、绿色食品稻米、有机食品稻米、地理标志稻米产品包装材料必须符合相应的标准。

三、优质稻米加工关键技术

(一) 稻米调质技术

稻米调质主要指稻谷脱壳后的糙米进行水分调节，目的是将糙米的水分调节至 14%~16%，在此水分下的糙米最有利于糙米去皮，也可以提高碾米的工艺效果，不仅碎米少，整精米率高，而且米色光洁、滑润，同时也可节省碾米的动力消耗；有利于提高大米的食用品质。经研究证明，大米的水分高低直接影响米饭的食味，一般大米水分在 14%左右时，所煮的米饭就香软可口。方法：采用能使水雾化的电子雾化器，将雾化的水滴喷洒在糙米上，然后糙米流入糙米仓，进行糙米润水调质 3~4 小时，使糙米水分调节至14%左右。要注意控制调节水量，并力求达到水分调节的均匀性。

（二）稻米精碾技术

现代碾米工艺，一般采用多机轻碾碾白路线。采用以碾削为主、擦离为辅的混合碾白，可以减少碎米，提高出米率，改善米色，同时还有利于提高产量，降低电耗。头道立式米机应用较高的线速和砂辊上的金刚砂粒，对糙米进行碾削去皮，达到糙米开糙去皮目的。二机为铁辊米机，对开糙后的米粒进行碾白。三机铁辊米机对米粒进一步精碾，如适当加水还会起到白米抛光的作用。该精碾机组由于配备大风量的风机，机内吸风强烈，能把碾下的米糠及时排出机外，有利于提高碾米效果和减轻动力消耗。日本佐竹稻米精碾机是当前优质稻米加工的理想精碾米机。

（三）稻米凉米技术

这一技术有利于降低后续生产中裂纹粒数量和爆腰率，可使增碎降低 2 个百分点左右，光亮度增加，米粒冷却后，强度增加，因此，冷米抛光优于热米抛光，在抛光机前增加凉米工艺，不再高温抛光，使米温接近室温，降低热效应造成的增碎。提高了大米的外观品质，减少了碎米的量。

（四）稻米抛光技术

大米抛光机的主要作用是去除黏附在白米表面的糠粉，使米粒表面清洁光亮，提高成品的外观色泽。这不仅可以提高成品大米的质量和商品价值，还有利于大米的储藏，保持大米的新鲜度，提高大米的食用品质。使用佐竹或永祥大米抛光机进行抛光，采用井水多次喷雾着水抛光，使得大米晶莹透明，提高了大米等级和商业价值。抛光有一个重要的步骤就是需要加水，因此，水作为大米加工中唯一添加的外来物质，对大米的质量安全有重要的影响。山东临沂市大米加工厂采用井水，并对水质进行监控。着水量的大小直接影响抛光效果。水压过大电机易过载，水压不够，则成品米的光洁度差，达不到抛光要求。实际操作中在抛光机出料口取一把米样用手紧握一下，能形成米团，手松开，轻轻一点米团即可散开为最佳加湿量。

（五）稻米色选技术

由于发热等原因，稻谷在储藏过程中会有一部分稻米变质而成为黄粒米。黄粒米含有对人体有害的成分，成品大米中含有黄粒米不仅影响大米的商品价值，也影响消费者的身体健康，应尽可能剔除。由于黄粒米与正常白米之间无一般物理特性上的差异，无法用常规清理方法将其清除，应用先进的色选机专门剔除异色粒。它采用三道分级色选，带有摄像头，利用高速 DSP 处理芯片实现360°高精度光电扫描成像和检测，能够很有效的识别和剔除微小色差的异色粒大米，使监视检测异色粒含量小于2%，提高大米的质量。

（六）混合米配制技术

配米是将不同品种或不同质量要求的大米按一定的配方比例和要求进行配制混合，从而生产出满足市场需求的大米或满足出口要求的大米。配米的目的是改善和提高大米的食用品质和商品价值，适应市场的要求。目前配米一般有以下形式。

1. 新米、陈米搭配

陈米食用品质较差，米色暗黄，蒸煮时不易糊化，米饭的黏弹性差，无新鲜大米的香味，有些甚至有霉味。由于食用品质差，陈米的商品价格较低，亦影响米厂的经济效益。如果在陈米里搭配一定数量米香浓、糯性好的新鲜大米，就可以改善和提高陈米的食用品质，从而提高其商品价值。

2. 普通大米和香米的搭配

普通大米里搭配一定数量的天然香米，可使整个米具有天然香米的香味，有利于产品的销售和提高产品的价格。

3. 整米、碎米的搭配

根据客户对碎米含量不同的要求，进行整米和碎米的搭配。目前米厂应加强白米分级工序，使白米分级准确，才能使搭配后的碎米含量准确。

4. 专用米的配制

根据米制品的加工要求，将色米、香米、名贵特色米进行搭配，以满足某种专门要求，如"彩色米""八宝饭"和"八宝粥"的专用米。

第八章 水稻主要病虫草害防控技术

第一节 水稻病虫害绿色防控技术

一、水稻病虫害绿色防控的概念

水稻病虫害绿色防控是指以促进水稻安全生产,减少化学农药使用量,保障稻米安全为目标,采取生态控制、生物防治、物理防治和科学用药等环境友好型措施和专业化统防统治的先进防治方式来控制水稻有害生物的植物保护行为。水稻病虫害绿色防控是促进农业向绿色和可持续发展转型的重要举措,对实现水稻绿色生产、农药化肥减量、农业提质增效、稻米质量安全及改善稻田环境具有重要意义。

二、水稻病虫害绿色防控的原则

水稻病虫害绿色防控从保护水稻生产安全出发,树立"公共植保、绿色植保、科学植保"新理念,坚持"预防为主,综合防治"的植保工作方针。从水稻栽培的全过程和农业生态系统的总体观点出发,根据病虫害与水稻、有害(益)生物和环境各种因素之间的关系,在严密监控水稻病虫消长动态的基础上,摸清水稻主要病虫害发生规律,应用农业、生物、物理、化学等综合防治配套技术,经济、安全、有效地把病虫害控制在防治指标以下,把整个农业生态系统内有害副作用减小到最低限度,实现生产绿色、无污染、安全稻米的目的。

三、水稻病虫害绿色防控技术

（一）水稻病虫害发生为害规律

1. 主要病虫害发生为害规律

常发、重发的水稻病虫害主要有稻瘟病、纹枯病、稻飞虱、稻纵卷叶螟。

（1）稻瘟病。根据稻瘟病为害的生育期和部位，分为苗瘟、叶瘟、穗颈瘟和节瘟，其中以穗颈瘟发生最严重，损失巨大。苗瘟发生为害不严重，直播稻田很少发生，少数感病品种在秧田偶尔发生。药剂浸种可极大程度上减轻苗瘟的发生，一旦发生苗瘟要立即喷药防控，否则会造成一定程度的死苗。

①叶瘟。发生与田间菌源量的关系十分密切，2009 年以前稻田很少有叶瘟发生，自水稻收割秸秆全量还田以来，稻瘟病病菌田间菌源量逐年大幅度提高，叶瘟的发生面积逐年扩大，须及时采取预防措施，减轻为害，减少后期田间菌源量，降低穗颈瘟的发生程度。

②穗颈瘟。近年来在黄淮稻区发生的范围大、为害重，但品种之间发病程度差异大。究其原因，是因为水稻破口期至齐穗期碰到低温连阴雨天气，品种不抗病，此外与生育期也有关，生育期越迟发病越严重，病穗率表现为直播稻＞机插稻＞人工移栽稻，直播稻的病穗率是人工移栽稻的 7 倍，机插稻的病穗率是人工移栽稻的 4 倍。

（2）纹枯病。纹枯病一般从水稻分蘖末期开始发生，拔节孕穗到抽穗期是发病为害高峰期，到蜡熟期逐渐停止。直播稻生长前期纹枯病发病率低，后期发展快，发病高峰期在 8 月末 9 月初，后期发病严重程度超过移栽稻。

（3）稻飞虱。为害水稻的飞虱主要有灰飞虱、褐飞虱、白背飞虱等 3 种。

①灰飞虱。为内源性害虫，能在当地越冬，黄淮稻区常年发生5代，其传播病毒病的为害超过其直接为害，对水稻的为害主要是1代成虫（5月下旬至6月上旬从麦田迁飞到稻田）和2代若虫传播病毒（条纹叶枯病和黑条矮缩病）。以1代灰飞虱发生量最大，也是传播病毒的重要世代，2代灰飞虱卵孵盛期常年在6月15日，早发年份在6月10日，迟发年份在6月25日。2代灰飞虱对水稻的直接刺吸危害较小，主要是传播水稻病毒病而造成较严重的危害。直播稻田正常6月10—15日播种落谷，一般年份可避开2代灰飞虱的发生为害；移栽稻5月上旬落谷播种，至6月15日正适龄移栽，秧苗在4叶期左右极易感染病毒病。因此，机插稻、移栽稻应在6月中旬防治2代灰飞虱，避免感染病毒病。灰飞虱不耐高温，夏季高温可抑制其发生为害，3代灰飞虱在田间发生量较少。4代灰飞虱的直接为害在水稻抽穗后，影响灌浆，导致水稻千粒质量降低，瘪谷率增加，造成严重减产。目前，机插稻、移栽稻秧田覆盖防虫网，避开或阻隔了灰飞虱为害高峰期，加之2012年以来灰飞虱带毒率一直处于较低水平，对水稻生长中前期造成的直接和间接为害较轻。

②褐飞虱。为黄淮稻区主要迁入害虫之一，常年发生4代，穗期发生的4代褐飞虱为主害代。褐飞虱的发生量与迁入基数、气温适宜程度密切相关，凉夏暖秋、多雨湿润的气候条件非常有利于褐飞虱种群增殖和为害；另外，褐飞虱的发生量与短翅型成虫发生的时间及数量也密切相关，褐飞虱大发生的年份短翅型成虫发生量也较大。由于褐飞虱繁殖力强，即使迁入量不多，也可造成局部重大危害。4代褐飞虱卵孵盛期常年在9月10日，早发年份在9月5日，迟发年份在9月20日。9月水稻已灌浆结实，4代褐飞虱主要刺吸水稻茎秆，为害严重时水稻茎秆基部黑褐色，继而全株枯萎，出现"冒穿"现象。水稻受害后，千粒质量降低，因瘪谷率增加而减产。

③白背飞虱。也是黄淮稻区迁飞性害虫，迁入始见期为5月下

旬，主迁入期为 6 月至 7 月中旬，成虫在田间迁入定居后即成优势种群，发生为害盛期在 7—8 月，一般年份发生 4 代。白背飞虱的温度适宜范围较大，生长发育对湿度要求较高，一般以 3 代发生较重，2、4 代次之。

（4）稻纵卷叶螟。稻纵卷叶螟是黄淮稻区主要迁入害虫之一，2 代卵孵盛期常年在 7 月 15 日，早发年份在 7 月 5 日，迟发年份在 7 月 25 日。进入 7 月，水稻开始分蘖，由于水稻植株前期有较强的补偿能力，其发生为害对产量影响不大。3 代稻纵卷叶螟主要在水稻孕穗期发生，一般年份发生偏重，水稻受害后，直接影响水稻的生长和幼穗的分化发育。受害严重的水稻植株明显矮缩，上部 2 张功能叶片和稻穗不能正常抽出，成穗数、穗粒数、结实率等产量指标均明显下降。4 代稻纵卷叶螟主要在水稻破口抽穗至灌浆乳熟期发生，上部 3 张功能叶片是重点受害部位，水稻植株受害后直接影响穗粒的灌浆结实，对结实率和千粒质量较大，最终影响水稻的产量。调查结果表明，直播稻田稻纵卷叶螟的发生量远高于移栽稻田，其受害程度也较高。适宜 4 代稻纵卷叶螟初孵幼虫取食生存的临界水稻生育期在水稻破口后 20 天左右。卵孵高峰出现在水稻破口至扬花阶段，药剂防治宜早不宜迟，力争把初孵幼虫消灭在卷叶之前。适生临界期以后，水稻组织老健，叶片硅质化程度高，气温逐渐下降，初孵幼虫自然存活率极低，难以对水稻的产量造成危害，可以放宽防治指标。

2. 次要病虫害的发生为害规律

（1）次要病害。

①稻曲病。在穗部谷粒造成危害，不但影响水稻产量，而且病粒中含有有毒物质和致病色素，严重影响稻米品质，对人类健康威胁较大。稻曲病一旦发生将造成不可挽回的损失。水稻破口前后降水偏多、温度偏低将加重稻曲病的发生程度；籼稻品种比粳稻品种易感稻曲病。

②病毒病。水稻条纹叶枯病和黑条矮缩病是由灰飞虱传播的 2

种病毒病，病毒病曾对水稻生产产生较大的影响。2003—2006年黄淮稻区条纹叶枯病严重发生，苗期显症发病，常导致秧苗枯死，分蘖期发病，病株分蘖减少，重病株多数整株死亡，穗期发病，病穗畸形、不实，但苗期发病较多、较重，拔节后发病率较低。2007—2011年黑条矮缩病严重发生，水稻秧苗期染病后病株明显矮缩，分蘖增多，叶片浓绿；分蘖期感病，病株成丛矮缩，分蘖增多，叶片僵直，心叶抽生缓慢；水稻灌浆期感病，穗颈缩短，形成包颈穗或半包颈穗，结实率差，穗小、秕谷多。水稻条纹叶枯病发病高峰呈明显的多峰型（7月上中旬为第1个发病高峰，8月上旬为第2个发病高峰，8月下旬为第3个发病高峰），而黑条矮缩病一般呈单峰型（7月20日左右为发病高峰）。不同水稻品种之间黑条矮缩病发病程度差异较大。近年来，由于灰飞虱发生量下降，带毒率降低，抗（耐）品种的推广以及农业、物理防治措施的应用，化学防治的加强等，病毒病整体发生程度呈下降趋势。

（2）次要虫害。

①稻蓟马。黄淮稻区1年发生8代左右，以成虫在稻桩和杂草上越冬，先在杂草上取食、繁殖，至5月中下旬迁往水稻田，为害水稻秧苗，若虫自2龄起群集在叶尖为害，使叶尖纵卷枯黄。3、4龄若虫隐藏在卷缩枯黄的叶缘和叶尖内，直至羽化。从7月中旬开始，随着气温升高，虫口数量急剧下降。因此，在6—7月间发生多、危害严重，尤其在6—7月气温偏低的年份极易大发生。

②稻象甲。黄淮稻区1年发生1代，6月上旬至7月中旬产卵，初孵幼虫潜入土中聚集于稻根周围为害，出土活动多在早晨和傍晚钻食稻苗茎秆或心叶。少耕免耕田越冬幼虫的存活率大于常规耕作田，大面积推广少耕免耕技术是稻象甲回升的一个重要原因。

③二化螟。在黄淮稻区1年发生2~3代，幼虫在稻桩、稻草或其他寄主茎秆内、杂草丛、土缝等处越冬。以1代发生最重，2代次之，3代一般在9月气温偏高的年份发生，近几年较少发生，常与其他害虫一并兼治。

④大螟。在黄淮稻区1年发生3代，2代幼虫于7月中下旬可为害水稻，造成水稻枯鞘和虫伤株，田边的病株多于中间。3代大螟幼虫于8月下旬至9月上旬盛发，造成枯孕穗、白穗、虫伤株。老熟幼虫有转移化蛹习性，稻田大多在稻丛间基部和叶鞘内化蛹，少数在稻茎内化蛹。目前，3代大螟发生有扩大的趋势，且卵孵期长，高峰期与破口期不吻合，增加了防治难度，若有疏忽，局部地区极易造成严重危害。

（3）种传病害。

恶苗病：带菌种子是此病的主要初侵染源。病菌以分生孢子附着在种子表面或以菌丝体潜伏于种子内越冬。若不进行药剂浸种，病种上的病菌可污染无病种子，带菌稻种播种后，潜伏在种子内的菌丝或附着在种子上的分生孢子萌发，从芽鞘侵入，引起幼苗发病。恶苗病苗期症状主要表现为徒长，发病苗比健苗高1/3左右，植株细弱，有些病株会枯死。分蘖期发病症状表现为节间明显伸长，近地面的几个茎节上长出倒生的不定根。穗期发病少数未枯死病株不能抽穗或不完全抽穗或提早抽穗，穗小且结实少。近年来随着机插稻面积的不断扩大，机插稻、移栽稻稻种浸种催芽时，病菌极易侵入，加之恶苗病对咪鲜胺产生抗药性，恶苗病有逐年加重的趋势，一定要做好药剂浸种。

干尖线虫病：2000—2010年，干尖线虫病给江苏省局部地区水稻生产造成较大的损失，2010年后少有发生，为害较轻，2014年在少数田块发病较重。种子带菌是干尖线虫病的主要初侵染源。水稻整个生育期间均有可能受到线虫的侵害，但主要在种子露白播种至秧苗3叶期受到为害。受线虫侵染的植株在幼苗期一般没有症状，拔节孕穗后大部分不表现症状，少部分可表现明显的症状，症状主要集中在水稻上部叶片的剑叶和倒2叶上，一般稻叶尖端处干缩扭曲，颜色枯白，病健交界处有褐色弯曲条纹，剑叶显著缩短，植株明显矮化，穗型变小，每穗实粒数减少，空秕率增加，千粒质量下降。水稻干尖线虫病具有潜伏期长、发现病症后不可防治的特点，因此必须使用无病稻种，浸种时选用高效的药剂进行处理。

（4）细菌性病害。

细菌性基腐病：水稻细菌性基腐病近年来在黄淮稻区局部地区发生，并有不断蔓延和加重的趋势，但总体发生面积不大，危害程度不严重。病菌在种子萌芽过程中侵入，可造成烂种、烂芽；大田期一般在分蘖至灌浆期发病，发病后植株茎基部变黑腐烂，并伴有恶臭味，随着病情的加重，病株根茎处极易折断。田间病株呈零星分布，在同一稻丛中常与健株混生。分蘖期发病，病株先是心叶青卷，随后枯黄，造成枯心苗。拔节孕穗期发病时，叶片自下而上逐渐发黄。孕穗期以后发病，常表现为急性青枯死苗现象，病株先失水青枯，形成枯孕穗、半枯穗和枯穗，产量损失较严重。

白叶枯病：在黄淮稻区局部地区有发生且逐年扩大，该病在水稻分蘖盛期、抽穗初期、灌浆结实期均可发生为害，不同品种抗性存在差异。白叶枯病一旦发生，将会造成严重的产量损失。该病常年在7月下旬至8月上旬老病区开始发病并显症，尤其是台风暴雨和田间农事操作后将加速病害扩散蔓延，加重病害的发生程度。据调查，高温对此病的抑制作用较明显。

（二）稻田蜘蛛的发生消长规律及其控虫作用

稻田蜘蛛为纯肉食性节肢动物，是稻田中最重要的一类捕食性天敌，占稻田捕食性天敌数量的90%左右，是控制稻田害虫、维持稻田生态系统动态平衡最重要的因素之一。稻田害虫的失控暴发（特别是水稻生长中后期稻飞虱的暴发）的主要原因之一是稻田蜘蛛种群的缺失。

1. 稻田蜘蛛的种类及优势种

稻田蜘蛛种类主要有草间小黑蛛、八斑球腹蛛、黑腹狼蛛、拟环狼蛛、拟水狼蛛、四国肖蛸、鳞纹肖蛸、直伸肖蛸、黑色蝇虎、鞍形花蟹蛛、四点亮腹蛛、食虫瘤胸蛛、黄褐新圆蛛、肥胖圆蛛、棕管巢蛛等，其中优势种为草间小黑蛛、八斑球腹蛛、黑腹狼蛛和直伸肖蛸。

2. 稻田蜘蛛种群的消长规律

稻田蜘蛛种群在水稻拔节前种群数量缓慢增长，拔节期至孕穗期快速增长，水稻齐穗后种群数量基本稳定。在蜘蛛种群数量进入稳定期时，直播稻田的蜘蛛数量明显低于移栽稻田。

3. 影响稻田蜘蛛种群数量的因素

农药的使用是影响稻田蜘蛛种群数量的主要因素，种群数量与稻飞虱的关联度较大，水稻生长前期施用腐熟有机肥有利于蜘蛛的迁入和繁殖，气候条件的变化会影响稻田蜘蛛种群数量的变化，除草、搁田、灌水等田间管理措施也可对稻田蜘蛛的数量产生一定的影响。

4. 稻田蜘蛛取食规律

幼蛛可取食活的昆虫，稻田蜘蛛取食昆虫的能力较强，可结网、游猎，还有自残特性。

5. 稻田蜘蛛的控虫作用

张俊喜等调查发现，直播稻田在拔节孕穗期（8月12日）使用杀虫剂，施药13天后对蜘蛛的杀伤率达57%，而此时4代灰飞虱比3代增殖了3.64倍，而未用药区的4代灰飞虱仅比3代约增殖了1倍，可见蜘蛛对灰飞虱有较强的控制作用。调查发现，绿色防控田共用5次药，蜘蛛155头/百株，稻飞虱122头/百株，3~4龄稻纵卷叶螟3.4头/百株；常规防治田共用9次药，蜘蛛86头/百株，稻飞虱186头/百株，可见绿色防控田在少用4次药的情况下，蜘蛛对稻飞虱仍有较好的控制作用。研究表明，如果稻田蜘蛛数量减少一半，稻纵卷叶螟下一世代的数量为原来世代的3倍，如果没有蜘蛛的控制作用，则为原来的13倍。

稻田蜘蛛的积累对稻飞虱的繁殖可起到抑制作用，对灰飞虱、白背飞虱的发生均有较好的控制效果，绿色防控区和空白对照区的灰飞虱3代若虫分别为2代成虫的14.3倍、17.4倍，而常规用药区高达27.4倍；绿色防控区和空白对照区的4代若虫分别为3代成虫的13.1倍、16.4倍，而常规用药区高达29.5倍。

（三）非化防措施防病控虫的效果

防虫网覆盖阻隔传毒、推迟播（栽）期避虫、轻型栽培减轻病害发生、灭茬压低越冬虫量等非化防措施均取得了较好的防病控虫效果。另外，架设频振式杀虫灯（平均约 1 盏/公顷），于水稻害虫盛发期（7—9 月），每晚 18：30 开灯，次日早晨 6：30 关灯，可诱杀稻飞虱、稻纵卷叶螟等。张俊喜等调查表明，灯诱防治稻飞虱的效果较优，仅 7 月灰飞虱约减少 20 头/百穴稻株；每亩设 2 只大螟、稻纵卷叶螟性诱捕器，半个月更换 1 次诱芯，可有效打破害虫性比平衡，降低繁殖能力，减少有效卵量，减轻发生为害程度，调查结果显示，单个船形性诱捕器半个月可诱杀 92 头稻纵卷叶螟，24 头大螟。

（四）明确药剂品种效果及关键应用技术

筛选出多种对水稻病虫防效优良、对稻田蜘蛛相对安全的高效低毒低残留的农药，根据筛选结果，明确了水稻病虫关键应用技术。

1. 对水稻病害效果显著的杀菌剂

（1）稻瘟病。三环唑、稻瘟酰胺、稻瘟灵、嘧菌酯等是防治水稻穗颈瘟的优良药剂，在稻瘟病严重发生年份，咪鲜胺已不能有效控制水稻穗颈瘟的发生。

预防和防治的关键措施是掌握用药适期（破口初期）、选对药剂品种、根据天气趋势决定用药次数（高温晴朗天气少用药）。

（2）纹枯病。在栽培上稻田灌水坚持前浅、中晒、后湿润的原则，降低纹枯病的发生发展。当病穴率达 5%时须采取措施控制病情发展，尤其是在垂直扩展期，此病防比治重要。宋益民等的研究表明，嘧菌酯对水稻纹枯病具有十分优异的离体抑菌活性，井冈霉素、井·蜡芽是防治纹枯病的优良生物杀菌剂，已唑醇、苯甲·丙环唑、噻呋酰胺对纹枯病的防效均较高。防治适期为水稻纹枯病发病初期。

（3）稻曲病。井冈霉素、苯甲·丙环唑、申嗪霉素·王铜复配剂等药剂在倒 2 叶与剑叶叶枕平至叶尖平期施药（水稻破口前

5~7 天）防效达 90%。该病防治的关键是时间的把握，一旦错过防治适期，防效会显著下降。

（4）恶苗病、干尖线虫病。可用 17% 杀螟·乙蒜素可湿性粉剂、20% 氰烯·杀螟丹可湿性粉剂浸种进行防治。

（5）细菌性病害。细菌性病害一旦发生，要立即喷药保护治疗。效果显著的药剂有氯溴异氰尿酸、叶枯唑、噻菌茂、宁南霉素。细菌性基腐病发生田块要立即放干田水控制病情扩展，发生白叶枯病的田块必须在晴朗天气、露水干后喷洒药剂。

2. 对水稻害虫效果显著的杀虫剂

（1）稻纵卷叶螟。主控稻纵卷叶螟 3、4 代（适生临界期前），优先选用氯虫苯甲酰胺、短稳杆菌、甲氧虫酰肼、茚虫威、杀虫单、甲氨基苯甲酸盐等药剂，施药适期为稻纵卷叶螟卵孵高峰期至低龄幼虫发生高峰期，甲氨基苯甲酸盐掌握在稻纵卷叶螟 1、2 龄幼虫高峰期施用，杀虫单掌握在稻纵卷叶螟卵孵高峰期施用。在稻纵卷叶螟的药剂防治上，及时、适时都较重要，已有研究表明，每推迟 1 个龄期用药，杀虫效果平均下降 10%，保叶效果约下降 20%，甲氨基苯甲酸盐光解速度较快，上午、下午用药防效相差约 10%。

（2）稻飞虱。在麦田狠治灰飞虱越冬代和 1 代，力保灰飞虱不迁入秧田；在用药时间上以若虫第 1 高峰期为准，要选准药剂，将长效药剂与速效药剂混用，可提高对灰飞虱成虫、若虫的防治效果。吡蚜酮、噻虫嗪、烯啶虫胺、丁虫腈等药剂对灰飞虱的防效较好，对蜘蛛相对安全。在褐飞虱、白背飞虱中等以上发生的年份在卵孵盛期及时药控，优选烯啶虫胺、呋虫胺、吡蚜酮、氟啶虫胺腈等药剂。

（3）叶蝉。在药剂防效方面，噻虫嗪>噻虫胺>吡蚜酮>毒死蜱，噻虫嗪对叶蝉具有较好的速杀性和持效性。

（4）二化螟、大螟、稻象甲的药控措施同稻纵卷叶螟，稻蓟马的药控措施同稻飞虱。

（五）水稻病虫害绿色防控技术集成

1. 总体思路

在掌握水稻病虫暴发致灾规律的基础上，以控制害虫大发生、精准预防病害暴发致灾、保护稻田蜘蛛为切入点，保证农产品质量安全为目标，从保护农业生态环境出发，推广水稻病虫害绿色防控技术，最大限度地降低投入品的用量，避免依赖化学药剂的防治。

2. 绿色防控技术措施

（1）协调运用农业、物理措施。

①选用优良的抗（耐）病品种。移栽稻优选对条纹叶枯病、黑条矮缩病均具有较好抗（耐）病性的品种。直播稻优选对稻瘟病抗性较好和生育期短的水稻品种，以避开抽穗扬花期不利天气的影响。

②压缩稻套麦面积。缩减稻套麦，逐步推广机插秧等轻型栽培技术。

③及时耕翻灭茬。减少灰飞虱、大螟、二化螟虫源基数，降低秧田虫量。

④调整播（栽）期。手栽稻5月15—20日播种，机插稻5月下旬播种，直播稻6月15—20日播种，避开灰飞虱传毒高峰期。

⑤秧田覆盖防虫网。于水稻秧田揭膜后，用40目以上的防虫网或无纺布布帐覆盖秧床，用泥土密封防虫网（帐）四周，有效阻隔灰飞虱进入秧田为害传毒。

⑥灯诱、性诱害虫。有条件的地区，在稻飞虱、纵卷叶螟等害虫发生期，利用频振式杀虫灯诱杀成虫，用纵卷叶螟和大螟性诱剂诱杀雄虫，减少田间落卵量。

⑦加强水肥管理，搞好健身栽培。浅水勤灌，适时搁田，测土配方施肥，氮、磷、钾肥优化搭配使用。

（2）积极实施生物防治。

①大力开展保蛛控虫。在水稻全生育期要充分保护发挥蜘蛛的控虫作用，全力做好化学农药的控制使用。做到不达防治指标不治

（水稻抽穗前放宽防治指标）、不到防治适期不治、能挑治的不普治、能兼治的不单治，稻田全生育期尽量不用对蜘蛛杀伤力强的杀虫剂，充分利用蜘蛛控制稻飞虱和稻纵卷叶螟。

②稳妥优先使用生物农药。对效果稳定的生物农药品种要优先选用，如稻曲病、纹枯病、稻纵卷叶螟均有效果较好较稳定的生物药剂品种；对防治稻瘟病的生物杀菌剂（春雷霉素）要有选择性地使用，在穗颈稻瘟病重发生年份不使用。

（3）适时开展化学防治。化学防治必须根据水稻生育期、病虫发生趋势，优选农药品种，掌握施药适期，交替轮换使用，采取正确的施药方法。具体措施如下：

①播种前。用17%杀螟·乙蒜素可湿性粉剂300倍液或20%氰烯·杀螟丹可湿性粉剂2 000~3 000倍液20℃浸种48~60小时，捞出后催芽或晾干播种，可预防恶苗病、干尖线虫病。

②苗期。灰飞虱成虫迁飞期每亩用60%烯啶虫胺可湿性粉剂10克或50%吡蚜酮可湿性粉剂10克防治，兼治稻蓟马，可预防病毒病发生。每亩用40%稻瘟灵乳油100毫升或25%咪鲜胺乳油80毫升或75%三环唑可湿性粉剂30克预防苗瘟、叶瘟。

③分蘖期。封行前每亩用240克/升噻呋酰胺悬浮剂20毫升或125克/升氟环唑悬浮剂50毫升预防纹枯病，加大用水量，可提高对纹枯病的预防效果。充分利用水稻分蘖期补偿作用强的特点，在2代稻纵卷叶螟、2代白背飞虱和褐飞虱发生偏轻年份不用杀虫剂进行防治，利用蜘蛛等天敌的控虫作用。

④拔节期。对3代稻纵卷叶螟的防治可每亩选用1.5%甲氨基阿维菌素苯甲酸盐乳油60毫升或10^{10}个/毫升孢子的短稳杆菌悬浮剂100毫升或24%甲氧虫酰肼悬浮剂30毫升或15%茚虫威悬浮剂15~20毫升。对3代白背飞虱和褐飞虱的防治可选用25%呋虫胺可湿性粉剂20~25克或60%烯啶虫胺可湿性粉剂10克或50%氟啶虫胺腈水分散粒剂20克。尽量不要选用对蜘蛛等天敌杀伤力大的药剂，最大限度保护并利用蜘蛛等天敌的控虫作用。

⑤破口前5~7天（倒2叶与剑叶叶枕平至叶尖平），每亩用20%井冈霉素可溶粉剂50克或40%井·蜡芽菌80~100克或30%苯甲·丙环唑乳油20毫升或125克/升氟环唑悬浮剂50毫升+200克/升氯虫苯甲酰胺悬浮剂10毫升或90%杀虫单可溶粉剂50克等兑水450千克对准水稻穗部喷雾，防治稻曲病、纹枯病和稻纵卷叶螟、大螟。

⑥破口期。每亩用75%三环唑可湿性粉剂30克+25%噻虫嗪水分散粒剂10克或25%呋虫胺可湿性粉剂20~25克或60%烯啶虫胺可湿性粉剂10克兑水30千克喷施，防治穗颈瘟和褐飞虱。

⑦齐穗期。每亩用40%稻瘟酰胺悬浮剂50毫升或40%稻瘟灵乳油100~120毫升或250克/升嘧菌酯悬浮剂30毫升兑水30千克对准水稻穗部喷雾，可防治穗颈瘟。

化学防治只能在病虫大发生时作应急措施，偏重发生时作辅助，中等及以下发生时少用或不用，充分发挥稻田自然生态平衡控制作用。

水稻病虫害的绿色防控要根据田间病虫情、蛛情，结合水稻生育期、品种抗性、天气趋势等实际情况来实施。在水稻苗期，若灰飞虱带毒率高，虫量大，基于水稻幼苗抗性弱，秧苗密度低，必须立即采取应急措施防治。在水稻分蘖期，若水稻稻纵卷叶螟密度较低，稻株中上层直伸肖蛸、黄褐新圆蛛密度高，充分发挥蜘蛛的控制功能和利用水稻的补偿功能，可不使用化学防治。纹枯病穴发病率高于5%时要立即使用农药进行防治。在分蘖期发现叶瘟要及时进行药剂控制。在水稻生长后期，若气温下降对稻纵卷叶螟生长发育不利，其防治指标亦可适当放宽。即使稻飞虱发生密度和虱蛛比均达防治指标，若黑腹狼蛛的比例占蜘蛛的百分比较高，可适当放宽防治指标。必须选准对蜘蛛杀伤力小的农药品种，掌握好浓度和施用方法。针对水稻生长中后期病虫种类多，水稻病虫害可合并兼治，尽量减少用药次数，保证水稻高产、优质。

第二节　水稻杂草化学防除技术

我国稻田杂草的种类很多，总体约有200多种，其中对水稻危害严重的约20余种。这些杂草不但与水稻争肥、争光，影响产量，而且降低稻谷质量。使用除草剂化学控制和灭杀杂草是水稻杂草防治的最直接、最有效的方法。

一、直播稻田杂草化除技术

直播稻田前期以湿润为主，有利于湿生、沼生杂草发生；建立水层后，有利于浅水生、水生杂草发生，杂草种类多，而且杂草与水稻秧苗同步生长，共生期长、发生量大、草害比较严重，选好用好除草剂是水稻直播栽培成功的关键。

（一）杂草发生特点

直播稻田有多个出草高峰，水稻播后5~7天，出现第一个出草高峰，以稗子、千金子、鳢肠为主；播后15~20天，出现第二个出草高峰，主要是异形莎草、陌上菜、节节菜、鸭舌草等莎草科和阔叶科杂草；播后20~30天，部分田块出现第三个出草高峰，以萤蔺、水莎草为主。旱直播稻田杂草种类比水直播稻田多，兼有湿性杂草和旱田杂草。直播稻田恶性杂草稗草和千金子发生早、发生期长、发生量大，可占出草总量30%~70%，出草期长达25天以上。

（二）化除技术

直播稻田杂草化除的总原则是"一封二杀三补"。

1. 关键的第一步："一封"

"一封"，是播后苗前土壤封闭处理。这是直播稻田除草最为关键的一步，应选择杀草谱广、土壤封闭效果好的除草剂来全力控制第一个出草高峰期杂草的发生，否则会增加以后除草的压力。

目前登记于水稻直播适合在播后苗前土壤封闭的除草剂品种很多，其中以丙草胺及其与苄嘧磺隆的复配剂产品较多。考虑到对水稻秧苗的安全，生产上应选用在直播稻田登记的除草剂产品，并严格按其使用说明使用。

旱直播稻田。一般在播种、盖籽后上齐苗水，水自然落干后第一次化除，适用除草剂有千重浪（30%丙草胺乳油）、直播净（40%苄·丙草可湿性粉剂）、速除（35%异丙·丁·苄可湿性粉剂）等。用药时和用药后3~5天田面保持湿润，但不能有积水，遇雨及时排水。

水直播稻田。在播种后3~4天用药，适用药有千重浪、扫特、新马歇特、苄嘧磺隆等。

播种时尽量减少露籽，以免影响出苗率。露籽多的田块可以选用安全剂含量较高的千重浪，与苄嘧磺隆混合喷雾。施用含丙草胺的除草剂时，要求稻种的种子根已长出，有吸收功能。

2. 根据草相"二杀"

"二杀"，是在水层建立并稳定后，防除第一次化除后仍残存的大龄杂草，兼顾第二个出草高峰的杂草控制。应根据草相选择既有茎叶处理效果，又有土壤封闭作用的除草剂。适用的除草剂有二氯·苄等。如果田间千金子、大龄稗草较多，应选用千金乳油进行茎叶处理（一周内不能施用苄嘧磺隆等磺酰脲类除草剂和2甲4氯等除草剂）。如果田间没有千金子，而大龄稗草等杂草较多，可以选用稻杰等除草剂进行茎叶处理。第一次封闭处理效果好的，可以继续选用丙草胺、丁草胺、苄嘧磺隆等除草剂进行土壤封闭，控制第二个出草高峰期杂草的发生。野荸荠等莎草科杂草较多的田块，宜选用吡嘧磺隆等除草剂。

3. 挑治、补治扫残草

"三补"是在"一封""二杀"后，田间仍有一些恶性杂草发生时，采取挑治的方法来扫除残草。这时草龄往往较大，适用的高效又安全的除草剂较少，用药剂量也应适当加大。防除千金子可以使用千金乳油、百除（10%精恶禾·氰氟乳油）。阔叶杂草、莎草可以选用它隆等除草剂防除。

二、水稻秧田化除技术

水稻秧田杂草种类多、密度高，搞好化除工作是培育壮秧的重要措施。

（一）水育秧田

1. 封闭处理

播种后 1~7 天内，每亩用 30%丙草胺乳油（含安全剂）100 毫升（阔叶草或莎草严重田块加 10%苄嘧磺隆可湿性粉剂 10~20 克），加水 30~40 千克喷雾。施药后保持田间湿润状态，以提高除草效果。如落谷后遇暴雨天气，要延期 1~2 天施药。落谷前稻种一定要浸种催芽。

2. 茎叶处理

水稻播种后没能及时使用土壤封闭处理剂，待禾草类杂草出齐后，可选用氰氟草酯乳油进行茎叶处理。在稗草 1~3 叶期，用 10%氰氟草酯乳油 150~300 毫升，兑水 20 千克均匀喷雾。施药前排干田水，施药后 24 小时上水，保持畦面湿润或浅水层 5~7 天，以保证除草效果。

（二）旱育秧田

旱育秧田化学除草主要采用封闭处理。方法：在旱育秧床上足底水、落谷、盖土、喷洒盖土水使表土湿润；每亩秧田用 36%恶草·丁草胺乳油 150 毫升，加水 30~40 千克喷雾；施药后应尽量保持床面湿润，以提高除草效果；同时要保持沟系畅通，以防秧床大面积水、淹水，造成药害。

三、水稻移栽大田化学除草技术

（一）大苗移栽稻田

1. 封闭处理

每亩用 50%苄嘧·苯噻酰草胺可湿性粉剂 60~80 克，或 18%苯嘧·乙草胺可湿性粉剂 4 克，或 50%丙草胺乳油 80~100 毫升加

10%苄嘧磺隆可湿性粉剂 20~30 克，于水稻移栽后 5~7 天拌化肥或细土撒施。施药前田间要有浅水层便于药剂扩散，施药后保水 5 天。该药剂属芽前选择性除草剂，对稻田稗草、牛毛草、球花碱草及双子叶草都有较好的防效。

2. 茎叶处理

一般掌握在杂草 2~4 叶期进行，采用喷雾杀草。具体方法参照本节直播水稻化学除草技术中的茎叶处理。

（二）机械插秧及小苗直栽大田

机械插秧及小苗直栽大田杂草防除策略是：一般田块"一封一杀"，插秧前后进行土壤封闭，杂草 2~4 叶期进行喷药茎叶处理；田面高低不平、漏水田、上年杂草严重的田块采用"二封一杀"，插秧前与插秧后各进行一次土壤封闭（二次之间要间隔 15 天左右），杂草 2~4 叶期进行喷药茎叶处理。

1. 封闭处理

（1）每亩用 50%丙草胺乳油 60~80 毫升加 10%苄嘧磺隆可湿性粉剂 20~30 克，在大田平整后用药，兑水喷雾，用药后即可插秧。也可以在插秧后 3 天内，拌肥撒施。该配方对稗草、千金子及部分阔叶类杂草都有很好的防效，对秧苗安全。

（2）每亩用 50%苄嘧·苯噻酰可湿性粉剂 60~80 克，于插秧后 5~7 天拌化肥或细土撒施。施药时要有浅水层，药后保水 5~7 天，但水不能淹秧心，否则易产生药害。

（3）每亩用 50%丁草胺乳油 100 毫升加 10%苄嘧磺隆可湿性粉剂 20~30 克，于插秧后 5~7 天拌化肥或细土撒施。施药时要有浅水层，药后保水 5~7 天，但水不能淹秧心，否则易产生药害。

2. 茎叶处理

一般掌握在杂草 2~4 叶期进行，采用喷雾杀草。具体方法参照本节直播水稻化学除草技术中的茎叶处理。

第九章 稻田生态种养模式与技术

第一节 稻田生态种养概况

稻田种养是以水田稻作为基础,在水田中放养鱼、虾、蟹、鸭等水产动物,充分利用稻田光、热、水及生物资源,通过水稻与水产动物互惠互利而形成的复合种养生态农业模式。世界上各国都有稻田养殖产业,尤其东南亚地区十分盛行,东南亚又以中国历史最为悠久。稻田种养复合系统与当地的文化、经济和生态环境相结合,在保护当地生物多样性和维持农业可持续发展方面起着重要作用。

中国稻田养殖历史悠久,传统稻鱼共生系统被联合国粮食与农业组织授予全球重要农业文化遗产。有学者认为稻田养鱼最早出现于汉朝,已有约 2 000 年历史。其发展经历了传统农耕阶段、稻田养鱼阶段、生态工程阶段和综合种养阶段。进入 21 世纪,生态环境问题、"三农"问题和食品安全问题突出,随着我国农业转型的加快、农业供给侧结构性改革的深入推进,稻田养殖也向生态化、规模化、标准化、专业化、产业化发展。稻田种养生态农业模式实现了"一水两用、一田双收、稳粮增收、一举多赢",有效提高了农田利用率和产出效益,拓展了发展空间,促进了传统农业的改造升级。但实际生产中,水稻种植和动物养殖常有矛盾的地方,如重养轻稻、争地争水,不合理的养殖模式也造成水资源浪费、生物多样性破坏、水环境恶化、土壤退化等问题。因此,创新稻田种养绿色生产技术、规范稻田种养模式技术体系、引导稻田种养绿色发展具有重要意义。

为促进稻田种养产业迈上新台阶，实现其可持续发展，扩大并充分释放稻田种养的潜在效益，中国科学院院士张启发提出"双水双绿"理念，即充分利用平原湖区稻田和水资源优势，采用绿色品种、绿色新技术实行稻田种养，使"绿色水稻"和"绿色水产"协同发展，做大做强水稻、水产"双水"产业，做优做特绿色稻米、绿色水产等"双绿"产品，通过生产过程来洁净水源、优化环境，实现产业兴旺、农民富庶、乡村美丽的目标。"双水双绿"理念明确了稻田种养的发展方向，"双水双绿"稻田种养模式的相关技术成为当前研究的热点。

第二节　稻田生态种养的原理与技术

一、稻田种养技术原理

稻田养殖形成种养结合共生系统，这种稻田复合生态系统使环境得到改善、结构得到优化、湿地生态功能得到强化，通过水稻与水产动物互惠互利，充分利用稻田水面、土壤和生物资源开展种养结合，利渔利稻，是一种典型的生态农业模式。

单一的植物生产缺乏动物生产的调节，系统的稳定性和抗风险性下降。在稻田生态系统中引入动物养殖，充分发挥植物生产、动物生产和微生物生产，三者相互衔接，使"三个车间"的功能同时发挥作用，改善了生态系统结构，保证了系统的生物多样性，有利于强化和提升生态功能。大量研究证实了稻田养殖对水稻群体结构和生长状况的改善，主要体现在"一增二改三防控"，即增肥，改土、改水，控草、控病、控虫。这种"利稻行为"具有明显的减肥减药、稳产增效、资源节约、环境友好的综合效应。与此同时，稻田中水稻可以遮阴、调温、提供氧气，为动物提供生活场所及良好的生存环境（庇护作用）；另一方面，稻田生物资源丰富、草牧食物链简单、碎屑食物链多样，能为养殖动物提供丰富的食物。这为减少饵料、控制病害、实现绿色水产健康养殖提供了可能。稻田种养系统综合技术原理如图9-1所示。

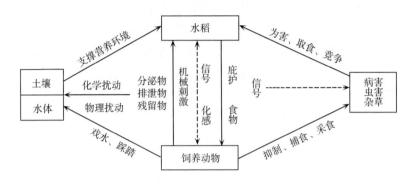

图9-1 稻田种养系统水稻与动物相互作用关系

二、四种常见的稻田种养技术

适应稻田养殖的动物种类较多，有常见鱼类（如草鱼、鲤鱼、鲫鱼等），有经济价值较高的名优水产（如小龙虾、河蟹、青虾、罗氏沼虾、青蛙、泥鳅、黄鳝、鲈鱼、斑点叉尾鮰、胡子鲶、鳖和龟等），还有鸭、蛙、螺、蚌等。稻田种养模式多样，本书主要介绍面积较大、分布较广的4种稻田种养模式，包括稻虾共作、稻田养鱼、稻蟹共作和稻鳅共作。

（一）稻虾共作

稻、虾种养主要分布在长江中下游省份，目前是我国应用面积最大、总产量最高的稻渔综合种养模式，也是我国小龙虾的主要养殖方式。由于操作简单、收益较高，目前稻虾共作已经成为我国最受欢迎的稻渔综合种养模式，主要分布在湖北、湖南、安徽、江西、江苏、浙江、四川等水资源丰富、种植水稻的平原地区。

稻虾共作是在稻田中养殖克氏原螯虾（俗名叫小龙虾），并种植一季水稻，在水稻种植期间，小龙虾与水稻在稻田中同生共长，全程养 2 季虾的高效种养结合生态模式。为了保证稻虾共同生长，在田间挖掘养殖沟，沟田相通，以保证沟田水体交换、小龙虾进出（图 9-2）。

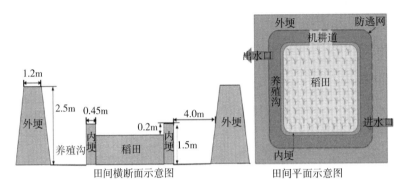

图 9-2　稻虾共作田间结构示意图

稻虾共作模式在每年的 8 月下旬至 9 月初，中稻收割前投放亲虾，或 9—10 月中稻收割后投放幼虾，第 2 年的 4 月中旬至 5 月下旬收获成虾，同时补投幼虾。次年 5 月底、6 月初，整田、插秧，8—9 月收获亲虾或商品虾（图 9-3）。

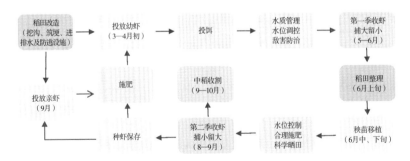

图 9-3　稻虾共作模式技术流程图

（二）稻田养鱼

稻田养鱼在我国拥有悠久的历史，文化底蕴十分深厚，在全国大多数省份均有分布。稻鱼种养也是我国山区、梯田地区开展稻渔综合种养的主要应用模式。稻田养鱼模式主要分布在浙江、福建、江西、湖南、四川、云南、贵州等省份。稻田养鱼适应性较广，在平原湖区、山区、丘陵、岗地等都有分布。除了平原高产稻田外，梯田、山垄田、烂泥田（冷浸田）等均可养鱼。养殖内容丰富，主要是利用稻田资源养殖罗非鱼、鲶鱼、鲫鱼、甲鱼等，养殖目的也较多元化，用于观赏、食用等。因此，稻田养鱼的田间工程复杂多样，可因地制宜开挖田间工程。

目前，规模化生产上多采用在稻田中挖鱼沟、鱼溜或鱼凼，在进出水口设置鱼栅的方式进行（图9-4a 和 b），在冷浸田可采用垄稻沟鱼模式（图9-4c 和 d）。

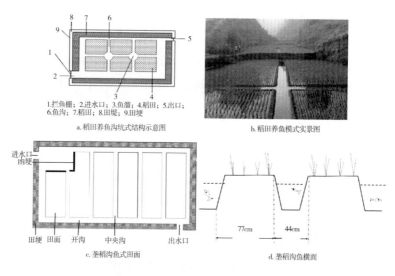

1.拦鱼栅；2.进水口；3.鱼溜；4.稻田；5.出口；
6.鱼沟；7.稻田；8.田堤；9.田埂

a.稻田养鱼沟坑式结构示意图

b.稻田养鱼模式实景图

c.垄稻沟鱼式田面

d.垄稻沟鱼横面

图9-4　沟坑式稻田养鱼田间结构示意图

实际生产中，有单季稻养鱼、双季稻养鱼，也有冬闲田养鱼。单季稻养鱼多在中稻田进行，从5—8月，生长期约110天，此时正是鱼的生长旺季，若养水花（草鱼），应于秧苗返青后鱼开口时放入，8月可长到7厘米左右，若养成鱼，应放养10厘米以上的大鱼种。双季稻养鱼要挖好鱼坑，把鱼坑挖大，挖深1~2米，准备第一次割稻时放鱼进坑继续暂养。第一次放鱼在秧苗栽插后返青时，把鱼苗放入田坑中，随着水位加深，鱼苗由坑走向沟，由沟走入大田中，全田放养，一直养到割谷为止。割谷前降低稻田水位，让鱼进鱼坑继续养殖，如果鱼坑不够用，可将鱼转塘养殖；第二次放鱼在割谷后，清整稻田时，要施足基肥，进水插秧，秧苗返青后，投放大规格的罗非鱼及草鱼苗种。冬闲田养鱼，可在秋季稻谷收割后，割稻时，留长茬，只割稻穗，接着灌深水，加高水位到60~150厘米，深茬在池水浸泡下，逐渐腐烂，分解为鱼和浮游生物的饵料，就田养殖，期间要注意防寒。

（三）稻蟹共作

稻田养蟹是一种流传至今且不断革新的养殖模式，河蟹能充分利用各类水域资源，而且容易饲养，效益高。近年来，稻蟹种养在东北地区发展较快，尤其是以辽宁省盘锦市为主要代表，形成了"大垄双行、早放精养、种养结合、稻蟹双赢"的"盘山模式"，并辐射带动了我国北方地区稻蟹种养新技术的发展。

稻田养蟹一般在一季稻区进行，4—5月放苗，10—11月收蟹。目前主要有3种模式：一种以培养蟹种为主，蟹苗经过4~5个月的饲养，育成规格为50~200只/千克的蟹种，一般蟹的产量为225~300千克/公顷；另一种是以养殖商品蟹为主，蟹种经养殖达到当年上市规格，每只重125克以上，一般产量为300~450千克/公顷；再一种是以暂养育肥为主，自7月开始，陆续放养规格为每只50~100克的大蟹，进行高密度精养催肥，年底可育成规格较大的商品蟹，一般产量为450~750千克/公顷。养蟹稻田不宜过大，一般3 335~6 670平方米（5~10亩），多采用宽沟式，沟面设置一定的坡度，田内可设置蟹岛，以利于蟹活动、觅食，同时注意防逃（图9-5）。

（四）稻鳅共作

稻鳅共作模式是指在稻田中套养一定数量的泥鳅，利用稻鳅之

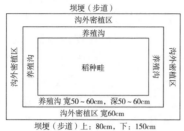

a 稻蟹共作养殖沟模式　　　　　　　b 稻蟹共作养殖沟及防逃墙

图 9-5　稻蟹共作模式田间结构及实景图

间互利共生功能，取得生态环保、高产高效的农业模式。目前，该模式主要分布在河南、浙江、江苏、河北、湖北、重庆、天津、湖南、安徽等省市。

稻鳅共作有外购泥鳅苗种和稻田原位秋季繁殖鳅苗 2 种模式。外购泥鳅苗种通常在 4—5 月投放外购泥鳅苗种，至当年 8—9 月起捕收商品泥鳅；稻田原位秋季繁殖鳅苗可在当年 8 月从原稻田养殖的商品泥鳅中选留，进行稻田原位秋季繁殖鳅苗，越冬后继续养殖，下一年 8 月起捕收商品泥鳅。稻田原位秋季繁殖鳅苗模式操作简便，省去了苗种购买费用，仅增加了催产药品费和孵化用具费，养殖商品泥鳅的经济效益优势明显。养鳅稻田不宜过大，一般 700~2 000 平方米（约 1~3 亩），多采用沟坑式，设置回形沟，沟壁要陡，同时注意防逃、防鸟。

（五）其他

由于稻田养殖模式的不断探索，越来越多的稻田养殖类型相继发展起来，包括稻田养鳖、稻田养蛙等，其原理与技术流程与其他稻田养殖较为相似，其中稻田养鳖做到"田面种稻、水体养鳖、共生双收"互利共生，并在稻田中投入少量的鲢鳙鱼来净化水质；稻田养蛙在领证条件下可选择生长快、抗病性强、肉质细嫩的虎纹蛙或黑斑蛙。近年来，越来越多的复合养殖类型渐渐兴起，由于其能更充分的利用农田生态资源，更合理的占据各自的生态位，其养殖利润也随之提高，复合养殖范围也在扩大。

三、配套技术要点及注意事项

(一) 绿色田间工程

稻田种养实行绿色生产，要求生态环境良好，远离污染源；保水性能好，水源充足、排灌方便、不涝不旱。根据不同综合种养模式，因地制宜，对传统稻田进行工程改造。在稻田改造过程中，不能破坏稻田的耕作层，开沟不得超过总面积的 10%；通过合理优化田沟、鱼溜的大小、深度，做好田埂、进排水、防逃、防天敌设施；同时，工程设计上应充分考虑机械化操作的要求。

(二) 水稻清洁栽培

"双水双绿"模式稻米生产目标是安全、优质、美味、营养，生产中减少氮肥，不用农药，要求投入品绿色、减量、高效、无废物、无残留，从源头削减污染，提高资源利用效率，减少或者避免生产、服务和产品使用过程中污染物的产生和排放。

水稻清洁栽培的主要措施包括：①品种替代：采用抗病虫、需肥少、优质的绿色超级稻品种；②化肥替代：用绿肥、生物有机肥替代化肥，提高饵料的肥料效应，减少生物投入品、控制化学投入品；③农药替代：不用化学农药，或少用生物农药；④水稻"健身"栽培：合理密植和水肥调控，构建健康群体。

(三) 水产健康养殖

根据不同养殖品种，做好放苗前准备、苗种选择、苗种消毒、苗种投放、饲喂管理、水质调控、病害防治和日常管理等工作。稻田养殖的关键是水体活、水质好。

水产健康养殖的主要措施包括：①水质调控：采用生物有机肥调控水体肥度，培养浮游生物，增加水体生物量及光合作用，定期用生石灰调水，水体透明度控制在 30～40 厘米，pH 值在 8.0～8.8，水草茂盛；②合理投饵：选择符合国家标准的饲料，日投喂量为动物总重量的3%~6%，具体投喂量根据天气、水质和摄食情况适度增减；③病害防控：要以预防为主，防控结合，调控水质，保持溶氧充足。

（四）病虫草害绿色防控

利用水稻品种抗（耐）病虫优势，充分发挥自然天敌的控害作用。采取田埂种植芝麻、大豆等显花植物，保护和提高蜘蛛、寄生蜂、黑肩绿盲蝽等天敌的控害能力；深耕灌水灭蛹控螟技术、性信息素诱杀害虫技术、按每1.5~2.0公顷（约20~30亩）安装1盏杀虫灯，诱杀成虫；田边种植香根草等诱集植物，丛距4~6米，减少二化螟和大螟的种群基数等技术，禁止使用高毒农药和含拟除虫菊酯类成分的农药品种。合理使用防鸟网、防虫网等设备防鸟和虫，通过标准化田间工程进行控草。

（五）水位水质管理

水稻和鱼类对水的要求有很大差异。水稻对水分要求是寸水插秧，薄水分蘖，放水搁田，覆水养胎，湿润灌浆，干田收割，田间水位必然有浅、有深、有干；而养殖鱼类对水的要求是水质肥而不浓、爽而不死，水位越高越好。因此，在田间排灌中要协调稻和鱼之间的用水矛盾，加强水位和水质两方面的管理。通过进排水管理，实现以水调气、以水调温、以水调肥，影响水体环境，从而满足种养需要；水质调节主要通过水位调节、底质改良、水色调节、种植水草和调整放养密度等方式，确保水质"肥活嫩爽"。

（六）保障技术质量及标准

做到标准规范和配套技术齐全，保证产品质量。严格执行品种、饲料、肥料标准，产品质量标准和田间工程技术标准等，如《稻渔综合种养技术规范》。通过种草、秸秆还田、晒田，减肥、控药、控饲、调水，保证优良的稻田生态环境。通过无公害产地和产品认证，实现绿色、有机产品生产。把握稻田环境、水稻种植、水产养殖、捕捞、加工、仓储、流通等关键环节，建立稻渔综合种养产业链全时空监控和质量安全动态追溯系统。

第三节　稻田生态种养产业化

近年来，各地持续在品牌营销、产品加工、节庆活动、特色小镇/公园建设、龙头企业培育等方面给予积极扶持，稻田综合种养产业融合度逐步提升，产业链逐步完善。

一、品牌建设

近年来，各地积极培育优质渔米品牌，引导扶持经营主体打造了一批知名品牌，把稻田综合种养的"绿色、生态、优质、安全"理念融合到产品设计和品牌包装、营销中，扩大稻田综合种养优质稻米、水产品的知名度，有效提升了产业品牌价值。中国稻田综合种养产业技术创新战略联盟成功举办全国稻田综合种养模式创新大赛和优质渔米评比推介活动，评选出优质渔米产品金奖、银奖26个，成为稻田综合种养产业品牌宣传推介的重要平台。

除扶持经营主体的品牌建设，各地非常注重打造区域公共品牌。其中以小龙虾品牌运营最为成功，"盱眙龙虾""潜江龙虾""南县小龙虾"等一大批小龙虾知名公共区域品牌成为金字招牌。

二、经营模式创新

各地因地制宜，创新产业经营模式，将种养、餐饮、垂钓、农事体验融为一体，实现标准化种养、有机稻米/水产品加工、创意农业体验和休闲观光农业发展于一体，助力稻田综合种养产业一二三产业融合发展。

四川省形成了一批"农业共营制+稻渔综合种养""农业园区+稻渔综合种养""新型经营主体+稻渔综合种养"等可复制、可推广的产业经营模式。湖北省积极推广"华山模式"，公司通过合作社等组织对基地建设、生产、管理等实行统一机械施工、统一养殖标准、统一农资供应、统一服务管理、统一产品收购、统一产品品牌的"六统一",实现了稻渔增产、农民增收、企业增效和三产齐头并进、融合发展。浙江省青田县通过建立标准体系,在全县推广稻鱼种养,统筹原种场、产业示范园、以稻田养鱼为主的粮食生产功能区建设,形成了"一核多点"的产业发展模式。

三、节庆活动

自古以来,我国以渔业为主题的节庆活动就很丰富。近年来,我国形形色色与稻渔综合种养相关的节庆活动遍地开花,在传统节庆的基础上,不断注入新的元素,焕发出新的生机和活力。在活动中,各地将民俗文化、特色产品展出、文艺演出、体育竞技等有机融入,取得了良好效果。江苏省盱眙县的"盱眙国际龙虾节"已连续成功举办 19 届。近年来,在开幕式、文艺演出、万人龙虾宴等经典节目基础上,植入更多时尚元素,研发推广龙虾衍生文化产品,让盱眙龙虾产业与时俱进,盱眙龙虾文化更加深入人心。2018 年,中国农民丰收节设立后,云南省红河州元阳县、辽宁省盘锦市等地结合丰收节,举办"稻花鱼丰收节""稻蟹家欢乐节"等节庆活动,创新活动形式,丰富活动内涵,获得良好的社会反响和关注。

四、龙头企业培育和示范区建设

近年来,各地通过政策扶持,引导农户将承包经营土地采取转包、出租、互换、转让、入股等方式向稻渔综合种养新型经营主体流转,推进适度规模经营,培育壮大稻渔综合种养专业大户、家庭农场、农民合作社、农业企业等新型经营主体,扶持龙头企业做大规模,做强品牌,提升标准化生产和经营管理水平,形成区域性优势产业。以湖北省为例,莱克集团、潜江虾皇实业有限公司、华山水产食品有限公司、福娃集团有限公司、盛老汉家庭农场等一批国内知名度较高的龙头企业纷纷涌现,在产业技术研究、加工物流、电子商务、休闲渔业、科普宣传等方面起到重要的引领作用,有力促进了稻渔产业技术创新和融合发展。

案例篇

第十章　国内外稻作模式案例

第一节　美国直播稻作

传统的水稻育苗移栽种植方式不仅繁琐，而且水稻产量和效益不高。为了提高水稻生产的产量和收益，水稻直播机应运而生。目前，水稻机械化种植水平较高的国家为美国、澳大利亚、日本、意大利和韩国。在以直播机械化为主的欧美，美国最具代表性。

一、美国水稻概况

美国水稻栽培始于 17 世纪，已经有 300 多年历史。目前种植面积约 110 万公顷，主要集中在阿肯色大草原、密西西比三角洲（包括部分阿肯色、密西西比、密苏里和路易斯安那）、海湾沿海地区（包括得克萨斯、路易斯安那西南部）、加利福尼亚萨克拉曼多河谷。阿肯色是最大的水稻生产州，面积约占美国水稻种植面积的一半，加利福尼亚是第二大生产州，第三大生产州是路易斯安那，第四大生产州是密西西比，密苏里州与得克萨斯州分别占第五与第六位。上述 6 州的水稻产量占美国水稻总产量的 99%，其他 1% 的水稻主要集中在佛罗里达。

美国水稻育种资源丰富，为了丰富稻种资源，仅美斯图加特农业研究所，就从世界各地收集了有 6 000 余个稻种。美国水稻育种主要采用常规系谱法、改良集团法（采用大群体选择）、诱变育种、遗传工程育种和组织培养相结合的方法。美国生产的稻谷有粳稻和籼稻，粳稻多分布在加利福尼亚州、籼稻则主要分布在南部各州。按商品特性，可分为长粒、中粒和短粒三种。美国生产的稻谷以长粒型为主，约占美国稻作面积的 75% 和总产的 70%。长粒种主要集中在南部各州，约占南方水稻种植面积的 90%，其次是中粒种和短粒种，主要分布在加利福尼亚州，分别占稻谷总产的 9% 和 1%。美国国内消费的大米约有 75% 用于食品（60% 直接食用，15% 用于食品加工），9% 用于宠物饲料，15% 用于啤酒加工业。美国生产的稻谷均为优质稻，如生产的美加牌米驰名国内外。

二、美国的直播稻作

美国用于水稻生产的地域优越，水稻主产区属亚热带季风性湿润气候，雨热同期，且多为黏质性土壤，土层深厚肥沃，适合水稻生长；同时这些地区很少发生水稻病虫害。在国家政策方面，美国稻农享有国家补贴和优惠政策。美国稻谷生产技术水准高，在其水稻增产因素中，来自品种的因素仅占 46%，而来自播种、管理等方面的因素则占了 54%。美国水稻种植制度为草田轮作制，或与大豆轮作，即种稻一年后种草 1~3 年，然后再种水稻。

美国水稻生产主要是在大型农场，户均种植面积大，机械化程度高，种植人员不多。全美从事水稻生产的人数 1.5 万人左右，平均每人种植水稻 1 300 亩左右。为便于机械化收割，美国水稻种植大部分品种耐肥抗倒性好，成熟期整齐一致，多数品种属光壳稻品种。根据市场情况、天气状况和管理水平，美国农民自行选择作物种植品种。

美国水稻种植机械化程度高，水稻已实现规范化生产，每块稻田十几公顷至几十公顷，稻田面积大，有利于机械化作业。从田地平整直至收获、干燥、贮存和运输，每公顷仅需 11~13 小时。平整田面时畦边安装有激光信号机，拖拉机接受激光信号后，可自动调节平整高低。大部分田间管理工作皆由飞机完成，飞机上装有卫星定位接收装置，微电脑和自动控制系统，能准确按每块稻田实际需求数量喷肥洒药和播种。

美国是最早实现水稻机械化种植的国家之一，目前已实现100%的机械化直播。美国水稻种植主要采用直播的方式，其中，80%采用机械旱直播，播种机通常宽 7 米左右，一天可以播种1 000 亩；20%用机械水直播（即飞机撒播），一架飞机一天可播4 000 亩。在美国农场，无论是旱直播和水直播均全部采用机械化作业，包括激光平地、机械播种、飞机喷施（肥料、农药、除草剂）、机械收获和集中干燥。

在水稻灌溉方面，美国稻农采用农场自行储水灌溉，可以用手机遥控灌溉水泵等施舍。在水稻生长季，美国稻农通过 GPS 定点位置或观测地图、资料等，查看水稻病虫害。水稻收割时候，美国稻农通常使用半喂入联合收割机进行收获，效率很高，每小时可达40 吨，同时水稻含水量也下降 4 个百分点。

三、美国水稻生产效益

尽管美国水稻播种面积和产量只在世界第十位左右，但美国的水稻单产和出口量占其产量的比重均是世界第一位，且连续多年保持这一纪录。据美国农业部 2017 年 8 月预计，近三年来，美国水稻收获面积均在 100 万公顷以上，单产平均接近 6 吨/公顷。2017年世界大米出口量为 43 919 千吨，其中美国为 3 550 千吨。美国大米产量仅为世界的 1.23%，但其大米出口量却达到世界出口量的 8.08%。泰国出口量和产量的比率近 50%，而美国接近 60%的大米用于出口。美国大米可以大量出口，是由于美国国内大米消费低，此外，美国大米米质优异，碾磨品质好、外观漂亮、适合广大食米区人们食用，在国际稻米市场上很有竞争力。目前美国大米主要出口市场是东北亚、中东（包括地中海东部）、加勒比海地区、撒哈拉地区、加拿大。

第二节　日本农村的稻田艺术

一、日本农村的稻田艺术起源

在日本，说到稻田艺术，最著名的地方就是位于青森县的"田舍馆村"。日本有个住着 8 千人的村庄叫田舍馆村，位于本州岛最北端的青森县南津轻郡。这里有着 2 000 年种植水稻的历史，被称为日本北方稻谷文化发祥地。日本最早开展"稻田绘画"活动，而日本青森县田舍馆村是世界上少有的农业与艺术兼具的地方。

稻田艺术，最早起源于江户时代的日本。1993 年田舍馆村村委会鉴于只靠农业很难奔"小康"，就策划出了这样一个活动——稻田艺术节。为此，田舍馆村规划出了 15 000 平方米的田地，专门用于创作稻田画，到目前为止，已经举行了 27 届，而且田舍馆村专门设立了展望台供游客观赏、拍摄。

二、日本农村的稻田艺术创作

从 1993 年起，在每年的 7 月，村庄都会根据不同的主题来举办"稻田绘画节"，当地旅游局会雇来艺术家设计，事先设计好今年要表现的图形，然后在稻田里种植不同品种、有着不同颜色叶子的水稻，从而在稻田里"绘"出各种各样的图画。田舍馆村最初的作品是【弥生の里いなかだて】这几个简单的日文，之后几年的作品也一直没有什么特别之处，直到 2003 年，田舍馆村创作了第一幅具有艺术性的稻田图画【蒙娜丽莎】。有了第一次的"艺术熏陶"之后，田舍馆村的作品一年比一年好。有志者事竟成，田舍馆村因此成了日本有名的观光旅游村，成功地提高了当地的经济水平。

为了创造令人惊叹的稻田艺术，当地农民需要将一系列色彩鲜艳的水稻与传统的绿水稻种在一起，不同种类的水稻在一起和谐生长，无须添加任何人造色素。这种稻田艺术起初图案非常简单，到后来发展得越来越复杂与精美。这些设计从不重复出现，而且一年比一年设计得更加出色，其中一幅最精美的作品来自于日本的民间传说羽衣，它运用了 10 种不同的水稻来呈现。此外，蒙娜丽莎、玛丽莲·梦露、日本武士，还有各种神明都成了经典设计，2016 的设计中还包含了富士山和各种日本动漫人物。为了能够完美地呈现这些稻田艺术，首先，在电脑上进行设计，再由人工分别种植各种颜色不同，以保证画作的准确性。由于稻田画不用机器只靠纯手工制作，画很大很复杂的话，与之相对的种植工作也会变复杂。种植工作主要是由当地的志愿者们以及稻田艺术的粉丝们完成。为了更好地观看稻田艺术，当地还为此专门设置了独特的观景台。

三、日本农村的稻田艺术启示

在此期间，日本各地农村纷纷效仿"稻田艺术"，所以目前日本农村的"田んぼアート"已经达到 117 处。每年 6—9 月，田舍馆村都会举办一年一度的"稻田艺术节"，当地的居民热情欢迎每位游客去感受其 20 年的传统，加入每年的稻田耕作活动。其他的村庄也开始追随田舍馆村的脚步，创造属于自己的稻田艺术。如今，日本已有超过 100 个村庄有这样的稻田艺术供游人参观，但田舍馆村仍是这种独特艺术形式的鼻祖。由于受日本稻田艺术的影响，目前，很多国家也都兴起了稻田艺术的风潮。稻田艺术的举办时间多在 6—10 月，鼎盛时期只有 8 月这一个月。

第三节 沈阳稻梦空间——锡伯龙地
创意农业产业园

相传，守护锡伯族氏的萨满法师的祈福化作千万个美丽符号，飘落在这块神奇的土地上，从此，茁壮的稻田便有了龙韵的生命，在烽火的洗礼和岁月的沉淀中汇成了稻田中奇丽的图案，久而久之便成了特有的"稻田画"文化。它哺育了一代代族人，祝福着他们享乐安康，守护着他们人丁兴旺。

一、沈阳锡伯龙地创意农业产业园项目简介

沈阳锡伯龙地创意农业产业园位于沈阳市沈北新区兴隆台锡伯族镇，占地 3 万亩，预计总投资 1 亿元，是以创意农业为生产模式、会员制农业为经营模式的现代化创新型农业生态园。产业园将现代农业、民族文化与旅游服务有机相结合，真正打造集稻田画观光、原始水稻种植、立体养殖、生产加工、休闲体验、科普教育、会员加盟七位一体的新型创意农业项目。产业园由龙地基地和休闲体验两区组成，休闲体验区约 950 亩，其中水稻种植区约 480 亩，蔬菜种植区约 125 亩，杂粮种植区约 300 亩。力求以休闲体验带动锡伯龙地基地建设，同时，以项目为载体，进一步推介、宣传新区，提高新区影响力。

二、沈阳锡伯龙地创意农业产业园的创新探索

(一) 用艺术勾勒稻田，以文化凸显特色

特色艺术与文化是锡伯龙地农业产业园的财富和底蕴，是产业园的竞争力与灵魂，独特的龙脉地理优势更给产业园蒙上了神奇的面纱。可以说沈阳锡伯龙地创意产业园的出现，打破了西方麦田圈的奇迹，它将巨幅画作勾勒于稻田之上，让稻田以更加神奇的风韵展现在世人面前，形成"锡伯龙地"引以为骄傲和自豪的独特稻田艺术，更配以高空滑索、看台、稻田浮桥等辅助设施，让人们能够身临其境地观赏小镇赋予大自然的美丽景色。

除此之外，兴隆台锡伯族镇的少数民族聚集、融合的历史，美丽动人的传说等本土文化蕴藏的多种文化元素，更造就了产业园特色的历史人文。新颖的艺术表现和特色文化将大大增加了"锡伯龙地"的文化特色魅力和旅游竞争力，让人们更加愿意融入"锡伯

龙地"的特色中来，以此推介锡伯龙地创意农业产业园，推介沈北新区。

（二）走都市农业之路，以创新包装小镇

都市农业的兴起是人类向往回归自然、返璞归真的真情流露，并且也正在逐渐成为一个新兴产业而受到人们更大的关注。都市农业不仅能提供丰富多样的旅游产品，拓展传统旅游业单纯的观光功能，满足人们追求猎奇、丰富个性等日渐丰富的文化生活的需要，更能通过旅游业和农业的整合，实现农业的高效益，增加农民收入，促进城乡统筹发展。锡伯龙地农业创意产业园始终坚持走都市农业之路，力图将旅游者的感官享受与农业生产、乡村特色、民俗文化有机结合，从而打造一条完善的农业产业化经营链条。

1. 周到细致的功能分区

考虑到人们日益增长的物质文化需求，也为了迎合自身发展的需要，沈阳龙地创意农业产业园在建设中不断地完善功能分区，努力为游客提供周到细致的一站式服务。

（1）稻田画参观区。稻田画参观区作为的锡伯龙地创意农业产业园的重要区域，以其独特而神秘的特点吸引着大量游客，"锡伯龙地"在建设中也将其作为重点区域，引进彩色水稻，重点结合锡伯文化特色，利用色彩及三维等方式打造更加神奇美丽的稻田画，让水稻以艺术的姿态呈现在大家面前。

（2）高空看台及滑索。配合稻田画观光，"锡伯龙地"内设有高达27米的高空看台，从高处眺看稻田画，让游客能够更加真切地感受到稻田画的壮观及奇妙。而且从高空看台外延出长百米长的高空滑索，让游客身临稻田画的海洋，体验探险的快乐。

（3）文化展示区。文化展厅内划分出不同的文化展示区域，包括稻米文化展示区、农耕文化展示区、锡伯族民族文化展示区等，让游客们在游玩的同时更能够感觉到文化的韵味。另外，文化展示区贯穿整个锡伯龙地创意农业产业园，除在区内道路设有锡伯族文化牌、水稻展示柜等设施宣扬锡伯族及水稻文化外，还设有农耕体验及农事拓展活动区。

（4）植物长廊区。园区内的植物长廊全部以原有道路为基础，架设可供植物攀爬的木制长廊，并预种植葫芦、丝瓜、葡萄等藤类植物，不仅起到为来客遮阳的目的，更展示了农业文化，给人以美的享受。

（5）企业 Logo 观赏浮桥。整座观赏浮桥全长 660 米，其形态为北源米业企业标志——飞鸽，全桥皆采用木制工艺，力求达到亲近自然且与自然景观浑然一体的效果。并且，整座浮桥在建设中不占用任何公共区域，立于稻田之上，即不影响稻田生长也不防碍正常的农事活动，更为来客游览提供了方便。

（6）立体养殖区。立体养殖区占地约为 480 亩，除了进行原始种植外又分为四个专业的养殖区，分别为：鸭田区、蟹田区、鱼田区和蛙田区。立体养殖区的设立充分利用水稻与鸭子、螃蟹、鱼及青蛙之间的生态关系，既避免了水稻农药喷洒又减少鸭子、螃蟹、鱼和青蛙饲料喂食，将培育出绿色无污染的有机水稻及生态健康的鸭子、螃蟹、鱼和青蛙，实现经济收益与生态环境改善双丰收。

（7）水上餐厅区。水上餐厅设立在原有较宽沟渠之上，且设有一系列节能减排方案及污水处理办法，在为来客提供方便的同时，不忘保护环境。另外，餐厅内提供的食物均为园区所产，来客可以自己到田间捡鸡蛋、鸭蛋，到菜地摘取蔬菜，也可以到田里抓螃蟹、泥鳅、鱼等来烹调，更可以品尝锡伯特色食物，不仅让来客品尝到乡村、民族美食，更让他们体会到劳动的快乐。

（8）会员活动区。整个会员活动区由会员休息区、会员水稻认领区、会员旱田区及会员蔬菜区等多个区域组成，整片区域的设置以打造会员私密空间为出发点，为会员营造轻松愉快的氛围。会员活动区建筑以粮仓造型为主，新颖有趣。

（9）广场休息区。广场休息区不仅可以供游客提休息间，也可为上百人的露营、聚餐等集体活动提供广阔空间。

（10）垂钓区。为了满足广大会员及游客的需求，利用自身内原有的水池，园区将打造出环境优美的垂钓园，供会员及游客休闲娱乐。

（11）植物迷宫娱乐区。该区以植物迷宫为主要娱乐区域，除了让游客体验迷宫的乐趣，还以山楂树节点的形式让游客领略爱情的纯洁。娱乐区更为孩子提供了嬉戏的水上乐园等多项设施，让孩子体验童年的快乐。

（12）透明蔬菜大棚区。透明蔬菜大棚区占地约 125 亩，全面采用温室大棚瓜果蔬菜综合栽培新技术，并全程使用农家肥和生物有机肥，使瓜果蔬菜均达到绿色有机食品生产标准，让会员及其他消费者能够放心食用。

（13）果园区。果园区预计占地约 10 亩，不占用原有稻田区域，全部利用园区周边的稻田埂进行种植，既美化了园区，又节省了空间。另外，园区内养殖的鸡、鸭等家禽也可以在果树间活动，为会员及其他游客营造出一种原生态氛围的同时，又可以食用到无污染的水果，充分满足了会员及游客的需求。

（14）沟渠漂流。利用园区内原有沟渠，为会员及游客提供船只，沿着水流方向进行漂流，让会员及游客不仅能体会到水的乐趣，还能够摘取沿途的有机水果食用，使会员及游客真正地乐在其中。

（15）其他区域。除了上述比较明显的功能区，园区借助自身面积优势，利用原有部分道路作为射箭场地，且园区内提供专业的射箭设备并有专业人员进行指导，注重娱乐，宣扬锡伯族文化。

为了配合园区建设，园区内还将设有秋千、仿木坐凳、循环水喷泉、凉亭等设施，更为了满足部分游客过夜需要，准备有可移动木屋及帐篷等设备，使游客带着期望而来，带着满意而归。此外园区还为游客提供遮阳竹伞，让游客在体验出游乐趣的同时，也免受日晒之苦。

2. 独特的经营——销售模式

（1）工厂化经营。土地流转被称为一次新的土地革命，它不仅有益于"三农",促进农村发展、农业增效、农民增收,更有利于农业产业的现代化。沈阳锡伯龙地创意农业产业园积极探索土地流转新开工,并力图达到旅游与农业的有效结合,采用大面积培育、种植、管理的方式,为会员提供方便的同时,实现多方共赢。

(2)招募会员。锡伯龙地创意农业产业园以"公司+会员+农户"的经营模式,采用招募会员或由会员自愿申请加入的形式,会员可以在产业园内认领一块土地,可以通过园区内24小时摄像头随时察看作物长势,并到园区参加耕种,摘取自己的劳动果实,农作物成长期间由产业园对其进行日常管理。为了保证有机农作物的质量,产业园聘请沈阳农业大学金鑫教授为病虫害防疫技术员,并且对会员及其农户进行全程技术指导。同时,产业园雇佣农业技术人员及专职农户采用传统的种植方法进行有机农作物种植,再由锡伯龙地加工厂进行精深加工,生产出的有机米、蔬菜还有玉米、高粱等旱田作物全部提供给已经预付费的会员。除了享受以上服务外,会员如想利用稻田画做宣传,也可享受折扣优惠。

(3)宣传交换。针对锡伯龙地创意农业产业园的宣传,在采用传统宣传方式的同时,产业园创新性地利用自身的优势,采用宣传交换的形式同样可以达到宣传的目的。例如,同中国移动签定宣传合同后,中国移动将以移动覆盖的形式为"锡伯龙地"做宣传,而"锡伯龙地"则以稻田画种植图案的形式为中国移动做宣传,从而实现互相宣传、互惠互利。

(4)田间预订销售。田间预订是"锡伯龙地"推出的透明化销售方式之一,一改以往客户只能看到成品的销售模式,客户可以直接在田间预订地块,见证自己所购买大米的生长情况,这样的销售方式不仅吸引客户的眼球,为销售环节注入新鲜元素,也将通过透明的销售方式大大提升小镇粮食的信任度,为客户及产业园搭建起新的销售桥梁。

3. 层次定位,打造小镇个性化服务

在服务上,沈阳锡伯龙地创意农业产业园致力于让每一位游客都能得到符合自身需要的贴心服务。因此小镇针对自身功能性，对其游客群进行了细致分类：观光型、体验型、探险型、少年科普类、会员等，并根据不同类型游客的不同需求提供层次性服务。另外，针对会员，还进行了更进一步的分类，包括：普通会员、白金会员、黄金会员、钻石会员，在让其享受 VIP 式服务的同时，提供不同层次的个性化服务。

三、探索创意之路，实现多方共赢

农产品需要创意，农业生产过程、农业耕作活动同样需要创意。当科技和文化创意作为两大引擎，在赋予农业深刻内涵的同时，农业已不只是一种产业经济，而是一种高度的农业文明展示。沈阳锡伯龙地创意农业产业园打破了传统的单一耕种模式，以土地流转的新形式，注重土地的有效利用，实现着多方共赢的新模式。

四、沈阳锡伯龙地创意农业产业园在发展中的方向及目标

沈阳锡伯龙地创意农业产业园将"一年试营业，三年内规模完善"作为建设目标，以文化资源的挖掘和区域文化特色为核心，以优美的自然农业生态为依托，以高效的农业生产为基础，以提高人居生活品质为归依，不仅体现了建设经济生态文明的要求，同时也促进了自然生态和文化、社会生态的发展，使农民居住的场景和田园生活具有真实、生动、鲜活的美感。预计项目建成后，力图形成沟沟有鱼、池池有蛙、埂埂有果树或鲜花的美好景象，将产业园继续以规模化经营为动力，不断拓宽都市农业发展之路，利用沈北新区独特的地域优势，扩大土地利用面积，将稻田艺术打造成为沈北新区的一张亮丽名片，不断续写"万亩良田 美丽中国"的新篇章！

第四节　云南红河哈尼稻作梯田系统

红河哈尼梯田分布于云南红河南岸的元阳、红河、金平、绿春4县的崇山峻岭中，总面积约18万公顷，开垦历史已有1 300多年。哈尼梯田拥有独特的灌溉系统和奇异而古老的农业生产方式，形成了江河、梯田、村寨、森林为一体的良性原始农业生态循环系统，具有极高的经济、科学、生态和文学艺术价值。哈尼稻作梯田系统是全球重要农业文化遗产、第一批中国重要农业文化遗产、世界文化遗产。

一、哈尼稻作梯田系统历史

据史书以及口传家谱考证，延绵哀牢山脉20多万亩的哈尼稻作梯田系统已有1 300多年的耕种历史，养育着哈尼族等10个民族约126万人口。

哈尼稻作梯田系统是一直延续使用和发展的稻作系统，在许多哈尼族的传说中都显示：哈尼人认为自开天辟地以来便有了稻子。这说明哈尼人是最早驯化野生稻的民族之一。1 300年来，哈尼族将哀牢山区三江流域的野生稻驯化为陆稻，又将陆稻改良为水稻，在得天独厚的生态环境中，使三江流域成为人类早期驯化、栽培稻谷的地区之一。

最早对哈尼梯田的明确记载出现在明代早期，但据《尚书》记载，早在春秋战国时期，哈尼族先民"和夷"在其所居之"黑水"（今四川省大渡河、雅砻江、安宁河流域）已经开垦梯田，进行水稻耕作。该书《禹贡》篇描述和夷所居之地"厥土青黎（土色乌黑土质肥沃），厥赋下中三错（交纳不差的梯田），厥赋下中三错（交纳不同等级的田赋），"这是中国史籍对哈尼族耕种梯田最早的记载。汉代司马迁《史记·西南夷列传》记载西汉时期云南少数民族"西南夷"中较先进者已是"耕田，有邑聚"（稻作农耕，有村落）。这说明早在汉代，西南少数民族已经开始有组织地进行稻田的耕种了。

哈尼梯田以高坡度梯田稻作为显著农业特征，形成独特的"三犁三耙""夏秋种稻、冬春涵水""人工耕耘除草"等精耕细作技术体系，以及稻、鱼、鸭的循环共生体系，是低碳、生态、循环农业的典型代表。

二、哈尼稻作梯田系统耕作系统

（一）哈尼稻作梯田系统水循环系统

良性循环是哈尼稻作梯田系统的核心，以水作为核心的水利系统构成了循环体系，但是没有森林的过滤和涵养，水利也可能转变为水害。哀牢山区，常年有茂密的植被覆盖，有高大的乔木，也有低矮的灌木丛，还有覆盖在地表的草地。在垂直的山地环境下，地形地貌、立体气候和植被三大自然条件为哈尼梯田农耕提供了水环境基础。冬末春初，从红河河谷蒸发升腾的水蒸气，在半山区受气流的压降，形成茫茫云海，在一片片茂密的森林中化成绵绵雾雨，大量倾泻在这一地区，蕴育了广袤的森林；由于森林的巨大储水作用，在森林和崇山峻岭的管沟中，形成无数的山泉、水潭、溪流，造就了"山有多高，水有多高"的水源体系。林中营沟中流淌的无数溪流，在灌溉了梯田之后，又复归红河和藤条江水系中去。水分在这相对封闭的区域内升腾下泻，云海产生的雾养育森林，森林贮存了雨、水，又排放出大量的溪流经过村庄，灌溉梯田，最后进入江河。

以哈尼族"寨神林"崇拜为核心的传统森林保护理念，使这里的自然生态系统保存良好，为梯田提供着丰富水源。

（二）哈尼稻作梯田系统生态系统

生态的相互作用也在哈尼稻作梯田系统中发挥重要作用。哈尼梯田，垂直落差 1 500 多米；层层梯田拾级而上，最高可达 5 000 多级，田埂有五六米高。哈尼族创造发明了"木刻分水"和水沟冲肥，利用发达的沟渠网络将水源进行合理分配，同时为梯田提供充足肥料。哈尼人还构建了多套微循环再利用系统，稻草喂牛，牛粪晒干做燃料，燃料用完做肥料，肥料养育稻谷；哈尼人珍惜土地资源，房前屋后的空地用来种菜，路边的墙缝也会成为菜地。此外，屋旁沟箐凡是有水的地方就会用来养鱼，鱼在池塘下面，池塘上面养浮萍，浮萍喂猪，猪粪喂鱼；鱼长大后又被放回梯田，用以扑食害虫、肥沃土地。

三、哈尼稻作梯田系统主要价值

（一）哈尼稻作梯田系统农业价值

哈尼人是山地农业民族，在巧妙利用山地气候和水土资源方面，表现了十分高明的智慧和能力。森林在上、村寨居中、梯田在下，而水系贯穿其中，是它的主要特征。依山造田，哈尼梯田最高垂直跨度 1 500 米、最大坡度 75°、最大田块 2 828 平方米，最小田块仅 1 平方米，以其"分布之广，规模之大，建造之奇，世界罕见"而闻名中外。

梯田的建造既减少了动用土方，又防止了水土流失。这种森林—溪流—村寨—梯田"四度共构"的结构创造了人与自然的高度融合，体现了结构合理、功能完备、价值多样、自我调节能力强的复合农业特征。

哈尼梯田是亚热带山丘地区稻作生态农业的杰出范例，至今仍有 48 种传统品种在种植。一般的现代稻种经过三五年种植后，品种就会出现退化而难以持续种植，但哈尼人培育的红米能够在海拔1 400 米以上生存，极能适应气候变化和自然灾害，且具有极为稳定的遗传特征。哈尼梯田合理的林水结构、分水制度、泡田方法和以水冲肥技术等，均成为有效保护和合理利用水资源的技术与管理策略。而其因时、因地制宜的适应性管理理念，使当地生产与生活方式随历史的发展而实现与自然的协同进化。

（二）哈尼稻作梯田系统文化景观

哈尼稻作梯田系统具有极高的经济、科学、生态价值和文化价值。绚丽的红河哈尼梯田，色彩变幻与寨、林、云海交相辉映，清晨朝霞、落日余晖、清脆流水，其境其景，异常秀美。

哈尼稻作梯田系统充分利用并遵循自然的劳作传统，创造了哈尼民族丰富灿烂的梯田文化，哈尼族以梯田稻作为生，衣食住行、人生礼仪、节日祭典、信仰宗教、生产生活、哲学思想等，无不打上梯田文化烙印，梯田稻作文化成了哈尼族文化的本根，也集中展现了中华民族天人合一的思想文化内涵。

（三）哈尼稻作梯田系统文物价值

2010年，哈尼稻作梯田系统入选全球重要农业文化遗产（GIAHS）保护试点地。2013年，入选第一批中国重要农业文化遗产。2013年6月22日，在柬埔寨首都金边举行的37届世界遗产大会上，云南哈尼梯田"申遗"成功，被列入联合国教科文组织世界文化遗产名录，云南哈尼梯田入选的项目为"文化景观"。

四、哈尼稻作梯田系统保护

为更好地保护哈尼梯田农业文化系统，红河州人民政府制定了梯田保护管理条例和梯田保护管理总体规划，认真履行《世界遗产公约》，贯彻落实《云南省红河哈尼族彝族自治州哈尼梯田保护管理条例》和《红河哈尼梯田保护管理总体规划》，依法依规保护好哈尼梯田，确保遗产构成元素的完整性和真实性，并进一步细化完善哈尼梯田保护管理长效机制和相关补偿机制，建立现代管理与传统保护相结合的运行模式，确保遗产演进的延续性和规律性。

第五节　贵州从江侗乡稻—鱼—鸭复合系统

从江侗乡稻鱼鸭系统位于贵州省东南部，已有上千年历史。贵州省黔东南苗族侗族自治州从江县的侗族人民立足于当地的自然环境背景和本民族独特的发展历程，选择和形成了在糯稻田地中"种植一季稻、放养一批鱼、饲养一群鸭"的农业生产方式，至今已有上千年的历史。生态环境长期稳定性的特点决定了这一农业生产方式至今仍发挥着重要的农业生产作用。同时，也蕴含丰富多样的旅游资源。2011年，贵州从江侗乡稻鱼鸭系统入选全球重要农业文化遗产（GIAHS）保护试点地。2013年，入选第一批中国重要农业文化遗产。

一、从江侗乡稻鱼鸭系统概述

从江县位于黔东南层峦叠嶂的大山里，清澈的都柳江从北向南蜿蜒而过。每年春天，谷雨季节的前后，侗乡人劳作的身影就出现在层层的梯田里了，把秧苗插进了稻田，鱼苗也就跟着放了进去，等到鱼苗长到两三指，再把鸭苗放入稻田。稻田为鱼和鸭的生长提供了生存环境和丰富的饵料，鱼和鸭在觅食的过程中，不仅为稻田清除了虫害和杂草，大大减少了农药和除草剂的使用，而且鱼和鸭的来回游动搅动了土壤，无形中帮助稻田松了土，鱼和鸭的粪便又是水稻上好的有机肥，保养和育肥了地力。这种方式在从江已经延续了上千年，作为一种独特的农业文化遗产，它的意义不仅仅是作为人们回望历史的窗口，也不仅仅是一块田地有了稻、鱼、鸭三种收获，更重要的是它对现代农业的宝贵启示。

侗乡人都说，"鱼无水则死，水无鱼不沃"。从江稻鱼鸭系统保证田间随时都有足够的水，如此鱼才不死、稻才不枯、鸭才不渴。侗乡人所养育的鸭种也不是一般的鸭种，而是经过世代选育驯化的小香鸭，鸭子对稻、鱼、鸭的共生有很多好处，小香鸭的个头很小，可以灵活地在水稻间穿行而不会撞坏水稻，而且不用投入精饲料，水稻中的害虫、小虾、小鱼、各种杂草都是上好饵料。侗乡人利用智慧，使稻、鱼、鸭三者和谐共处，互惠互利。

二、从江侗乡稻鱼鸭系统历史

从江县位于贵州省东南部，毗邻广西，隶属黔东南苗族侗族自治州，境内多丘陵，世居有苗族、侗族、壮族、水族、瑶族等，少数民族比例高达94%。当地侗族是古百越族中的一支，曾长期居住在东南沿海，因为战乱辗转迁徙至湘、黔、桂边区定居。虽然远离江海，但该民族仍长期保留着"饭稻羹鱼"的生活传统，稻鱼鸭系统距今已有上千年的历史。这最早源于溪水灌溉稻田，随溪水而来的小鱼生长于稻田，侗人秋季一并收获稻谷与鲜鱼，长期传承演化成稻鱼共生系统，后来又在稻田择时放鸭，同年收获稻鱼鸭。如今侗族是唯一全民没有放弃这一传统耕作方式和技术的民族。

三、从江侗乡稻鱼鸭系统耕作方式

从空间上看，系统中的各种生物具有不同的生活习性，占有不同的生态位。水上层的水稻、长瓣慈姑、矮慈姑等挺水植物为生活在其间的鱼、鸭提供了遮阴、栖息的场所；表水层的眼子菜、苹、槐叶萍、满江红等漂浮植物以及浮叶植物靠挺水植物间的太阳辐射及水体的营养生长繁殖，从稻株中落下的昆虫是鱼和鸭的重要饵料来源；鱼主要在中水层活动；底水层聚集着河蚌、螺等底栖动物，细菌以及挺水植物的根茎和黑藻等沉水植物，一些螺、河蚌等可为鸭所捕食。

从时间上看，侗乡人根据稻、鱼和鸭的生长特点和规律，选择适宜的时段使它们和谐共生。在雏鸭孵出3天后放到田里，一直到农历三月初为止；之后播种水稻（糯稻），在下谷种的半个月左右放鱼花；四月中旬插秧，鱼的个体很小，可以与水稻共生；稻秧返青后，田中放养的鱼花体长超过5厘米时放养雏鸭；水稻郁闭、鱼体长超过8厘米左右时放养成鸭；水稻收割前稻田再次禁鸭，当水稻收割、田鱼收获完毕，稻田再次向鸭开放。

稻鱼鸭系统在同一块土地面积上既产出稻米又有鱼鸭，为侗乡人提供了丰富的动物蛋白和植物蛋白，但其生态效益更为显著。

一是可以有效控制病虫草害。稻瘟病是水稻的重要病害之一，但是在稻鱼鸭系统中其发病率和病情指数明显低于水稻单作田；系统中鱼、鸭通过捕食稻纵卷叶螟和落水的稻飞虱，减轻了害虫的危害；鱼和鸭的干扰与摄食使得杂草密度明显低于水稻单作田。

二是可以增加土壤肥力。在稻鱼鸭系统中，鱼和鸭的存在可以改善土壤的养分、结构和通气条件。鱼、鸭吃掉的杂草可以作为粪便还田，增加土壤有机质的含量；鱼、鸭的翻土增大了土壤孔隙度，有利于肥料和氧气渗入土壤深层，有深施肥料、提高肥效的作用；鱼、鸭扰动水层，还改善了水中空气含量。

三是可以减少甲烷排放。在稻鱼鸭系统中，鱼、鸭能够消灭杂草和水稻下脚叶，从而影响了甲烷菌的生存环境，减少了甲烷的产生；最重要的是鱼、鸭的活动增加了稻田水体和土层的溶解氧，改善了土壤的氧化还原状况，加快了甲烷的再氧化，从而降低了甲烷的排放通量和排放总量，尤其是在稻田甲烷排放高峰期最为明显。

四是可以储蓄水资源。侗乡人用养鱼来保证田间随时都有足够的水，如此鱼才不死、稻才不枯、鸭才不渴。为了保证田块水源不断，雨季时尽可能多储水，侗乡的稻田一般水位都会在 30 厘米以上。这种深水稻田具有巨大的水资源储备潜力，具有蓄洪和储养水源的双重功效，俨然是一座座"隐形水库"。

五是可以保护生物多样性。侗乡人保留了多样性的水稻品种。而且，良好的稻田生态环境保持了丰富的生物多样性。螺、蚌、虾、泥鳅、黄鳝等野生动物和种类繁多的野生植物共同生息，数十种生物围绕稻鱼鸭形成一个更大的食物链网络，呈现出繁盛的生物多样性景象。

四、从江侗乡稻鱼鸭系统保护

近年来，从江县按照农业农村部中国重要农业文化遗产保护工作要求，不断加大稻鱼鸭系统保护工作力度，制定了保护规划和管理办法，努力探索对这一重要农业文化遗产的动态保护途径。

第六节 新疆膜下滴灌水稻栽培

一、膜下滴灌水稻栽培技术概况

（一）膜下滴灌水稻栽培思路的起源与技术发展

早在 2002 年，时任国务院副总理的李岚清在新疆天业（集团）有限公司视察节水器材生产车间时提出："时下，膜下滴灌棉花、玉米、小麦、马铃薯等作物栽培技术在新疆已经研发成功并大面积推广，能否种植滴灌水稻？"，这一大胆的提法，引起了新疆天业（集团）有限公司领导的重视，随后在天业农业研究所成立攻关团队，进行世界首创的膜下滴灌水稻技术栽培研究。

为了攻克膜下滴灌种植水稻的世界难题，从 2004 年开始，新疆生产建设兵团第八师下属天业农业研究所从 2003 年开始，成立专门课题组，从水稻品种筛选、栽培制度摸索、水分供应滴灌系统等方面进行探索与研究，经过 6 年实验室反复研究与田间攻坚试验，2008 年小面积试验成功后，2009 年进行大田试验示范。2011年 2 月"膜下滴灌水稻机械化直播栽培方法"获得国家发明专利。同年，膜下滴灌水稻获得国家高新计划"863"课题的资助，新疆天业在石河子市北工业园区天业化工生态园建设 40 公顷膜下滴灌水稻示范基地。2012 年，膜下滴灌水稻示范地经专家鉴定平均产量 836.9 千克/亩。

（二）膜下滴灌水稻栽培技术优势

第一，节水。以新疆垦区为例，膜下滴灌水稻种植技术比常规水田种植水稻节水 60% 以上，传统水田全生育期耗水 2 000~2 500立方米/亩，膜下滴灌水稻全生育期耗水 700~750 立方米/亩。通过节省的水费、劳力费等减去滴灌器材的投入，仅节支可增加经济效益 200 元/亩。既降低灌溉成本，也减轻农民水费负担，不仅增产，还增收。

第二，降低投入成本。膜下滴灌水稻提高机械化程度和人均管理定额，实现了水稻旱作铺管、铺膜、精量播种一体机械作业有机结合，有效地减少育秧、插秧、撒肥、药物防治等多个重要的栽培管理环节。田间人均管理能力提高 4~5 倍，节省了劳力投入，降低了投入成本。

第三，膜下滴灌水稻有利于提高稻米品质和较少土壤污染。膜下滴灌水稻随水施肥，在抽穗、灌浆等关键生育期可将微量元素、有机肥、稀土元素精量施入稻田。因此，膜下滴灌稻米的外观品质、籽粒饱满度、养分结构等方面都比常规水田栽培有较明显优势和提高，在籽粒大小及粒形方面则需要适宜的水肥调控得以改善，具有较好的加工品质，增加了农民收益。长期以来，大量施用氮、磷、钾等化学肥料以及喷施农药，对水稻田地的污染显著，给环境造成很大污染。膜下滴灌水稻栽培彻底改变了稻田土壤长期淹水状态，土壤的氧化还原电位和通透性显著提高，不仅有利于水稻根系生长发育，还有利于提高好氧微生物的活性，促进土壤有机质和氮、磷、钾等化学肥料的分解和养分吸收的有效性，从而净化了土壤环境。

二、膜下滴灌水稻栽培技术要点

（一）基础条件

1. 滴灌系统

膜下滴灌水稻栽培必须有完整的滴灌灌溉系统，包括水源、动力系统、滴灌首部、输水管道系统、田间地下管网、田间地面管网等。

2. 土壤条件

膜下滴灌水稻苗期黄枯苗病害是造成水稻减产甚至绝产的重要因素。据王培武等人研究，膜下滴灌水稻的黄枯苗主要是由低温和盐分引起的一种生理性病害。低温和盐分可单独也可共同作用引起黄枯苗。对于低温主要是采用选择生育期合适的水稻品种，适期晚播的方法对应。对土壤盐害主要是采取选择合适的土地来避开，用土壤改良以及栽培技术手段、生化技术手段来解决盐害造成的黄枯苗问题。

适合膜下滴灌水稻栽培的土壤条件是：pH 值 7.0~8.4；土壤30 厘米耕作层含盐量不超过 2.0 克/千克；Cl^-、Na^+ 合计含量不超过 0.2 克/千克。选择这样的地块能够较好地避免水稻黄枯苗的发生。

（二）技术定义与特征

1. 膜下滴灌水稻栽培定义

用地膜下滴灌灌溉的生产方式种植水稻，水稻全生育期稻田地完全不淹水，在好氧的旱地条件下的水稻栽培称之为"膜下滴灌水稻栽培"。

2. 技术特征

其特征是：田间不挖渠、不起垄、不打埂，也不需土地水平；对土壤保水性的要求不高；生产全过程采用全机械化作业方式；采用滴灌的方式随水滴施追肥；由于栽培过程不存在厌氧环境，不会产生稻田甲烷，又因为滴灌条件下不会产生排水，不会发生水分的田间渗漏，不仅化肥利用率高还不会造成周边环境和地下水污染，是环境友好型的水稻生产方式。该方法体现了水稻生产的科技化、现代化水平，将会成为水稻生产的主流栽培方法。

三、膜下滴灌水稻栽培技术的推广应用效果

我国北方地区干旱少雨、淡水资源匮乏，限制了水稻的种植和发展。膜下滴灌水稻节水的突出技术优势使得在北方种植水稻成为可能。我国南方地区种植水稻，过量施入化肥和农药造成江河水体以及地下水源的污染，膜下滴灌水稻的推广将有效地解决南方地区种植水稻对生态环境的破坏，实现绿色、环保和安全水稻生产。当前，膜下滴灌水稻技术已辐射推广到新疆昌吉州、石河子 143 团、

精河、阿勒泰、伊宁县；疆外的江苏南通市、宁夏、黑龙江农垦8511 农场等地区，累计推广示范 2 000 公顷以上。2018 年 4 月，新疆天业膜下滴灌水稻稻米参加第二届中国（三亚）国际水稻论坛优质稻米评选活动，提供的"天业香禾"膜下滴灌稻米荣获中国十大优质稻米称号。

第十一章　国内外知名品牌稻米案例

第一节　泰国香米

一、产品特点

泰国香米是原产于泰国的长粒型大米，是籼米的一种。以其香糯的口感和独特的露兜树香味享誉世界，是仅次于印度香米的世界上大宗的出口大米品种之一。泰国香稻只有在原产地才能表现出最好的品质。这是因为那里具有特殊的生长条件，尤其是香稻扬花期间，那里凉爽的气候、明媚的日光，及水稻灌浆期间土壤中渐渐降低的湿度，对香味的产生及积累起到非常重要的作用。

二、地理环境

泰国香米主要出产于泰国东北部，尤其以黎逸府、乌汶府、武里南府、四色菊府、素林府和益梭通府等地为多。其中，乌汶府是由绚丽多姿的湄公河与沐河所环绕的高原地带，是最负盛名的香米产地。尤其是乌汶府东部的凯玛叻县，更是香米生长的天然福地。这里属于热带季风气候，气温高，温度常年不低于18℃，降水丰沛，日照充裕，昼夜温差大，土质呈弱碱性，为稻米生长提供了得天独厚的条件。当地农民世代沿用传统耕种方式，使得这里生长出的香米粒型修长、玉润晶莹、香醇爽滑，堪称香米中的上品。

三、文化背景

泰国有 5 000 多年的种植水稻历史，但只有著名的泰国茉莉香米才被认为是泰国的民族骄傲。1945 年，泰国东部春武里府的一位农民发现了 KDML 香稻品种，KDML 是 KhaoDawkMali 的缩写，KhaoDawkMali 泰语意为白色茉莉花。随后 KDML 种子流传到邻近的北柳府，该府农业官员收集了 199 个稻穗，在泰国中部地区的华富里府的水稻试验站采用单穗选育法开始对 KDML 进行纯系选育，筛选出了优秀品系并在泰国的北部、东北部和中部地区试种。1959 年 5 月 25 日，正式定名为泰国茉莉香米（Thai Hommali Rice 或 KDML105），后来成为泰国主要的应用品种之一。通常 KDML105 的产量非常低，但通过恰当的田间管理技术，可实现 KDML105 高产。RD15 由 KDML105 经伽马射线诱变而来，比 KDML105 早熟 7~10 天，自 1965 年起已经在泰国北部和东北部种植了 50 余年。为了保护泰国大米的出口质量，泰国制定了规范而详尽的大米标准。

四、品牌建设

泰国香米品质优良，享誉全球，加工技术先进，质量控制严格，品牌国际化，以 KDML105 与 RD 系列品种作为主要原粮的泰国香米知名度与美誉度都非常高，在国际上畅销，其成功经验值得借鉴。

（一）生产和质量控制

为了促进泰国优质稻米的出口，近年来泰国政府大力推进农产品的地理标志注册、使用和保护。经过将近 5 年的漫长申请，TungKulaRongHai（TKRH，国拉侬亥平原）茉莉香米于 2013 年获得欧盟地理标志认证（Geographic Indication，GI），属于泰国乃至东盟首批获得 GI 认证的稻米品牌。欧盟地理标志认证保护的 TKRH 茉莉香米原产地仅局限于泰国东北部的 5 个府，即素林府、黎逸府、玛哈萨拉堪府、四色菊府和益梭通府。在素林府等香稻产区，经过申请、政府培训、认证机构田间考察、初步许可、农事操作记录、商业部知识产权厅公告等6大环节，农民最终可获得泰国政府的GI认证批准。除了欧盟地理标志质量认证体系的认证稻米，泰国水稻田间管理还积极推行欧洲零售商农产品工作组（EUREP）提出的"良好农业规范"（Good Agricultural Practice，简称GAP）生产模式，每一个生产环节，包括生态环境、种子来源、品种、施肥、喷药、采收到运输、包装等农艺操作，都必须严格遵守GAP规程并记录在案，每一个环节都要处在严格的控制之下，实现从农场到餐桌的全程可溯源。GI认证保护的香米生产模式，在保护泰国香米的口碑、扩大出口、提升产品价值和泰国稻农的收益方面，发挥了极大的正面作用。

（二）加工和质量控制

泰国香米的国际竞争力除了来源于优良的品种，还包括良好的加工技术和严格的质量控制。泰国的大中型大米加工厂大多数配备了先进的碾米机、抛光机、光谱筛选机和色选机等先进设备。加工质量控制主要包括3个方面。

1. 稻米加工前的收割、清洁与储存

加工企业通常要求农户对稻谷的收割时间控制在稻谷成熟度为90%~95%时进行。稻谷送到米厂后，先用谷物清洁机和去石机清洁稻谷中的杂草、泥土、石沙等杂物，同时检测稻谷含水量。水分≤14%直接入仓保存，超过14%的则送入烘干机干燥降水分后再入库保存，大型烘干机1小时可以烘干稻谷100吨。稻谷不经太阳暴晒，直接采用烘干机烘干，稻谷在38~40℃的温度间逐步降低到适宜水分含量，在磨碾过程中可不同程度减轻谷粒的断裂。

2. 加工过程的质量控制

通过调整砻谷机的进料量及胶轮间隙等有关参数，实现一次脱壳率通常控制在90%左右，尽量减少断米和碎米的出现。糙米用白度仪检查加工质量。白度的等级包括20级，泰国普遍采用多次碾白的方法提高整米率。为提高稻米的商品质量和稻米档次，优质大米的加工还要进行抛光处理，显著提高白度和亮度。

3. 稻米色选和分级

泰国米厂对香米进行严格分级。按照泰国大米行业标准，白米分级主要是按照米粒外形尺寸来划分，根据整米率和碎米率的比例来确定等级。优质米整米率高，碎米率低，颗粒均匀。企业十分重视出厂前质量检验，建立了专门的米样检测室，对米的外形、米粒长度、米粒完整度、碾磨程度、碎米率、食味、水分含量进行专人检验，合格的才包装出厂销售。

（三）严格的质量标准

1. 标准

泰国大米标准是目前世界上所有稻米生产国所制定出来的标准中最为规范和详尽的。严谨的大米标准对泰国大米的出口质量起到了保护作用，也是泰国大米畅销世界的通行证。

泰国贸易部规定，只有含量不低于 92% 的 Hommali105 及 RD15 这两个品种的大米，才可以冠以"Thai Hommali Rice"称号（泰国茉莉香米）。这是泰国外贸部对符合标准的 Hommali（泰国茉莉香米）颁发的原产地绿色标志。由政府授权允许出口米商在包装袋上标示泰国茉莉香米标志：绿色圆形底盘上有金色谷粒和稻穗，写有泰文"泰国茉莉香米"，周围环绕 THAI HOMMALI RICE/ORIGINATED IN THAILAND。消费者在购买时要辨清包装上的绿标是原标识还是后期贴上去的。

2. 新标准

泰国商业部从 2002 年 10 起开始正式实施"泰国茉莉香米"新等级质量标准，标有这一称号的大米纯度必须达到 92%，即由"茉莉香米"或"香米 15"两种大米与其他低级大米混合后，前者所占比重不少于 92%。除此以外，潮湿度不能超过 14%。这一质量标准实际上在 2002 年初就已制订完毕，但一直没有实施。5 月底，泰国商业部对米商开始严格的检查，要求如果使用"泰国茉莉香米"的称号，就必须达到这一要求。

为了照顾米商利益，泰国消费品标准委员会提出了一个缓冲期，即到 7 月 30 日为止，米商库存的纯度为 70%~92% 的大米依然可以以"泰国茉莉香米"的品名销售，但米商必须在每袋大米上标明其各种大米的混合比例。另外，为了保证市场，该委员会还建议商业部规定，达到"泰国茉莉香米"标准的产品也可使用"茉莉香米"或"泰国香米"的标识。

（四）营销策略

1. 政策支持

泰国水稻产业在其劳动力资源和耕地资源上占总资源的 1/2，是泰国农产品的代表，主要原因是泰国降水充沛、气候适宜等特点使其具备自然资源禀赋的优势，更重要的是泰国政府从 20 世纪 60 年代开始，根据国内外大米市场需求的变化，不断出台新的水稻生产政策，从而保障水稻在国内和国际市场上获得最大利润。由于大米是泰国农业经济的支柱产业，政府成立了水稻委员会，专门制定与水稻相关的种植、生产与销售政策，尤其是最近 20 年来基本每年对其政策修订一次，以满足多变的国内外市场。几十年来，泰国政府都致力于农业政策的实施，农业新技术的推广，如病虫防治、优良选种、规模耕种等一系列国家项目，从而降低水稻的生产成本，提高水稻的产量和质量，保障泰国大米国际市场竞争力的提高，也推动了泰国水稻的快速发展。

2. 以市场为需求的大米营销策略

（1）高标准的产品策略。泰国政府制定了严格的大米生产与销售制度，保障了其大米的优良品质。政府严格执行泰国香米的质量标准，只有含量≥92% 的 Hommali 105 及 RD15 的大米，散发自然芳香，煮熟后口感松软，才可称泰国茉莉香米，并且必须由泰国外贸部颁发原产地绿色标志，经销商在包装袋上标示泰国茉莉香米才可以出售。泰国贸易部又根据杂色粒等标准将大米分成不同等级，各等级的标准中对米粒完整度、长度、杂质与水分含量都做了明确规定。另外，泰国政府制定了一整套质量检测标准，在国际市场上销售的大米必须经过稻米监察委员会的检测，要求大米规格、包装说明、检验报告与出口文件完全吻合。20 世纪的 80 年代，发达国家对农产品农药残留进行了严格的限定，泰国根据国际市场需求推出有机大米。90 年代，发达国家推出了更严格的食品标准后，泰国政府成立专项国家项目，聘请海外专家、购买先进设备和检测机器，保持了泰国香米的国际市场占有率。

（2）务实的价格策略。泰国政府为了保障大米在国际市场上的竞争力，采取了务实的价格策略，适应国际市场的需求。首先，泰国政府专门制定大米价格保护政策，当国内、国际市场米价降低时，政府就会积极购买农民的大米以维持米价的稳定，保障稻农的利益以及来年种植稻米的积极性。其次，在稻米收获的季节，往往大米的市场供应大于需求，泰国政府要求农业合作银行以农民的稻米低利率抵押获得贷款，等待大米在国内与国际市场价格上升时，出售大米偿还抵押贷款。再次，泰国根据国际大米市场的需求和米业的竞争，进行市场需求定价和竞争定价策略，满足顾客需求和市场竞争的需要。最后，泰国大米在国际市场上销售采取了灵活的价格策略，除了现金交易的价格策略之外，在特殊市场上还可以采取以货易货、互换贸易以及赊账的价格策略，成就了泰国大米世界霸主的地位。

（3）多变的渠道策略。泰国政府采取多变的营销渠道促进大米在国际市场上的销售。政府专门针对主要的出口国家如中国、巴基斯坦、印度等成立大米贸易合作协会，管理大米出口贸易的具体事宜，拓展大米的出口渠道。为了鼓励中间商积极开发国际市场，除了政府专门的出口机构外，泰国政府也积极鼓励大米私人出口商开拓市场，为其提供出口补贴与优惠贷款政策等；另外，泰国政府依靠专项资金成立了大米信息销售网站，对世界大米的供应、需求、价格趋势做出分析，为稻农与相关部门的决策提供依据。国家拨出专项款建立电子商务项目，将 8 万个互联网点进行对接，随时随地帮助农民选种、种植、销售，提高稻米的盈利能力。并且鼓励多种形式的稻米销售渠道并存，疏通国内与国外市场的销售渠道，大大提高了大米国际市场的销量。

（4）全国总动员的促销策略。泰国实施全国总动员式的大米促销策略，除了正常的大米商业促销外，泰国政府从上而下都积极参与大米的出口促销工作和出口宣传，其商业部、农业部、外交部和驻外使馆的官员都会主动、积极地了解国际市场的供给与需求信息。

第二节　日本越光米

日本越光米是日本最优质的大米品种，也是制作高档寿司的专用大米，在日本备受推崇，以新潟县的越光米品质最为优异。越光米素有"世界米王"之称，又有"白雪米""不用配菜的米饭"的美称。

一、产品特点

因其味道香甜、口感略黏、色泽白亮而深受人们喜爱，是在日本全国种植量最多的品种，占日本大米总产量的1/3。越光米颗粒圆润，色泽洁白通透，蛋白质含量低（6%~7%），做成米饭后弹性好、有嚼头，且具有相当好的黏性。最好的米是新潟越光米，尤其是鱼沼地区种植的越光大米被称之为日本第一好米，其中又以南鱼沼市盐泽町所出产的越光米最为美味。越光米食用前，未曾近品已闻其香，食用时口感筋道，回味悠长，不需要配菜，也能品出米饭的香甜。在每年的日本大米美味度排行榜中，越光大米多年蝉联第一。每年大米丰收的时节，日本很多超市都会举行越光新米的试吃活动，将大米制成米饭、咖喱饭、寿司、年糕、米饼等各种食品分发给消费者，在宣传产品的同时也得到了很多消费者的反馈与建议。此外，与稻米相关的清酒、各种米果的质量和产量也十分卓越。

二、越光品种的育成与发展

(一) 育成

越光是 1944 年新潟县农事实验场的高桥浩之将农林 1 号与农林 22 号经人工杂交诞生的品种，它的出现带来了稻米产业的曙光，但生不逢时，在第二次世界大战期间，育种事业被迫中断。随着战火硝烟的不断消失，1946 年杂交实验在福井县继续进行，并于 1953 年正式在新潟县和千叶县种植。福井与新潟同属日本古代律令制的越国地域，因此在 1956 年这种优质稻米被正式命名为"越光"。越光稻具有耐高温、不易出现穗发芽等优点，易于培育种植；同时，越光米米粒颗粒均匀饱满、胶质浓厚、色泽晶莹透亮，富含蛋白质、矿物质、维生素等营养元素，营养极为丰富，具有开脾健胃的功效。其中，与人体健康有关赖氨酸含量高达 0.32%，总氨基酸达 8.97%。煮熟后口感微甜、黏度高，是高级寿司店、米其林餐厅的首选，因此逐渐在全国推广开来。自 1979 年以来，越光米始终为日本种植"第一米"。其中，2005 年播种比率更是达到了 38%。

(二) 发展

进入 2000 年代，对稻瘟病抵抗强的一系列品种相继开发成功，统称为"越光 BL"。2005 年以后，"越光 BL"在新潟县被大量种植并逐渐替代原有品种，越光米又有了质的飞跃。日本谷物检定协会评出的最高级"特 A"越光米的产地主要集中于新潟县、福井县、山形县的内陆地区，福岛县的会津、群马县的北毛、长野县的东信以及山梨县的峡北等地。这主要得益于弱酸性土壤、雪水及较大的昼夜温差。在鹿儿岛县、宫崎县等南部地域也可以作为早稻栽培。

三、越光米品牌创建

任何一个农产品火起来的背后都与其背后的故事息息相关。日本越光大米世界知名，与其独特的环境、人性的加工、品牌的崇拜密不可分。

（一）独特的产地环境

众所周知，水稻的生长、产量、品质等都与气候、环境密切相关。越光大米的发源地——新潟县，是日本重要稻米产区，其土质不同于中国大部分地区的弱碱性，它呈弱酸性；同时新潟位于日本最长的河流信浓川的入海口，信浓川高清度的深雪融水滋养了越光米；新潟县昼夜温差大、日照充足使大米颗粒饱满。气温适宜、无工业污染为越光大米创造有利的条件。因此，越光大米具有口感香糯、柔软且味道上佳，具有黏性强、风味佳等优点，米饭色泽透亮，颗粒饱满，被称为"不用配菜的米饭"。

（二）人性化的生产和加工

1. 人性化的生产

越光大米盛名世界，除了独特的自然环境之外，其当地农民的精心栽培、管理和加工的每一环节做到极致，也是一个重要的原因。在鱼沼市，大米种植协会对种植农户的管理非常严格，颁布了面向所有农户的"鱼沼米宪章"，在投入品管控、田地管理、生产记录等方面有着严格规定。为了确保新潟大米的高品质，"鱼沼米宪章"对大米的收割时间、面积产量甚至是大米的颗粒大小都有着高标准的规定。"鱼沼米宪章"的颁布并不具备法律效力，但这一规定的被执行率非常高，这也是整个日本社会诚信环境的缩影。

2. 人性化的加工

越光大米，不但在水稻栽培环节精心侍弄，而且其精米制作都是在接到客户订单才开始脱壳加工。这样的做法确保了大米的口感、营养不流失、不受外界污染。因此，日本人经常把新潟县鱼沼产越光大米当做礼品赠送。

（三）品牌的膜拜

品牌的魅力在于文化膜拜！在稻米产地新潟，说大米是人们生活的中心并不为过。新潟人敬奉稻米，形成了其独特的饮食文化。

深受男女老幼喜爱的吃法——"饭团子"最适于品尝大米的风味。稻米种植包含重重环节，选种、育秧、移植、生长期管理、储藏、脱壳加工成精米，最后是做成米饭。这个复杂的生产链条上，任何一个环节都会影响到最终的口感。而日本已经把大米上升为一种文化，远远超出农产品范畴，所以在品种选育、保护等方面，日本更精益求精，稻米品质一直比较稳定。同时，越光大米生产者严格按照越光稻的生长方式生产、管理，确保越光大米的营养、口感。并且采用"少就是多"的原则，不追求产量只求质量，从而保护越光大米品牌荣誉。

第三节　黑龙江五常大米

五常大米，是黑龙江省五常市特产、中国国家地理标志产品。它清淡略甜、绵软略黏、芳香爽口，深受百姓喜爱。凡是真正细心品味过五常大米的有缘人，无不为那唇齿留芳、经年不忘的饭香所陶醉。同时，也被那悠久深邃的五常米文化所吸引。1996 年，五常大米获中国国际食品博览会"国际食品质量之星"和"国际名牌食品"称号。2006 年，五常大米获得"中国名牌"荣誉称号。2011 年，五常大米在中国国际粮油博览会上获金奖，五常市被中国粮食行业协会授予"中国优质稻米之乡"称号。2019 年 12 月 23 日黑龙江五常大米等品牌入选中国农产品百强标志性品牌。

一、产品特点

五常市优质的自然资源，赋予了五常大米独特的品质。这种气候条件使当地生产的大米颗粒饱满、质地坚硬、饭粒油亮、香味浓郁，水稻中干物质积累多，营养成分高，可速溶解的双链糖含量高，所以吃起来香甜。另外由于支链淀粉含量高，米饭油性大，如果将一碗米饭倒进另一碗里，空碗内挂满油珠，连一颗饭粒都挂不上。米饭清淡略甜、绵软略黏、芳香爽口。

二、地理环境

五常市地处黑龙江省南部，是黑龙江、吉林两省结合部，素有张广才岭下的"水稻王国"和"中国优质大米之都"的美誉。

五常市地貌呈"六山一水半草二分田"格局，三面环山，盆地开口朝西，东南部山脉挡住了东南风，而西部松嫩平原的暖流可直接进入盆地内回旋，属中温带大陆性气候，无霜期130天，平均年降水量608毫米，年平均日照时数2 629小时，光照充沛；溪浪河、拉林河、牤牛河贯穿全境，水系纵横、水量充盈；土壤类型主要以沙壤土和草甸土为主，土壤酸碱度、有机质和微量元素含量适中。

三、文化背景

五常大米的历史可以追溯到唐初渤海国时期（7世纪中叶），当时五常境内就有农民种植水稻。清乾隆十年（1745年），清政府指派1 000户亲族旗人到五常拉林地区屯垦戍边，后代至今已有十几万人，保留了满族旗人的语言习惯和生活方式。清道光十五年（1835年），吉林将军富俊征集部分朝鲜族人在五常一带引河水种稻，所收获稻子用石碾碾制成大米，封为贡米，专送京城，供皇室享用。咸丰四年（1854年），清政府在当地设立了"举仁、由义、崇礼、尚智、诚信"五个甲社，以"三纲五常"中"仁、义、礼、智、信"五常为名，称此地为五常，后又派旗官协领五常，设衙建堡，1909年设五常府，故五常大米素有"千年水稻，百年贡米"之誉。新中国成立后，五常市水稻种植面积不断扩大，单位产量不断提高，水稻的栽培技术形成了特有的"五常模式"，并闻名省内外。

四、品牌建设

（一）政策护航——政企联动实现强农惠农

为深度挖掘五常大米资源优势，切实维护农民利益，为当地米企打造健康的发展环境，通过政企联动，五常市政府和泓羲米业的一套"组合拳"，将五常市强农惠农政策进一步落到了实处。整合了优秀的科研、生产、加工等资源的泓羲米业，不仅对种植、生产过程的每个环节严格把控，建立专属订购平台、物流队伍，确保大米从田间到餐桌的新鲜送达；更为稻农提供了稳定的直供销售渠道，以签订收购协议的方式在确保其收益的情况下安心种好田，使五常稻农的生态农耕技艺得以发扬，匠人精神得以传承。

（二）培育品牌——打造五常稻米新产业链

除了为当地米企营造良好的政策环境之外，五常市政府还为泓羲米业授予"五常大米"商标使用权，有效防止"假五常"现象。作为拥有"中国地理标志保护产品""产地证明商标""中国名牌产品""中国名牌农产品"和"中国驰名商标"五项桂冠于一身的五常大米，自此有了更全面的出口，使消费者能够正确认知"五常大米"，实现五常大米品牌价值最大化，政府推进五常大米品牌建设战略的同时，进一步营造健康的市场环境，形成米企、稻农以及消费者的可持续产业链条，为绿色稻米经济提供有力保障。

第四节　辽宁盘锦大米

盘锦大米，是辽宁省盘锦市特产、中国国家地理标志产品。其产地环境优越，栽培历史悠久，所产大米以外观品质好、加工品质好、理化性质好、食味品质好、卫生品质好五大特点而成为享誉全国的优质产品。2003 年，盘锦大米被国家质检总局批准为"国家地理标志产品"；2008 年，盘锦大米被指定为"北京奥运会专用米"。2019 年 12 月 23 日，入选"中国农产品百强标志性品牌"。

一、产品特点

盘锦大米籽粒饱满，长宽比较适中，色泽青白，气味清香，垩白度小，食味品质较好。其各项质量指标均达到优质国家稻谷标准，并在色泽和气味上有着盘锦大米独有的特色。在各项理化指标中，盘锦大米也有着明显的优势，比如糊化温度低、直链淀粉含量较低、胶稠度高、蛋白质和氨基酸含量丰富等。

二、产地环境

盘锦市自古就有"鱼米之乡"的美称，又被称之为"辽河金三角"。由于有合理的温度条件和较长的生长期以供水稻生长发育籽粒成熟，有西辽河水灌溉，又无"工业三废"污染，特别是具有偏碱性土壤所特有的生长优质粳米的特性等有利条件，因而生长出的粳米直链淀粉含量低，韧性强，口感好。加之选用优良粳稻品种，严格按照生产有机食品的农业技术操作规程进行农事作业，诸如施用生物有机肥，采用农业措施综合防治病虫害，实行机械、人工灭草和放养河蟹灭草等，都为生产优质精制的盘锦大米奠定了基础。

三、文化背景

盘锦水稻种植的历史已达百余年。据史料记载，1907 年盘锦开始水稻种植，之后种植面积不断扩大。1928 年，张学良创办了"营田股份有限公司"，开创了东北地区水稻生产机械化的先河。20 世纪 20 年代，盘锦大米是东北军的"帅府专供米"，日伪时期盘锦大米又成为伪满洲国的"御用"食品。1948 年，盘锦解放后，政府开始了大规模垦荒造田，兴修灌溉网，改良土壤，尤其是以国营农场为单位进行农田开发建设，为盘锦成为国家重要的商品粮基地奠定了坚实的基础。在盘锦的历史上，独特的"移民文化"也促进了稻作文化的发展。20 世纪 60 年代末，数以万计的"五七大军"和"知青"从祖国的四面八方来到盘锦，开发"南大荒"。他们参与农村生产建设，以自己的智慧和辛勤推动了盘锦水稻耕种技术的进步。在他们与当地农民的共同努力下，长满蒿草的盐碱地变成了大片的稻田。"盘锦大米好吃"，随着 20 世纪 70 年代末知青陆续返城，这句话传遍了全国。

四、品牌建设

（一）强化品牌意识

盘锦大米在未作为商标注册之前，就因其悠久的历史和优质品质在国内外市场享有盛誉。随着盘锦大米名声越来越大，市场地位越来越突出，市面上冒充盘锦大米的越来越多，不仅影响盘锦大米的声誉，而且也损害了消费者的利益。为了保护盘锦大米的品牌形象，在盘锦市积极申请下，2002 年 9 月，国家质检总局正式批准对盘锦大米实施原产地域产品保护，这是全国粮食类产品中第一个获此殊荣的品牌。2003 年，盘锦大米被批准为国家地理标志产品。2004 年，又成功注册了"盘锦大米注册证明商标"。至此，盘锦大米向中国名牌产品、中国驰名商标的冲刺步伐一刻也没有停。盘锦大米作为盘锦农业经济的支柱产业、地区经济发展的一个增长点，深受全市上下的关注，并从发展稻米经济、扩大市场占有率、树立品牌形象等方面给予了积极的支持。

（二）推进基地建设

水稻品种优劣决定水稻产量和水稻品质，水稻的品质决定大米的销售价格和市场占有份额。加强水稻种植基地建设，发展优质水稻生产是提升水稻品质最有效的途径。盘锦市委、市政府在 20 世纪末就全力推广生态农业建设，借助"无公害盘锦大米农业标准化示范区"项目建设，把无公害大米标准化生产作为突破"绿色壁垒"的重要举措，结合"稻田养蟹"工程，着力打造绿色和有机食品生产基地，全方位推进生态建设。通过"公司+基地+农户"的运营模式，严格按照国际质量管理体系标准要求，积极指导农户进行标准化生产，实现了对水稻生产的全程监控。盘锦稻蟹种养一体化的生态模式，更是在当地得到了迅速推广。2000 年 4 月，盘锦市被国家环保总局命名为"国家级生态示范区"。2002 年被国家环保总局列为"国家有机食品生产示范基地"。大洼区和盘山县被国家确定为优质粮生产科技示范县，强有力地推动了全市农业生产向生态化、立体化和现代化方向发展。

（三）狠抓宣传推介

市场是实现效益的直接阵地，而市场的主体是消费者，只有被广大消费者接受了，才能真正成为名牌。多年来，盘锦不断加大投入，充分利用展会、电视、报纸、网络、广告等各种媒体，以多种形式，走出去，请进来，宣传推介"盘锦大米"。全方位的宣传推介，使"盘锦大米"准确地找到了市场定位，打进了沃尔玛、家乐福、麦德龙等跨国跨地区超市，确立了"盘锦大米"在中国品牌大米中的领先地位。

第五节　山东鱼台大米

鱼台大米，是山东省鱼台县特产。2016 年 3 月 31 日，农业部正式批准对"鱼台大米"实施农产品地理标志登记保护；在"第十一届中国国际商标品牌节"中华品牌商标博览会上鱼台大米获"2019 中华品牌商标博览会金奖"。

一、产品概况

鱼台县悠久的水稻种植历史、良好的生态环境、优质的水稻良种、先进的栽培技术和加工工艺，造就了鱼台大米粒大均匀、晶莹透亮、洁白如玉的质量特性。鱼台大米富含蛋白质、粗脂肪、赖氨酸、高钙、铁与维生素等多种人体所需的营养成分；蒸煮质量佳，气味清香，饭粒完整，柔软爽滑，冷后不硬，温后食用仍保持原有风味。

二、地理环境

北纬 30°~38° 是世界公认的水稻黄金纬度线，鱼台县处于北纬 34°53′~35°10′，与全球顶级水稻产区日本新潟、韩国水原在同一纬度，属暖温带季风型半湿润大陆性气候，四季分明，光照充足，平均年日照时数 3 853 小时，太阳辐射年平均总量 492.01 千焦/平方厘米，气候温和，年平均气温为 14.2℃，雨量集中，平均降水量 702 毫米，无霜期为 203 天，雨热同季，特别有利于水稻种植。

鱼台县属淮河流域泗运河水系，东濒我国北方最大的淡水湖——微山湖，闻名世界的京杭大运河从东部穿流而过。境内 17 条河流纵横交错，水资源总量 5.04 亿立方米，地下水 17.8 亿立方米，排灌设施齐全，桥涵闸配套，水利设施完备，能够充分保障水稻灌溉用水需要。

鱼台县土地肥沃，土壤中含有丰富的有机质，微量元素和营养元素含量高于全省平均值，紧靠南四湖生态保护区，环境空气质量优良，为发展优质稻米提供了得天独厚的自然条件。鱼台水稻采用微山湖水灌溉，湖水常年清澈，无污染，丰富的矿物质为水稻生长发育提供了有利的物质保障，有利于鱼台大米优质理化特征的形成。

三、文化背景

鱼台县栖霞堌堆文化遗址延续了龙山文化和商周文化的典型特征和发展轨迹。境内西周时为极国封地，春秋为鲁国棠邑，秦置方与、湖陵二县；762 年（唐宝应元年）改称鱼台。鱼台县种植水稻有着悠久的历史。在当地挖掘的汉墓中，曾发现先民种植的稻谷，说明鱼台县至少在汉代就已开始种植水稻。明清时期，鱼台县就有种植水稻列为贡赋的记载。据《鱼台县志·风土》记载，唐虞时期，鱼台县属豫州，"其谷宜稻麦"，"谷之品有黍、稷、麦、菽、稻、粱秫、芝麻"。《鱼台县志·赋役志》又载："又兑军攒运米一千一百石，外加耗二百七十五石"。

四、文化积淀

中国稻文化博大精深。自古代中国人发现并栽培种植稻谷以来，无论从生产技术、生产工具，还是神话传说、宗教、生活方式乃至饮食文化等，都孕育了多种文化成果。

在古代，历朝历代皇帝每年都要祭"社稷"，社的本意是"土神"，稷的本意是"谷神"。而根据《鱼台县志》记载，祭祀文庙普遍用"稻"作为祭祀品，可见稻谷对于鱼台县传统社会的重要影响。

鱼台县虽然地处淮河以北，但人们大多以大米和面食作为主食，在五月瑞午都要以稻米为原料包粽子，春节则炸年糕，给稻米赋予了不同的文化内涵。民间自古便有开门七件事之说："柴、米、油、盐、酱、醋、茶"，足见米作为主食之重要程度。

五、品牌建设

鱼台大米作为鱼台县的著名特产之一，其外观晶莹透明，色泽油亮，米饭清香诱人，软黏适中并富有弹性，适口性好，深受消费者的喜爱。早在20世纪60—70年代，"鱼农"牌老字号"鱼台大米"就曾享誉全国，1985年被农牧渔业部评为优质农产品奖。1986年鱼台县被定为国家优质大米生产基地，鱼台县王鲁镇陈堂大米批发市场被誉为"江北第一米市"。2011年，鱼台县丰谷米业有限公司在王鲁镇陈堂村建立了全县首个有机水稻生产基地，提高了鱼台大米在国内外市场的占有率和竞争力，为已经获得国家地理标志保护产品的鱼台大米产业化发展注入了新的活力。2012年11月9日黄淮粳稻（山东）研发中心落户鱼台，标志着鱼台大米产业必将迎来一个新的发展机遇期。

近年来，鱼台县积极倡导"绿色、有机、营养、健康"的理念，改良水稻品种，优化大米品质，推行标准化生产，大力开展中低产田改造、测土配方施肥、水稻高产创建等重大工程项目，积极推广水稻育插秧机械化，水稻综合生产能力大幅度提高。同时，深入实施"无公害绿色食品行动计划"，严格实行食品质量安全市场准入制度，开展生产许可证申报和复查，强化对大米产品质量的监管，建立了"从农田到餐桌"的产品质量追溯体系。

鱼台县按照"公司+基地+农户"的发展模式，通过市场引导、企业带动、政策支持等措施，培育出一批以优质稻米加工为主的龙头加工企业，农业产业化规模不断扩大。截至目前，鱼台大米已有"美晶""郭老三""世民""丰谷""珍珠"等70余个注册商标，其中"美晶"牌鱼台大米2003年获得中国粮食行业协会"放心米"称号，2005年获得国家绿色食品证书，2006年被评为山东名牌产品。稻米加工企业的日益壮大，有力地带动了全县稻米产业化发展，促进了农民增收。2017年以来，鱼台县委县政府高度重视鱼台稻米品牌的打造和提升，连年举办国家级高端稻米论坛，有力推动了鱼台稻米和稻米综合产业的飞速发展。

第十二章　国内外传统米制品案例

第一节　日本寿司

寿司是日本饮食文化中最享誉世界的美食之一，它不仅拥有千年的古老历史，而且也越来越受世界各地人们的喜爱。一谈起寿司，人们的第一反应是来自日本的料理，其实据历史记载，1 800多年前（即东汉末年），寿司已在中国流传，至公元700年寿司开始传入日本。当时是一些商旅，用醋腌制饭团，再加上海产品或肉类，压成一小块，作为沿途的食粮，后来广泛地流传日本。一个小饭团顶着一层配料，看似简单，却包含了专业厨师的精细技巧。最著名的寿司种类是握寿司，白饭被捏成小团，然后将海鲜铺在上面，每个握寿司的尺寸都小巧得让人能够一口吃下，浸过醋的米饭和新鲜的鱼肉在味蕾上结合，碰撞出美妙的味道。五颜六色的寿司不仅外形漂亮，味道也极鲜美，是美食与艺术的完美结合。

一、日本寿司的历史起源

在江户时代的延宝年间（1673—1680年），京都的医生松本善甫把各种海鲜用醋泡上一夜，然后和米饭攥在一起吃。可以说这是当时对食物保鲜的一种新的尝试。在那之后经过了150年，住在江户城的一位名叫华屋与兵卫的人于文政六年（1823年）简化了寿司的做法和吃法，把米饭和用醋泡过的海鲜攥在一起，把它命名为"与兵卫寿司"，公开出售。这就是攥寿司的原型，这种说法早已成为了定论。

二、日本寿司的种类

寿司种类丰富多样，其种类可按外形、制作方法和地方特色三种方法划分。

（1）按外形主要分为四类：手握寿司、什锦寿司、手押寿司和寿司卷。在大阪还有一种箱押寿司，寿司被放入木盒中压制而成。另外还有散状的散寿司、压成方形的压寿司、以完整小鱼或虾制成的姿寿司、模仿粽子形状制成的粽寿司，以及常见的豆皮寿司等。

（2）按其制作方法的不同，主要可分为生寿司、熟寿司、压寿司、握寿司、散寿司、棒寿司、卷寿司、鲫鱼寿司等。

（3）按地域分布可分为三类：粥鮨、下鮨、酒鮨。

三、日本寿司文化的发展历程

日本料理之所以逐渐在世界各地蔚然成风，受到越来越多人的喜爱，在这其中，日本寿司发展历史的影响至关重要。传统的寿司以生鱼、米饭和精盐为原料，经过长达几个月的腌渍和发酵制成的。用这种方法制作的寿司，原料中会产生大量的乳酸菌，给成品添加一种特殊的酸味，而且这些乳酸菌本身亦有防腐作用。随着社会的飞速发展，至今这种用传统方法制作的寿司已不多见。目前大多日本寿司均采用酱汤拌米饭的方法来加工其主料，而且由于米饭中一般要加入四种以上的调料，故寿司又有"四喜饭"之称。但不管是传统的还是现代的寿司店，酱汤饭和生鱼的组合仍然是寿司制作当中创意最多的部分。寿司所含热量低、脂肪低、味道新鲜、有机食材，这种多彩的、精致的食物是当今健康、营养的食品之一。

四、日本寿司便利化经营

（一）便利化经营

便利店主要位于居民区附近，以即时性消费经营为主。总体上来说，便利店带来了第二波的消费革命。它作为一种零售业，既能克服大型商店的购物不便利性，又有着大型商店在发展过程中为便利店提供的销售方式和经营管理技术的基础。具体来说，便利店与大型商店的不同之处表现在其便利性，越来越多的便利店开始重视服务的提供，并努力为顾客提供多层次的日常生活服务。

（二）日本寿司便利化经营的发展潜力巨大

近年来，由于大型日本料理店铺的数量不断增加，中小型固定寿司店铺由于寿司品种单一以及经营项目、经营理念的落后，加上经营成本居高不下，导致生存空间越来越小，从而引发了日本寿司行业的变革，产生了越来越多的流动性较强的寿司便利化经营模式。未来随着生活节奏的不断加快，日本寿司行业的发展将表现出两种形态：一是大型的、高级的日本料理寿司专卖店；二是方便快捷的日本寿司流动性、便利化经营的行业发展趋势。但是，由于我国国内对于流动性便利化经营模式的研究起步较晚，且对其经营模式的重视程度不足，因此，目前在日本寿司便利化经营模式业态尚没有很突出的企业，而大部分企业都在边做边摸索的状态，也导致业态的发展缓慢。

第二节　云南过桥米线

过桥米线是云南滇南地区特有的小吃，属滇菜系，已有一百多年历史，起源于蒙自地区，50 多年前传至昆明。过桥米线由四部分组成：一是汤料，覆盖有一层滚油。二是佐料，有油辣子、味精、胡椒、盐。三是主料和辅料，主料有生的猪里脊肉片、鸡脯肉片、乌鱼片，以及用水过五成熟的猪腰片、肚头片、水发鱿鱼片；辅料有煮过的豌豆尖、韭菜，以及芫荽、葱丝、草芽丝、姜丝、玉兰片、氽过的豆腐皮。四是主食，即用水略烫过的米线。鹅油封面，汤汁滚烫，但不冒热气。自 2019 年 4 月 1 日起至 9 月 30 日止，云南省各级市场监管部门将按照分类监管要求对辖区内已取得

《食品经营许可证》的过桥米线餐饮服务经营者进行规范、整改。自 2019 年 10 月 1 日起，对全省过桥米线餐饮服务经营活动全面实施分类监管。

一、过桥米线分类

云南米线可分两大类，一类是大米经过发酵后磨粉制成的，俗称"酸浆米线"工艺复杂，生产周期长。特点：米线筋骨好，有大米的清香味，是传统的制作方法。另一类是大米磨粉后直接放到机器中挤压成型，靠摩擦的热度使大米糊化成型，称为"干浆米线"。干浆米线晒干后即为"干米线"，方便携带和贮藏。食用时，再蒸煮涨发。干浆米线筋骨硬，咬口，线长，但缺乏大米的清香味！

过桥米线由汤、片、米线和佐料四部分组成。吃时用大瓷碗一只，先放熟鸡油、味精、胡椒面，然后将鸡、鸭、排骨、猪筒子骨等熬出的汤舀入碗内端上桌备用。此时滚汤被厚厚的一层油盖住不冒气，但食客千万不可先喝汤，以免烫伤。要先把鸽蛋磕入碗内，接着把生鱼片、生肉片、鸡肉、猪肝、腰花、鱿鱼、海参、肚片等生的肉食依次放入，并用筷子轻轻拨动，好让生肉烫熟。然后放入香料、叉烧等熟肉，再加入豌豆类、嫩韭菜、菠菜、豆腐皮、米线，最后加入酱油、辣子油。吃起来味道特别浓郁鲜美，营养非常丰富，常常令中外食客赞不绝口。过桥米线集中地体现了滇菜丰盛的原料，精湛的技术和特殊的吃法，在国内外享有盛名。

米线鲜嫩可口，别有风味。人们常说到云南不吃过桥米线等于白去一趟。过桥米线就是在煨好的鸡汤中加入米线和其他食品的一种独特的吃法。初去云南吃此小吃的人如不向别人请教会闹出笑话：鸡汤是滚烫的，由于表面有一层鸡油，一点热气也没有，初食者往往误认为汤并不烫，直接用嘴去喝，这样很容易烫伤嘴皮。因此，千万不能用嘴直接去喝鸡汤。在食用时应先食鹌鹑蛋，再食生片，趁汤是最高温的时候将生片烫熟。有人不知其中奥妙，先烫蔬菜和米线，等到后来，汤的温度下降，不可生食的食物也烫不熟了。过桥米线是严格进行分食的，每人面前生片、鸡汤、蔬菜、米线各一碗。这样既卫生，又不至浪费。过桥米线在各类风味小吃中滋味独特，品格高雅，可谓是各路传统小吃之首。有人说"过桥米线"是中式西餐，值得大大提倡。米线营养丰富，食用简便，深受国内外人士的欢迎。

二、过桥米线起源

（一）过桥米线传说一

过桥米线已有一百多年的历史。相传，清朝时滇南蒙自市城外有一湖心小岛，一个秀才到岛上读书，秀才贤惠勤劳的娘子常常做他爱吃的米线送去给他当饭，但等出门到了岛上时，米线已不热了。后来一次偶然送鸡汤的时候，秀才娘子发现鸡汤上覆盖着厚厚的那层鸡油有如锅盖一样，可以让汤保持温度，如果把佐料和米线等吃时再放，还能更加爽口。于是她先把肥鸡、筒子骨等熟好清汤，上覆厚厚鸡油；米线在家烫好，配料切得薄薄的到岛上后用滚油烫熟，之后加入米线，鲜香滑爽。此法一经传开，人们纷纷效仿，因为到岛上要过一座桥，也为纪念这位贤妻，后世就把它称做"过桥米线"。

（二）过桥米线传说二

还有一种说法是：传说蒙自城的南湖旧时风景优美，常有文墨客攻书读诗于此。有位杨秀才，经常去湖心亭内攻读，其妻每饭菜送往该处。秀才读书刻苦，往往学而忘食，以至常食冷饭凉菜，身体日渐不支。其妻焦虑心疼，思忖之余把家中母鸡杀了，用砂锅炖熟，给他送去。待她再去收碗筷时，看见送去的食物原封未动，丈夫仍如痴如呆在一旁看书。只好将饭菜取回重热，当她拿砂锅时却发现还烫乎乎的，揭开盖子，原来汤表面覆盖着一层鸡油，加之陶土器皿传热不佳，把热量封存在汤内。以后其妻就用此法保温，另将一些米线、蔬菜、肉片放在热鸡汤中烫熟，趁热给丈夫食用。后来不少都效仿她的这种创新烹制，烹调出来的米线确实鲜美可口，由于杨秀才从家到湖心亭要经过一座小桥，大家就把这种吃法称之"过桥米线"。

经过历代滇味厨师改进创新，"过桥米线"成为滇南的一道著名小吃。

（三）过桥米线传说三

当年秀才攻读，其妻子为避免其丈夫食用时过凉，就将汤内倒入热油以保温，其丈夫使用时汤面仍然很热，需用小碗冷食。就将砂锅内的米线用筷子重置于碗中，米线将两碗架作一桥，有妻子送米线过桥之意，故称过桥米线。

（四）过桥米线传说四

清代道光年间云南省建水县进士出身的李景椿（曾任山西省稷山县知县）所创。

（五）过桥米线传说五

传说有一书生，喜欢游玩，不愿下工夫读书。他有一个美丽的妻子和一个年幼的儿子。夫妇之间，感情很深。但妻子对书生喜游乐、厌读书深感忧虑。对书生道："你终日游乐，不思上进，不想为妻儿争气吗？"闻妻言，生深感羞愧，就在南湖筑一书斋，独居苦读，妻子也与生分忧，逐日三餐均送到书斋晌生。书生学业大进，但也日渐瘦弱。妻子看在眼里，很心疼，思进补之。宰鸡煨汤，切肉片，备米线，准备给书生送早餐。儿子年幼，戏将肉片置汤中，生妻怒斥儿子的恶作剧，速将肉片捞起，视之，已熟，尝之，味香，大喜。即携罐提篮，送往书斋。因操劳过度，晕倒在南湖桥上，生闻讯赶来，见妻已醒，汤和米线均完好，汤面为浮油所罩，无一丝热气，疑汤已凉，以手掌揿汤罐，灼热烫手，大感奇怪，详问妻制作始末，妻一一详道。良久，书生说道，此膳可称为过桥米线。书生在妻子的精心照料下，考取了举人，这事被当地群众传为佳话，从此，过桥米线名声不胫而走。

三、食疗价值

米线含有丰富的碳水化合物、维生素、矿物质及酵素等，具有熟透迅速、均匀，耐煮不烂，爽口滑嫩，煮后汤水不浊，易于消化的特点，特别适合火锅和休闲快餐食用。

四、文化遗产

2008 年 5 月 9 日由昆明市政协常务副主席张建伟接待来访的文史委员及文史专家，论题集中在昆明市建城千年以来非物质文化遗产的传承与保护上，从接待现场获悉，过桥米线已经列入昆明市重要的非物质文化遗产，这是昆明市首个列入非物质文化遗产的经济类项目。2019 年，为切实落实云南省市场监督管理局《关于开展"过桥米线放心消费"专项行动方案》及《关于进一步规范过桥米线经营活动的通知》，管理好、服务好、宣传好过桥米线这张"云南名片"，在云南省市场监督管理局的支持和指导下，由云南省餐饮与美食行业协会起草了《云南过桥米线》团体标准。协会组织业内专家起草标准并召开了十余次工作对接会，经过反复论证、实践制作、产品定型、口感品鉴、测量测试等多个环节，经过30 余次修改，历时半年的精心打磨，才将标准起草修改完毕，足以看出协会对此项任务的高度重视。本标准与一般的餐饮标准不同，在文中特别增加了食品安全与食用安全的相关内容，并与《餐饮服务食品安全操作规范》相衔接，且融入了食品安全监管部门对经营过桥米线的核心要求，既有利于加大云南绿色食品的推介力度，也有利于指导过桥米线经营企业建立食品安全的自律机制，更有利于为过桥米线的消费群体建立放心、安全的消费保障，从而进一步提高"云南过桥米线"金字招牌的含金量。为广大主营和兼营过桥米线的省内外企业甚至是国内外企业提供制作依据，为消费者提供安全保障。

第三节　湖北孝感米酒

孝感米酒是湖北省孝感市传统的风味小吃，具有千年历史的地方名吃，其风味由四大要素构成：传统药草蜂窝酒曲、优质的朱湖农场珍珠糯米、城隍潭地下水和特殊的加工工艺。2001 年 7 月 21 日，孝感米酒经国家商标局核准，成为湖北省首个以地理标志注册的证明商标。2012 年被国家商务部认定为"中华老字号"。孝感市麻糖米酒行业协会年产值 10 亿多元，有成规模性会员单位 30 余家。具有代表性的有"神霖""楚特""生龙""宏源"等会员企业，有力地带动了当地的经济发展，成为孝感市的特色产业。

一、产品特点

孝感米酒是以优质糯米为原料，用孝感特制的酒曲——蜂窝酒曲做发酵剂，经糖化发酵制成的。成熟的原汁米酒，米散汤清，颜色玉白，蜜香浓郁，入口甜美。孝感米酒含有多种维生素、葡萄糖、氨基酸等营养成分，饮后能开胃提神，并有活气养血、滋阴补肾的功能，是老幼均宜的营养佳品。

二、产地环境

原料糯米产区平原湖区土壤类型为水稻土，质地为中壤至重壤，耕作层平均厚度 18 厘米，pH 值 5.5~6.5，土壤有机质含量为 30~55 克/千克，碱解氮 160~210 毫克/千克，有效磷 18~24.5 毫克/千克，速效钾 150~190 毫克/千克，有效锌 1.5~2.0 毫克/千克，有效硼 0.9~1.2 毫克/千克。糯稻产区排灌方便，水质洁净。产区内无其他水稻品种栽植，产区周边隔离屏障好。

孝南朱湖雨量充沛，雨热同季，独特的地理环境与小气候造就了朱湖糯米的独特品质，成为孝感米酒的主要原料。朱湖牌糯米以外观晶莹剔透、米形匀称，富含硒、锌、铁等微量元素而先后两度被认证为国家绿色食品。

三、历史渊源

清光绪八年《孝感县志》记载："米酒成于孝，始于宋，后多效之，而孝感独著。"神霖米酒白如玉液，清香袭人，香甜爽口，浓而不黏、稀而不流，食后生津暖胃、回味深长。久有"闻香下车吃米酒，滋醇香甜真可口，但凡过往孝感人，不尝米酒虚一游"之说。1958 年，毛泽东主席视察孝感时，品尝了孝感米酒，称赞"味好酒美"，从此孝感米酒闻名全国，走向大众消费。孝感米酒有孝感、孝雪、神霖等知名品牌，神霖名气最大。"神霖牌"米酒继承和发扬了这一民族传统产品的特色，根据当地的自然条件（水质、土壤、植物群、温度、湿度、风力等）和米酒酿制的基本原理，研究出了一套顺应这里的自然条件而又有别于其他米酒生产的真空包装，一改千年无法储存保鲜之遗憾。"神霖牌"孝感米酒的问世，是孝感麻糖米酒人智慧的结晶，是孝感麻糖米酒人辛勤劳动的成果。

四、品牌建设

2012 年，孝感建成我国第一家米酒博物馆，占地 3 000 平方米，由孝文化展厅、麻糖展厅、米酒展厅三部分组成，馆藏有中华二十四孝图、董永与七仙女雕塑、孝感古八景图及麻糖米酒制作场景人物雕塑、手工作坊用具实物等，以展示孝感米酒的历史。

第四节　浙江嘉兴粽子

嘉兴粽子是浙江嘉兴特色传统名点。以糯而不糊，肥而不腻，香糯可口，咸甜适中而著称。尤以鲜肉粽最为出名，被誉为"粽子之王"。嘉兴粽子因其滋味鲜美，携带、食用方便而备受广大旅游者厚爱，有"东方快餐"之称。

一、地理环境

嘉兴是五芳斋粽子的发源地。地处中国东南沿海、长江三角洲中心的嘉兴，东接上海，北邻苏州，西连杭州，南濒杭州湾，素有"鱼米之乡，丝绸之府"的美誉。嘉兴地处亚热带湿润区，四季分明，水热同期，光热同季，适于种植多种农作物。境内土地平衍，土质肥沃，降水充沛，河网稠密，有利于农业生产，是浙江粮、油、畜、茧、鱼的重要产区。

汉唐以来，嘉兴发展成为中国历史上最主要的稻作区，被誉为"天下粮仓"。唐·李翰的《嘉兴屯田纪绩颂》中云："嘉禾一穰，江淮为之康；嘉禾一歉，江淮为之俭。"清嘉兴府知府许瑶光重辑《嘉兴府志》卷三十三《物产》中提到：19世纪中叶时，嘉兴府地区所产的糯米品种就有诸如白壳、乌簑、鸡脚、虾须、蟹爪、香糯、陈糯、芦花糯、羊脂糯等三十几个品种。嘉兴粽子"五芳斋"制作的主原料为糯米，来自五芳斋专用粮食基地，糯稻品种由嘉兴市农业科学研究院负责研制，经过不断优化改进，目前采用的品种外观饱满晶莹，糯性优良，产量高且稳定。用该品种生产的嘉兴粽子"五芳斋"米粒富有韧性，糯而不黏，入口清香，保留了粽子特有的传统口味。

嘉兴除了是全国闻名的商品粮基地外，历史上还是重要的商品猪生产基地。唐代以前，嘉兴已经开始养猪。宋代，家庭养猪已初具规模。至清代，嘉兴农户养猪已经非常普遍。"农民不养猪，好比秀才不读书"成为俗谚。嘉兴黑猪是国内外专家公认的优良品种，嘉兴猪肉肉质细嫩，精肥适中，味道鲜美，十分适宜于食品加工。历史上，猪肉是嘉兴粽子"五芳斋"的主馅料，占裹粽原材料的24.3%。五芳斋鲜肉粽以"精肉鲜润不塞牙，肥肉油酥而不腻"为特色，成为最受市场欢迎的招牌品种，这是与嘉兴当地猪肉的品质紧密相连的。此外，嘉兴的肉鸡和鲜蛋产量和质量也很高，这些丰富优质的农副产品原料，为发展各类花色粽创造了十分有利的条件，这也是后来形成五芳斋粽子独特品质的一个重要因素。

二、文化背景

粽子是中国历史上迄今为止文化积淀最深厚的食品之一。一万多年前，我们的祖先用植物叶子包裹食物原料通过"石烹法"煨煮而熟，这就是粽子的雏形。到了夏商周时，人们用植物叶子包裹黍米呈牛角状替代黄牛作为祭品，最早的粽子——"角黍"应运而生。经过漫长的历史演变，粽子的品种逐渐丰富，制作技艺也日益成熟，成为江南民众日常生活中不可分割的一部分，造就了中国传统点心文化中的一朵奇葩。

作为一种民俗食品，粽子在嘉兴一带流播的历史可以追溯到明代。据明代万历年间的《秀水县志》记载，端午嘉兴民间就有"贴符悬艾叶啖角黍饮蒲黄酒"的习俗，并一直延续至今。明代崇祯《嘉兴县志》记载："五日为端阳节，祀先收药草，食角黍（午日用菰叶裹黏米，谓之角黍收阴阳包裹之义）"。清朝末期，嘉兴一带城乡每逢过年、过清明节、过端午节，几乎是家家户户都要包粽子。不仅自己家人作为节令食品，而且还作为礼品馈赠亲友，甚至成为老百姓日常食用的点心食品。在许多城镇都出现了专售粽子的店铺，如"南门大粽子"。

在嘉兴，每临端午前后，各家各户历来有裹端午粽、吃端午粽的习俗，千百年来盛行不衰。民间还流传着许多有关端午吃粽子的谚语，如"端午不吃粽，老了没人送""未吃端午粽，寒衣不可送""吃过端午粽，还要冻三冻"等。至今，嘉兴老百姓除了端午、清明（祭祖）吃粽子外，还有在春节吃粽子，以示"有始有粽（终）"。在嘉兴很多地方还有将粽子馈赠亲邻、朋友的习惯。比如，在王江泾等地一带还流传着造新房搬家送粽子的习俗，寓意喜庆平安。在嘉兴农村一带，还有将粽子作为新婚喜礼，以讨好彩头的习俗：一是新娘子回门将粽子带回娘家，同时又将娘家粽子回赠给婆家，讨个早生贵子的好彩头；二是当年办喜事的家庭于冬日里向亲朋好友赠送双数粽子。海宁斜桥镇等地还流传着送"蚕讯粽"的习俗。嘉善丁栅镇还有端午吃篙秧粽的习俗，即以篙秧替代粽箬裹粽子（篙秧是长在湖塘里篙草的叶子）。端午节到时，天气变炎热，篙秧长得十分茂盛，采下新鲜的篙秧作为粽子的外壳，选用糯米放于豆壳灰的水中浸后，放入去皮的蚕豆，裹成三角形的粽。据说这种粽子色泽碧绿，能清凉解毒，吃后夏天不生痱子。

民国初年的粽子担、粽子桶是嘉兴特有的一种售卖粽子的方式。粽子担的一头是一个木柜，下面置放硬灶，灶上放铁锅，粽子放在锅内煮；另一头是一个有多层抽屉的木橱柜，抽屉内放碗、筷、碟等餐具；另配置一块长方形木板，两端可搭在两个木柜之上，组合成一个简易的餐台，以方便粽子售卖。当时，边走边煮边卖的粽子担成为禾城一道流动的风景线。嘉兴粽子龙头企业五芳斋粽子店创立以后，流动的粽子担就转变为前店后坊的经营方式。店堂里主要使用铁锅、木制塘锅、竹篮、竹淘箩、木盆、木桶、瓷盆、草箅、土灶等器具设备。

三、文化积淀

嘉兴粽子在选料、制作、口味及形状上独具风格。随着"五芳斋"粽子的产生，更是将裹粽、吃粽的风俗推到了鼎盛时期。五芳斋粽子博采各地粽子之长，首先在外形上进行了创新，形成了别致美观的四角粽。在口味上，既保留了早期的鲜肉粽、豆沙粽、蛋黄粽、栗子粽、火腿粽、鸡肉粽等主要经典品种，又新研发了红烧排骨粽、鲍汁牛柳粽、干贝鲜肉粽、巧克力粽等近百个品种。

五芳斋粽子制作技艺流传于浙江省嘉兴市，是中国传统食品制作技艺的杰出代表，嘉兴是马家浜文化的发源地，在七千年稻作文化和吴越文化的熏陶下，经过世代传承，五芳斋粽子的制作技艺很好地保存了江南传统点心文化的精髓，并一直延续至今。五芳斋粽子制作属传统手工技艺，特别是其最具代表性的鲜肉粽，共分为36道工序，制作技艺堪称一绝。

千百年来，历代名人留下了许多关于粽子的诗词歌赋。唐李隆基在《端午三殿宴群臣探得神字》说："四时花竞巧，九子粽争新"。南宋大诗人陆游在《乙卯重五诗》中写道："重五山村好，榴花忽已繁。粽包分两髻，艾束著危冠。旧俗方储药，羸躯亦点丹。日斜吾事毕，一笑向杯盘。"

在近百年历史进程中，老字号五芳斋也留下了很多与之相关的文化、艺术作品，比如：丰子恺的漫画《买粽子》，就描述了20世纪初，当时住在楼上的人家，听到沿街叫卖五芳斋的粽子，用系着绳子的竹篮从窗口放下来买粽子的情景。

当代作家沈宏非的《路边的粽子你要"踩"》中写到对五芳斋粽子的评价"嘉兴粽子里的老大，首推'五芳斋'，……五芳斋在包粽子和卖粽子两方面都相当牛，不仅在各地的超市以及公路、铁路沿线大卖特卖，还出口到全世界五大洲。当然，五芳斋最狠的一招，是把粽子卖成一种一年四季都可以吃的东西，更不是端午节的专利。全中国卖月饼的，心里指不定有多馋呢"。《中华老字号》2006年第三期特别策划的《盛世江南百年五芳》，对五芳斋这张城市名片进行了探索研究。

四、品牌建设

民国初年，浙江商人张锦泉在嘉兴北大街孩儿桥堍设摊卖粽子，因粽子外形和口味独特而深受欢迎。1921年，张锦泉在城区张家弄口开了首家"五芳斋"粽子店，并凭借着精湛的制作技艺逐渐驰名江南，被誉为"粽子大王"。在经历了艰难的战争年代和"文革"时期之后，改革开放使五芳斋粽子产业得到了迅速发展。

1998年，浙江五芳斋实业股份有限公司组建，现已发展成为一家集研发、采购、生产、物流、销售、餐饮服务为一体的食品企业。五芳斋的品牌影响力也随着市场的拓展而不断提升，先后获得"中华老字号""中国驰名商标""国家地理标志注册""中国名点"等殊荣。2009 年，五芳斋粽子的传统制作技艺被列入浙江省第二批非物质文化遗产名录。2011 年，五芳斋粽子的传统制作技艺被列入第三批国家级非物质文化遗产名录。

2005 年迄今，五芳斋承办或参与了十届"中国粽子文化节"，与全国粽子企业一起交流、传播粽子文化，弘扬中国传统文化。2005 年独家承办首届中国粽子文化节，2010 年独家冠名赞助澳门中国粽子文化节。2010 年上海世博会，五芳斋粽子作为浙江名点的代表在世博会园区开设了两家门店，还在中国地区馆举行了盛大的端午文化日活动，在现场展示了五芳斋粽子制作技艺，并邀请各国来宾参加裹粽比赛，吸引了五湖四海的宾客热情参与。2011 年开始，五芳斋与全国妇联合作，在全国范围开展"分享幸福的味道"大型公益活动。端午节当天活动网站浏览量达到 3 078 万人次，有 1 600 万人参与了网络裹粽活动，还开展了"五城幸福粽爱心大传递"活动。该次活动，借助于官方参与、媒体介入、网络互动传播的创新尝试，在全国范围内扩大知名度和品牌美誉度方面效果显著。

2005 年，五芳斋专门投入 300 万元，在五芳斋产业园建设粽子精品展览区、表演区、粽艺长廊区、文化坊等，供人们参观、学习粽子制作工艺。2006 年，五芳斋产业园被列入国家级工业旅游示范点。近几年，除了每年接待上万名国内游客外，还接待了很多国外的代表团，如 25 国外国使节访问团、俄罗斯专家访问团、日本大学生访问团、澳大利亚班布里市访问团、日本富士市民访问团等国际友人参观了五芳斋产业园，感受了浓郁的中国文化。

粽子是中国历史上文化积淀最深厚的传统食品，它既有远古的诗意，又有现代的情感，更兼以全民族的纪念意义。"五芳斋"是具有深厚历史和文化底蕴的"百年老字号"，是嘉兴的一张城市名片。老字号文化和粽子文化的完美结合，散发着独特的魅力。数十年来，五芳斋粽子正是作为一种中国民族文化的载体，担任着"对外交流的使者"，向全国乃至世界弘扬中国传统文化。已获得嘉兴粽子地理标志保护产品专用标志使用资格的品牌是五芳斋牌。

第五节　腊八粥

腊八粥，又称"七宝五味粥""佛粥""大家饭"等，是一种由多样食材熬制而成的粥。"喝腊八粥"是腊八节的习俗，腊八粥的传统食材包括大米、小米、玉米、薏米、红枣、莲子、花生、桂圆和各种豆类（如红豆、绿豆、黄豆、黑豆、芸豆等）。

腊八节喝腊八粥的习俗来源于佛教。农历十二月初八这天是佛祖释迦牟尼成道之日，古印度人为了不忘佛祖成道以前所受的苦难，也为了纪念佛祖在十二月初八悟道成佛，便在这天以吃杂拌粥作为纪念。自从佛教传入中国，各寺院都用香谷和果实做成粥来赠送给门徒和善男信女们。到了宋代，民间逐渐形成在"腊八"当天熬粥和喝粥的习俗，并延续至今。

一、历史由来

腊八这一天喝腊八粥这一习俗的来历，是和佛陀成佛的故事有关的。因此清代苏州文人李福曾有诗云："腊月八日粥，传自梵王国，七宝美调和，五味香掺入。"自从佛教传入中国，各寺院都用香谷和果实做成粥来赠送给门徒和善男信女们。腊八这天，各寺院举行法会，效法佛陀成道前牧女献乳糜的典故，用香谷和果实等煮粥供佛，名为腊八粥。也有的寺院于腊月初八以前由僧人持钵，沿街化缘，将收集的米、栗、枣、果仁等煮成腊八粥散发给穷人。大家认为吃了可以得佛陀保佑，所以贫穷人家称它"佛粥"。一般，寺院的佛粥既美味且量多，以满足来寺院参加纪念法会的信众需要。有些信众专门奔"粥"而来，认为腊八供养佛陀的粥吉祥，不仅自己食用，还带回家供家人享用。年复一年，寺院做腊八粥的传统便广泛传播到民间，由此在我国北方地区逐渐形成了过"腊八节"的风俗。

腊八这天民间百姓要喝"腊八粥"的习俗，文字记载是从宋代开始的。徐珂《清稗类钞》即云："腊八粥始于宋，十二月初八日，东京诸大寺以七宝五味和糯米而熬成粥，相沿至今，人家亦仿行之。"南宋吴自牧《梦粱录》载："此月八日，寺院谓之腊八。大刹等寺，俱设五味粥，名曰腊八粥。"关于"腊八粥"的做法，宋末周密在《武林旧事》中载："用胡桃、松子、乳蕈、柿栗之类作粥"，清代人富察敦崇在《燕京岁时记》中记载清代的做法则更为复杂："腊八粥者，用黄米、白米、江米、小米、菱角米、栗子、红江豆、去皮枣泥等，合水煮熟，外用染红桃仁、杏仁、瓜子、花生、榛瓤、松子及白糖、红糖、琐琐葡萄，以作点染。"从清代开始，每年的腊八节，北京的雍和宫都要举行盛大的腊八仪式，由王公大臣亲自监督进行。《燕京岁时记》载："雍和宫喇嘛于初八日夜内熬粥供佛，特派大臣监视，以昭诚敬。其粥锅之大，可容数石米。"清人夏仁虎《腊八》一诗就是描述这一盛况的：腊八家家煮粥多，大臣特派到雍和。圣慈亦是当今佛，进奉熬成第二锅。

二、制作方法

做法一

【原料】圆糯米 150 克，绿豆 30 克，红豆 30 克，腰果 30 克，花生 30 克，桂圆 30 克，大红枣 30 克，陈皮 1 片。

【调料】冰糖 50 克。

【制作方法】

（1）先将所有材料洗净用水泡软，备用。

（2）粥锅内注入适量清水，将准备好的食材一同加入，大火煮开，煮开后转中火煮约 30 分钟。

（3）加入冰糖调味，即可食用。

【特点】甜爽可口，营养丰富。

【厨师一点通】此粥凉食、热食均可。

做法二

【原料】大米 50 克，黄小米 50 克，黏黄米 50 克，糯米 50 克，秫米（黏高粱米）50 克，红小豆 100 克，莲子 100 克，桂圆 100 克，花生米 100 克，栗子 100 克，小红枣 100 克，白糖适量。

【制作方法】

（1）先将莲子去衣去心放入碗中加热水浸没，再放入蒸笼，用旺火蒸约 1 小时，蒸熟取出备用。

（2）将桂圆去掉皮、核，只要肉；将栗子剥掉壳及衣。

（3）锅内放入适量的水，然后把秫米、红小豆、花生米、小红枣洗干净倒入锅内煮，待煮成半熟时，再将大米、黄小米、黏黄米、糯米洗干净倒入锅内一起煮，待锅开后，再用微火煮。将粥煮熬到七八成熟时，把蒸熟的莲子倒入粥内搅拌均匀，开锅后再煮一会移下火来，盛入清洁消毒的锅内，撒上白糖。

如今超市里有配好了的腊八粥原料，但您也可根据自己的饮食习惯以及身体状况选择腊八粥的配料，熬出的腊八粥会独具特色。

第六节　浙江宁波汤圆

汤圆是浙江宁波著名的汉族小吃之一，也是中国的代表小吃之一，春节、元宵节节日食俗，历史十分悠久。据传，汤圆起源于宋朝。当时明州（现浙江宁波市）兴起吃一种新奇食品，即用黑芝麻、猪脂肪油、少许白砂糖做馅，外面用糯米粉搓成球，煮熟后，吃起来香甜可口，饶有风趣。因为这种糯米球煮在锅里又浮又沉，所以它最早叫"浮元子"，后来有的地区把"浮元子"改称元宵。与大多数中国人不同，宁波人在春节早晨都有合家聚坐共进汤圆的传统习俗。

一、产品特点

宁波汤圆以精白水磨糯米粉为皮，用猪油、白糖、黑芝麻粉为馅，汤圆皮薄而滑，白如羊脂，油光发亮，滑润味美。

二、历史渊源

相传八仙之一的吕洞宾曾在阳春三月，化为一位卖汤圆的老翁于西湖边叫卖。这时许仙恰巧走过便要了一碗，一不小心，一个汤圆滚落西湖，被白蛇吞了。于是白蛇成仙，化而为人，与许仙结为夫妇。另一种传说，1912年袁世凯篡夺革命成果，做了大总统，他一心想当皇帝，又怕人民反对，一天到晚提心吊胆的。因为"元"和"袁"、"宵"与"消"是同音的，"袁消"有"袁世凯被消灭"之嫌，于是在1913年元宵节前，袁世凯就下令把元宵改为汤圆。这便是传说中汤圆名称的来历。

"元宵节，吃汤圆"，这在宁波，可以说已经成了一种乡俗。一碗小小的汤圆，不仅寓意着团圆与美满，更能让那些远在他乡的游子，时刻怀念起家乡的味道。

宁波是不是汤圆的发源地，尚未有定论，可"宁波汤圆"却早已蜚声海内外。在宁波最著名的老字号汤圆店——"缸鸭狗"，创始人的孙子江建敏向我们讲起了宁波汤圆的历史。

一颗小小的汤圆，竟然已经传承了700多年。据考证，宁波猪油黑芝麻汤圆始于宋元时期。当时，南宋孝宗皇帝的大臣周必大就曾在诗作《元宵煮浮圆子诗》中赞道："今夕是何夕？团圆事事同。汤官寻旧味，灶婢诧新功。星灿乌云里，珠浮浊水中。岁时编杂咏，附此说家风。"其中的"浮圆子"，指的就是宁波汤圆。

可真正让宁波汤圆闻名于世，还要数"缸鸭狗"。江建敏指着招牌上的"一口缸，一只鸭，一条狗"告诉我们，1931年，宁波水手江定法厌倦了漂泊生活，回老家开起了汤圆店。因为他的小名叫阿狗，于是就取了姓名的宁波话谐音"缸鸭狗"作为招牌，一家"老字号"从此诞生。"三更四更半夜头，要吃汤团'缸鸭狗'。一碗下肚勿肯走，二碗三碗发瘾头。一摸袋袋钱勿够，脱落布衫当押头。"这首宁波人相传已久的顺口溜，说的是顾客竞相购食"缸鸭狗"汤圆的情景。宁波汤圆之所以传承至今，其魅力在于它散发出的家乡味道。"缸鸭狗"的宁波汤圆对于原料十分讲究。外皮选择产自奉化的糯米，吃起来更糯更爽滑。馅料则挑选来自萧山的芝麻和仙居的猪板油，能让汤圆更香。

三、制作方法

宁波汤圆以精白水磨糯米粉为皮，用猪油、白糖、黑芝麻粉为馅，汤圆皮薄而滑，白如羊脂，油光发亮，糯而不黏。

做法有点儿像包饺子。先把糯米粉加水和成团，放置几小时让它"醒"透。然后把做馅的各种原料拌匀放在大碗里备用。汤圆馅含水量比元宵多。包汤圆的过程也像饺子，但不用擀面杖。湿糯米粉黏性极强，只好用手揪一小团湿面，挤压成圆片形状。用筷子（或薄竹片状的工具）挑一团馅放在糯米片上，再用双手边转边收口做成汤圆。做得好的汤团表面光滑发亮，有的还留一个尖儿，像桃形。汤圆表皮已含有足够的水分，很黏，不易保存，最好现做现下了吃。现在有了速冻工艺，汤圆才出现在商店里。刚出锅的宁波汤圆，洁白莹润如羊脂白玉，咬上一口外皮软糯可口，香甜的感觉刺激味蕾，令人久久回味。

如今，随着速冻面米食品市场发展，宁波汤圆的生产工艺不断改良，在猪油黑芝麻汤圆的传统口味基础上，还发展出核桃口味、水果口味、肉类口味等多种花色汤圆。可无论怎样变化，汤圆所蕴藏的家乡味道却变得更香、更浓，令人难以割舍。

参考文献

薄灰, 2019. 汉竹·健康爱家系列 暖胃好粥 [M]. 南京：江苏凤凰科学技术出版社.

陈林, 郭庆人, 2012. 膜下滴灌水稻栽培技术的形成与发展 [J]. 作物研究, 26 (5)：587-588, 623.

陈清, 2018. 日本"越光"米的崛起对万年大米品牌建设的启示 [J]. 活力 (20)：16-17.

方福平, 程式华, 2018. 水稻科技与产业发展 [J]. 农学学报, 8 (1)：92-98.

冯瑞光, 2016. 优质稻米生产与加工实用技术 [M]. 天津：天津科技翻译出版公司.

耿芳, 2019. 沈阳"稻梦空间"景区稻田画产品旅游吸引力评价研究 [D]. 沈阳：沈阳师范大学.

关明, 2008. 云南过桥米线机密 [M]. 昆明：云南科技出版社.

郭庆人, 陈林, 2012. 水稻膜下滴灌栽培技术在我国发展的优势及前景分析 [J]. 中国稻米, 18 (4)：36-39.

国家环境保护总局, 2001. 有机食品技术规范（HJ/T 180—2001）[S].

国家市场监督管理总局, 中国国家标准化管理委员会, 2012. 有机产品 生产、加工、标识与管理体系要求（GB/T 19630—2019）[S].

国家水稻产业技术体系, 2017. 中国现代农业产业可持续发展战略研究：水稻分册 [M]. 北京：中国农业出版社.

何超波, 2017. 水稻生产全程机械化技术 [M]. 合肥：安徽科学技术出版社.

江苏省质量技术监督局, 2003. 无公害稻米 产地环境要求（DB32/T 551—2003）[S].

江苏省质量技术监督局，2009. 无公害稻米生产技术规程（DB32/T 552—2009）[S].

江洋，汪金平，曹凑贵，2020. 稻田种养绿色发展技术 [J]. 作物杂志（2）：200-204.

金桂秀，李相奎，2019. 北方水稻栽培 [M]. 济南：山东科学技术出版社.

李建国，2011. 谈稻米品种选用原则 [J]. 现代营销（学苑版）（7）：273.

李迎丰，2016. 中国地理标志产品集萃　稻粟米 [M]. 北京：中国质检出版社.

李迎丰，2016. 中国地理标志产品集萃　特色小吃 [M]. 北京：中国质检出版社.

梁国栋，2017. 美国大米的生产及出口 [J]. 黑龙江粮食（10）：48-49.

凌启鸿，2010. 水稻精确定量栽培原理与技术 [J]. 杂交水稻，25（S1）：27-34.

刘志林，2016. 小麦秸秆全量还田水稻机插秧栽培技术 [J]. 农业工程技术，36（17）：45，55.

闵庆文，田密，邵建成，2015. 云南红河哈尼稻作梯田系统 [M]. 北京：中国农业出版社.

莫明春，2005. 日本的寿司 [J]. 民俗研究（2）：239-244.

倪建平，陈乾，李黎红，2013. 中国稻米产品地理标志保护的现状浅析 [J]. 湖北农业科学，52（4）：964-966，990.

钱琳刚，2019. 三品一标知识问答 [M]. 昆明：云南科技出版社.

汪博，2015. 腊八粥史话 [J]. 山东农机化（6）：46.

王飞，彭少兵，2018. 水稻绿色高产栽培技术研究进展 [J]. 生命科学，30（10）：1129-1136.

王生轩，陈献功，孙建军，2013. 水稻良种选择与丰产栽培技术 [M]. 北京：化学工业出版社.

王婷，2012. 浅谈日本寿司便利化经营趋势 [J]. 商（14）：52，51.

吴坚，张玮，邵铭，等，2017. 嘉兴粽子 [J]. 中国质量与标准导报（5）：74-78.

晓露，2008. 日本的稻田艺术 [J]. 自然与科技（4）：31.

肖昕，刘迪林，江奕君，等，2017. 泰国水稻产业的现状与启示 [J]. 中国稻米，23（6）：80-83.

杨力，刘中秀，2016. 水稻机械化种植实用技术［M］. 南京：江苏凤凰科学技术出版社.

杨松，沈进松，王进友，等，2016. 钵苗机插水稻育秧关键技术［J］. 中国稻米，22（5）：74-77.

依晨，2015. SCC 越光大米 米饭大米的最高峰［J］. 餐饮世界（11）：78.

于新，杨鹏斌，2014. 米酒米醋加工技术［M］. 北京：中国纺织出版社.

余柳青，张建萍，张宏军，2013. 稻田杂草防控技术手册［M］. 北京：金盾出版社.

曾鹏，曹冬勤，2017. 日本青森县"独特性+艺术性"的稻田创意旅游案例研究［J］. 旅游业动态（1）：19-24.

张丹，闵庆文，邵建成，2015. 贵州从江侗乡稻-鱼-鸭复合系统［M］. 北京：中国农业出版社.

张洪程，2014. 水稻钵苗精确机插高产栽培新技术［M］. 北京：中国农业出版社.

张俊喜，陈永明，成晓松，等，2017. 水稻病虫害绿色防控技术研究与集成应用［J］. 江苏农业科学，45（21）：94-100.

张益彬，杜永林，苏祖芳，2003. 无公害优质稻米生产［M］. 上海：上海科学技术出版社.

郑传良，1999. 闻名遐迩的宁波汤圆［J］. 中国食品（4）：42.

中国绿色食品发展中心，2019. 绿色食品申报指南：稻米卷［M］. 北京：中国农业科学技术出版社.

中国绿色食品协会有机农业专业委员会，2015. 有机稻米生产与管理［M］. 北京：中国标准出版社.

中华人民共和国国家质量监督检验检疫总局，中国国家标准化管理委员会，2005. 农田灌溉水质标准（GB 5084—2005）［S］.

中华人民共和国国家质量监督检验检疫总局，中国国家标准化管理委员会，2012. 环境空气质量标准（GB 3095—2012）［S］.

中华人民共和国国家质量监督检验检疫总局，中国国家标准化管理委员会，2017. 优质稻谷（GB/T 7891—2017）［S］.

周华江，2017. 现代水稻生产技术［M］. 北京：中国农业科学技术出版社.

朱德峰，张玉屏，陈惠哲，等，2015. 中国水稻高产栽培技术创新与实践［J］. 中国农业科学，48（17）：3404-3414.